Hardware-Software-Codesign

Entwicklung flexibler
Mikroprozessor-FPGA-
Hochleistungssysteme

Mit 134 Abbildungen

vieweg

Bibliografische Information Der Deutschen Nationalbibliothek
Die Deutsche Nationalbibliothek verzeichnet diese Publikation in der
Deutschen Nationalbibliografie; detaillierte bibliografische Daten sind im Internet über
<http://dnb.d-nb.de> abrufbar.

1. Auflage Mai 2007

Alle Rechte vorbehalten
© Friedr. Vieweg & Sohn Verlag | GWV Fachverlage GmbH, Wiesbaden 2007

Lektorat: Günter Schulz / Andrea Broßler

Der Vieweg Verlag ist ein Unternehmen von Springer Science+Business Media.
www.vieweg.de

Umschlaggestaltung: Ulrike Weigel, www.CorporateDesignGroup.de
Druck und buchbinderische Verarbeitung: MercedesDruck, Berlin
Gedruckt auf säurefreiem und chlorfrei gebleichtem Papier.
Printed in Germany

ISBN 978-3-8348-0048-0

Vorwort

Die beiden Technologien „Software-Entwicklung für Mikroprozessoren" und „Schaltungsentwurf für FPGAs" haben sich in der Vergangenheit weitgehend unabhängig voneinander entwickelt und werden von zwei verschiedenen Anwendergruppen genutzt, die sich oftmals als „Software-Entwickler" einerseits und als „Hardware-Entwickler" andererseits bezeichnen. Diese begriffliche Ungenauigkeit trübt jedoch den Blick auf den gemeinsamen Zweck beider Technologien: nützliche Lösungen für vorgegebene Aufgaben zu liefern. In beiden Fällen geht es schließlich darum, Algorithmen zu finden, in einer maschinenlesbaren Sprache zu beschreiben und auf einer Rechenmaschine auszuführen. Je nach Anforderungen, Randbedingungen und Algorithmen ist die geeignete Rechenmaschine ein Mikroprozessor oder ein FPGA – oder ein hybrides System aus Mikroprozessoren und FPGAs! Die eigentliche Entwicklungsaufgabe besteht nicht in erster Linie darin, die eine oder andere Rechenmaschine zu programmieren oder zu konfigurieren. Dies ist nur ein Teil eines umfassenderen Entwicklungsprozesses, innerhalb dessen die Anforderungen analysiert, Lösungen entworfen, implementiert und getestet werden.

Mit diesem Buch wollen wir die beiden Technologien „Software-Entwicklung für Mikroprozessoren" und „Schaltungsentwurf für FPGAs" einander näher bringen und den sich daraus ergebenden Nutzen aufzeigen! Dabei wenden wir uns in erster Linie an Studenten der Elektrotechnik, der technischen Informatik oder vergleichbarer Studiengänge. Die Buchinhalte können z.B. in den Vorlesungen Mikroprozessortechnik, Schaltungstechnik, Informatik, eingebettete Systeme oder Hardware-Software-Codesign eingesetzt werden. Darüberhinaus empfehlen wir allen, die in die Erstellung von Software oder Digitalschaltungen involviert sind, einen Blick über den Horizont ihrer angestammten Domäne. Vielleicht inspiriert eine Perspektive abseits der herkömmlichen Standpunkte zu alternativen Lösungsansätzen, die denjenigen dienen, die im Mittelpunkt aller Entwicklungsarbeiten stehen sollten: den Anwendern und Nutzern der erstellten Produkte!

Hardware-Software-Codesign, wie wir es in diesem Buch verstehen, ist eine junge Disziplin, die einen hohen Nutzen verspricht, aber auch noch viel Forschungsaufwand verlangt! Ausgehend von verschiedenen existierenden Ansätzen werden sich im Laufe der Zeit bewährte Methoden herauskristallisieren. Idealerweise wünschen wir uns ein Werkzeug, das aus einem in einer formalen Sprache definierten Modell automatisch den vollständigen Code für ein System aus gemischten Hardware-Bausteinen generiert und nach Möglichkeit die Struktur des Hardware-Systems unter Berücksichtigung verschiedener Randbedingungen festlegt. Offensichtlich ist der Weg zu einem solchen Werkzeug noch weit!

Wir sind bemüht, eine ausgewogene Sichtweise auf das Thema Hardware-Software-Codesign einzunehmen: weder ausschließlich durch die Brille des „Hardware-Entwicklers" noch durch die des „Software-Entwicklers". Jeder der beiden Autoren konnte Erfahrungen aus seiner angestammten Technologie-Domäne in dieses Buch einbringen: Hardware-Entwicklung / Rechnerarchitekturen (Ralf Gessler) und Software-Entwicklung (Thomas Mahr). Während unserer gemeinsamen Arbeit bei EADS in Ulm erfuhren wir die Vorteile einer problemorientierten Entwicklungsmethodik, die es erlaubt, sich auf die wirklich wichtigen Phasen der Wertschöpfung, nämlich der Entwicklung von Algorithmen und des Entwurfs von Lösungen zu konzentrieren, und die Auswahl der Hardware an den Erfordernissen der Algorithmen und der Software-Architektur auszurichten.

Weiterführende Hinweise zum Thema Hardware-Software-Codesign findet man auf der Homepage zum Buch unter `http://www.hwswcodesign.de`.

Besonderer Dank gilt Herrn Holger Deitersen von der Firma EADS in Ulm, der die Gelegenheit genutzt hat, die beiden Disziplinen „Software-Entwicklung für Mikroprozessoren" und „Schaltungsentwurf für FPGAs" in seiner Abteilung zusammenzuführen, und der dieses Buch unterstützt hat. Außerdem möchten wir uns bei Herrn Günther Hunn für die sprachliche Überprüfung eines großen Teils des Manuskripts und bei Frau Sybille Thelen vom Vieweg Verlag für das Lektorat herzlich bedanken.

Künzelsau, im März 2007   Ulm, im März 2007

Ralf Gessler   Thomas Mahr

Inhaltsverzeichnis

Abkürzungsverzeichnis

ADC . . . . **A**nalog **D**igital **C**onverter *(deutsch: Analog-Digital-Wandler)*

ALU . . . . **A**rithmetische, **l**ogische Einheit (engl. **U**nit)

ASIC . . . . **A**pplication **S**pecific **I**ntegrated **C**ircuit *(deutsch: Anwendungsspe-zifische Integrierte Schaltung)*

ASIP . . . . **A**pplication **S**pecific **I**nstruction **S**et **P**rocessor

ASMBL . . . . **A**dvanced **S**ilicon **M**odular **B**lock

Bit . . . . **Bi**nary Digi**t**

BRAM . . . . **B**lock-**RAM**

CAE . . . . **C**omputer **A**ided **E**ngineering

CAN . . . . **C**ontroller **A**rea **N**etwork

cASIP . . . . **C**onfigurable **A**pplication **S**pecific **I**nstruction **S**et **P**rocessors

CC-NUMA . . . . . **C**ache **C**oherent - **N**on **U**niform **M**emory **A**ccess Multiprocessor

CC-UMA . . . . **C**ache **C**oherent - **U**niform **M**emory **A**ccess Multiprocessor

CIS . . . . **C**omputing **I**n **S**pace

CISC . . . . **C**omplex **I**nstruction **S**et **C**omputer

CIT . . . . **C**omputing **I**n **T**ime

CLB . . . . **C**omplex **L**ogic **B**lock

CMOS . . . . **C**omplementary **MOS**

COTS . . . . **C**ommercial **O**ff-**T**he-**S**helf *(deutsch: Kommerzielle Produkte aus dem Regal)*

COW . . . . **C**luster **O**ff **W**orkstations

CPCI . . . . **C**ompact **P**eripheral **C**omponent **I**nterconnect

CPI . . . . **C**lock **C**ycles **P**er **I**nstruction

CPLD . . . . **C**omplex **PLD**

CPU .... **C**entral **P**rocessing **U**nit *(deutsch: Zentrale Verarbeitungseinheit)*

DAC .... **D**igital **A**nalog **C**onverter *(deutsch: Digital-Analog-Wandler)*

DCR .... **D**evice **C**ontrol **R**egister

DCU .... **D**ata **C**ache **U**nit

DFT .... **D**esign **F**or **T**estability

DLL .... **D**igitally **L**ooked **L**oop

DNF .... **D**isjunktive **N**ormal**f**orm

DRC .... **D**esign **R**ule **C**heck

DS* .... **D**igitale **S**chaltungen aus VDS und KDS

DSP .... **D**igital **S**ignal **P**rocessing *(deutsch: Digitale Signalverarbeitung)*

DUT .... **D**esign **U**nder **T**est

ECL .... **E**mitter **C**oupled **L**ogic

EDA .... **E**lectronic **D**esign **A**utomation

EEPROM ...... **E**lectrically **E**rasable **PROM**

EIC .... **E**xternal **I**nterrupt **C**ontroller

FE .... **F**unktions**e**inheiten

FET .... **F**eldeffekt-**T**ransistor

FFT .... **F**ast-**F**ourier-**T**ransformation

FIR .... **F**inite **I**mpulse **R**esponse (filter) *(deutsch: Filter mit endlicher Impulsantwort)*

FORTRAN ..... **For**mula **Tran**slation System

FPFA .... **F**ield **P**rogrammable **F**unction **A**rray

FPGA .... **F**ield **P**rogrammable **G**ate **A**rray

FPSLIC .... **F**ield **P**rogrammable **S**ystem **L**evel **IC**

FPU .... **F**loating **P**oint **U**nit

FSM .... **F**inite **S**tate **M**achine

GPP .... **G**eneral **P**urpose **P**rocessor *(deutsch: Universalprozessor)*

GUI . . . . **G**raphical **U**ser **I**nterface *(deutsch: grafische Benutzeroberfläche)*

HDL . . . . **H**ardware **D**escription **L**anguage *(deutsch: Hardware-Beschreibungssprachen)*

IC . . . . **I**ntegrated **C**ircuit *(deutsch: Integrierter Schaltkreis)*

ICAP . . . . **I**nternal **C**onfiguration **A**ccess **P**ort

IIR . . . . **I**nfinite **I**mpulse **R**esponse

IOB . . . . **IO**-**B**lock

IP . . . . **I**ntellectual **P**roperty

ISA . . . . **I**nstruction **S**et **A**rchitecture

ISEF . . . . **I**nstruction **S**et **E**xtension **F**abric

ISR . . . . **I**nterrupt **S**ervice **R**outine

JCP . . . . **J**ava **C**ommunity **P**rocess

JOP . . . . **J**ava **O**ptimized **P**rocessor

JSR . . . . **J**ava **S**pecification **R**equest

JTAG . . . . **J**oint **T**est **A**ction **G**roup

JVM . . . . **J**ava **V**irtual **M**achine *(deutsch: Java Virtuelle Maschine)*

KDS . . . . **K**onfigurierbare **D**igitale **S**chaltung

KNF . . . . **K**onjunktive **N**ormalform

LSI . . . . **L**arge **S**cale **I**ntegration

LUT . . . . **L**ook **U**p **T**able

MAC . . . . **M**ultiplication-**Ac**cumulation *(deutsch: Multiplikation-Akkumulation)*

MC . . . . **M**ikrocontroller

MDA . . . . **M**odell **D**riven **A**rchitecture

MFLOPS . . . . **M**illion **F**loating **P**oint **O**perations **P**er **S**econd

MIMD . . . . **M**ultiple **I**nstruction, **M**ultiple **D**ata Stream

MIPS . . . . **M**illion **I**nstructions **P**er **S**econd

MISD . . . . **M**ultiple **I**nstruction, **S**ingle **D**ata Stream

MMU .... **M**emory **M**anagement **U**nit

MOPS .... **M**illion **O**perations **P**er **S**econd

MOS .... **M**etal-**O**xid-**S**emiconductor

MP .... **M**ikro**p**rozessor (μP)

MSB .... **M**ost **S**ignificiant **B**it *(deutsch: höchstwertiges Bit)*

MSI .... **M**edium **S**cale **I**ntegration

NML .... **N**ative **M**apping **L**anguage

NORMA .... **N**o **R**emote **M**emory **A**ccess Multiprocessor

NOW .... **N**etwork **O**ff **W**orkstations

NRE .... **N**on **R**ecurring **E**ngineering *(deutsch: Einmalige Entwicklungskosten)*

OCM .... **O**n-**C**hip **M**emory

OMG .... **O**bject **M**anagement **G**roup

PAC .... **P**rocessing **A**rray **C**luster

PAE .... **P**rocessing **A**rray **E**lements

PCB .... **P**rinted **C**ircuit **B**oard *(deutsch: Leiterkarte)*

PCI .... **P**eripheral **C**omponent **I**nterconnect

PIM .... **P**latform **I**ndependent **M**odel *(deutsch: plattformunabhängiges Modell)*

PLB .... **P**rocessor **L**ocal **B**us

PLD .... **P**rogrammable **L**ogic **D**evice *(deutsch: Programmierbarer Logikbaustein)*

PREP .... **PR**ogrammable **E**lectronics **P**erformance Cooperation

PSM .... **P**latform **S**pecific **M**odel *(deutsch: plattformspezifisches Modell)*

PWM .... **P**uls**w**eiten**m**odulation

RAM .... **R**andom **A**ccess **M**emory

RISC .... **R**educed **I**nstruction **S**et **C**omputer

RMI .... **R**emote **M**ethod **I**nvokation

ROM . . . . **R**ead **O**nly **M**emory

RTL . . . . **R**egister **T**ransfer **L**evel *(deutsch: Register Transfer Ebene)*

RTSJ . . . . **R**eal-**T**ime **S**pecification for **J**ava

SDF . . . . **S**tandard **D**elay **F**ormat

SIMD . . . . **S**ingle **I**nstruction, **M**ultiple **D**ata Stream

SISD . . . . **S**ingle **I**nstruction, **S**ingle **D**ata Stream

SOC . . . . **S**ystem **O**n **C**hip

SPEC . . . . **S**tandard **P**erformance **E**valuation **C**ooperation

SRAM . . . . **S**tatic **RAM**

SSI . . . . **S**mall **S**cale **I**ntegration

STL . . . . **S**tandard **T**emplate **L**ibrary

TTL . . . . **T**ransistor-**T**ransistor-**L**ogik

UART . . . . **U**niversal **A**synchronous Receiver Transmitter

ULSI . . . . **U**ltra **L**arge **S**cale **I**ntegration

UML . . . . **U**nified **M**odeling **L**anguage

USART . . . . **U**niversal **S**ynchronous **A**synchronous **R**eceiver **T**ransmitter

USB . . . . **U**niversal **S**erial **B**us

VDS . . . . **V**erdrahtete **D**igitale **S**chaltung

VHDL . . . . **V**HSIC **H**ardware Description Language

VHSIC . . . . **V**ery **H**igh **S**peed **I**ntegrated Circuit

VLIW . . . . **V**ery **L**ong **I**nstruction **W**ord

VLSI . . . . **V**ery **L**arge **S**cale **I**ntegration

WSI . . . . **W**afer **S**cale **I**ntegration

XMI . . . . **X**ML **M**etadata **I**nterchange

XML . . . . Extensible **M**arkup **L**anguage *(deutsch: Erweiterbare Auszeichnungssprache)*

XPP . . . . e**X**treme **P**rocessing **P**latform

1 Einleitung

Software-Entwicklung für Mikroprozessoren und Schaltungsentwurf für FPGAs[1]! Zwei Technologien zur Programmierung der beiden wichtigsten Rechenmaschinen haben sich in der Vergangenheit weitgehend unabhängig voneinander entwickelt und werden jeweils von zwei verschiedenen Anwendergruppen genutzt: den Informatikern, Software-Entwicklern und Programmierern einerseits und den Elektrotechnikern und Hardware-Entwicklern andererseits. Viele Hochschulen lehren beide Disziplinen getrennt – in unterschiedlichen Studiengängen, in verschiedenen Vorlesungen. Oft setzen Unternehmen entweder ganz auf die eine oder ganz auf die andere Technologie oder weisen beide Technologien jeweils unterschiedlichen, spezialisierten Abteilungen zu. Während viele Computermagazine und Software-Bücher nur den Mikroprozessor zu kennen scheinen, sucht man in der Literatur, die sich der FPGA-Thematik widmet, vergeblich nach modernen Software-Konzepten, die der Lösung von komplexen Aufgaben auf einer angemessenen Abstraktionsstufe dienen. **Software-Entwicklung und Schaltungsentwurf**

Dies mag überraschen! Software-Entwicklung *und* Schaltungsentwurf zielen darauf ab, eine vorgegebene Aufgabe zu lösen: Algorithmen zu finden, in einer Programmiersprache zu beschreiben und sie auf einer Hardware auszuführen. In dem einen Fall ist die Programmiersprache z.B. C++ und im anderen Fall VHDL[2]. Ein wichtiger Anteil des Entwicklungsprozesses ist weitgehend unabhängig davon, ob die Aufgabe durch Mikroprozessoren oder FPGAs gelöst wird: die Analyse und Verwaltung der Anforderungen, der Entwurf der Software-Architektur, das Testen der Lösung und das der Entwicklung zugrunde liegende Vorgehensmodell. Auch der Herstellungsprozess der beiden Rechenmaschinen ähnelt sich. Mikroprozessoren und FPGAs werden beide als integrierte Schaltungen (IC[3]) auf Silizium-Halbleiterbasis hergestellt. **Hardware-unabhängige Entwicklung**

Die Teilung der Anwender in zwei Gruppen liegt eher an der unterschiedlichen Entwicklung der beiden Technologien während der letzten Jahrzehnte. Die Software-Pioniere programmierten Mitte des 20. Jahrhunderts Mikroprozessoren in einer Maschinensprache und schufen damit – ohne die Rechenmaschine physikalisch zu verändern[4] – ein nicht gegenständliches Gut: die Software. Anfangs war die Software noch stark von der Hardware abhängig (Maschinensprache!), im Laufe der Zeit entstanden aber immer neue Verfahren, um die Abhängigkeit der Software von der Hardware zu reduzieren: Assemblersprache, höhere Programmiersprachen wie C, virtuelle Java-Maschine oder modellgetriebene automatische Codegenerierung. Diese Verlagerung des Schwerpunktes von der Orientierung an der Hardware hin zur Software ist in Abb. 1.1 durch den untersten Pfeil angedeutet. **Software ist immateriell** **steigender Abstraktionsgrad der Software-Entwicklung**

Der Schaltungsentwurf ist aus der Hardware-Entwicklung, der Entwicklung von ma-

---

[1]FPGA = **F**ield **P**rogrammable **G**ate **A**rray
[2]VHDL (**VHSIC H**ardware **D**escription **L**anguage), VHSIC (**V**ery **H**igh **S**peed **I**ntegrated **C**ircuit)
[3]IC = **I**ntegrated **C**ircuit *(deutsch: Integrierter Schaltkreis)*
[4]Zumindest nicht auf atomarer Ebene! Die Elektronenkonfiguration ändert sich durch die Programmierung natürlich schon!

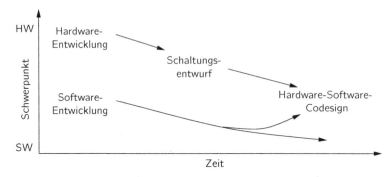

Abbildung 1.1: Historie der Technologien Software-Entwurf für Mikroprozessoren und Schaltungsentwurf für FPGAs: Während die Software-Entwicklung Mitte des 20. Jahrhunderts noch sehr hardware-lastig war, hat sich der Schwerpunkt im Laufe der Zeit immer mehr von der Hardware (HW) hin zur Software (SW) verschoben. Der Schaltungsentwurf für FPGAs ist aus der Hardware-Entwicklung entstanden und hat sich dadurch zunehmend in Richtung Software verlagert. Schaltungsentwurf und Software-Entwicklung verschmelzen heute zu Hardware-Software-Codesign.

Hardware ist materiell

teriellen Bausteinen entstanden. Algorithmen, Berechnungsvorschriften zur Lösung einer Aufgabe, werden in einer digitalen Schaltung abgebildet. Anfangs wurden die Schaltungen dem Baustein noch fest aufgeprägt, indem Leiterbahnen auf atomarer Ebene angelegt wurden – ein praktisch irreversibler Prozess. Wollte man die Berechnungsvorschriften ändern, musste man einen neuen Baustein herstellen. Mit dem Aufkommen der programmierbaren Logikbausteine, PLDs[5], hat sich dies geändert. Die Funktion der Rechenmaschine wurde jetzt nicht mehr über die Anordnung der Atome im Baustein definiert, sondern durch die Konfiguration der Elektronen. Und die ist leicht zu ändern! Auf ein und demselben Baustein können nacheinander viele verschiedene Funktionen programmiert werden. Der Fokus hat sich vom materiellen Prozess der Herstellung eines Stücks Hardware auf den nicht materiellen Prozess des Entwurfs

Schaltungsentwurf ist immateriell

einer Schaltung verschoben. Diese Verlagerung ist in Abb. 1.1 durch den Pfeil von „Hardware-Entwicklung" hin zu „Schaltungsentwurf" angedeutet.

Um eine Schaltung zu testen, muss nun kein Hardware-Baustein mehr angefertigt werden – ein relativ langwieriger und teurer Prozess! Die Schaltung braucht jetzt für den Test nur auf ein bereits vorhandenes FPGA geladen zu werden. Das verkürzt die Entwicklungszyklen drastisch und erlaubt es, sich auf diejenigen Aktivitäten zu konzen-

komplexe Schaltungen

trieren, die eine Entwicklung komplexer Systeme ermöglichen: Anforderungsanalyse, Modellieren und Testen! Diese Aktivitäten wurden in den letzten Jahrzehnten auf breiter Ebene untersucht. Getrieben von der Software-Entwicklung für Mikroprozessoren hängen sie aber streng genommen nicht von der Rechenmaschine ab, auf dem die Software schließlich ausgeführt wird! Warum sollten also diese bewährten Methoden

---

[5]PLD = **P**rogrammable **L**ogic **D**evice *(deutsch: Programmierbarer Logikbaustein)*

nicht auch für den Schaltungsentwurf nützlich sein?

Nicht nur die Vertreter des historischen „Hardware-Lagers" können von diesem Umstand profitieren. Auch die Software-Entwickler, die bisher mehr oder weniger bewusst Mikroprozessoren als Zielplattform vor Augen hatten, gewinnen jetzt eine alternative Rechenmaschine, die für bestimmte Anwendungsklassen dem Mikroprozessor überlegen ist: **Beschleunigung durch FPGAs**

- parallelisierbare Anwendungen: Unter Umständen lässt sich ein parallelisierbarer Algorithmus kostengünstiger auf einem FPGA ausführen als auf einem Mikroprozessor-Cluster.

- signalverarbeitungsintensive Anwendungen: Auf einem FPGA integrierte DSP[6]-Funktionsblöcke bieten z.B. schnelle MAC[7]-Einheiten an, die unter anderem für Vektoroperationen genutzt werden können.

- nicht sättigbare Anwendungen: Im Gegensatz zu einem Mikroprozessor, dessen Verarbeitung oft durch externe Ereignisse gesteuert wird (Interrupts), verarbeitet ein FPGA die Daten in jedem Takt gleich.

Das bedeutet nicht, die *gesamte* Software soll auf FPGAs ausgeführt werden! Serielle Algorithmen laufen nach wie vor besser auf einem seriell arbeitenden Mikroprozessor, der in der Regel höher getaktet ist als ein technologisch vergleichbares FPGA, und es werden nur die Software-Teile auf FPGAs ausgelagert, für die sich der höhere Implementierungsaufwand lohnt.

Eine engere Koppelung der beiden Strömungen („Software" und „Hardware") aus Abbildung 1.1 würde offenbar beide Lager bereichern. Diese Koppelung ist in Abb. 1.1 durch eine Verschmelzung der beiden Pfade zu einer Disziplin symbolisiert, die unter dem Schlagwort „Hardware-Software-Codesign" bekannt ist. Leider ist dieser Begriff etwas irreführend, denn er suggeriert einen gemeinsamen Entwurf (Codesign) von Hardware und Software. Hardware wird jedoch nicht entworfen und dann aus diesem Entwurf ein Baustein hergestellt, sondern es wird eine vorhandene Hardware programmiert. Gemeinsam entworfen wird vielmehr eine digitale Schaltung (für FPGAs) und Software (für Mikroprozessoren) – also in beiden Fällen nichts Gegenständliches, sondern eine Software! Diese Software läuft auf FPGAs, Mikroprozessoren oder gemischten Mikroprozessor-FPGA-Systemen. Beim Entwerfen eines Hardwaresystems aus einzelnen Hardwarebausteinen könnte man wieder von Hardware-Design im wörtlichen Sinn sprechen und bei einem daran gekoppelten Entwurf der Software von Hardware-Software-Codesign! **Hardware-Software-Codesign**

Das Buch ist folgendermaßen aufgebaut:

Kapitel 1 führt in die Thematik des Buches ein.

Kapitel 2 stellt einen wichtigen Einsatzbereich der Rechenmaschinen „Mikroprozessor" und „FPGA" vor: eingebettete Systeme.

Kapitel 3 beschreibt die beiden Rechenmaschinen „Mikroprozessor" und „FPGA".

---

[6]DSP = **D**igital **S**ignal **P**rocessing *(deutsch: Digitale Signalverarbeitung)*
[7]MAC = Multiplication-**Ac**cumulation *(deutsch: Multiplikation-Akkumulation)*

Kapitel 4 bietet einen Einblick in den Stand der Software-Entwicklung für Mikroprozessoren. Hierbei beschränken wir uns auf die grundlegenden Konzepte, die das Wesen der modernen Software-Entwicklung charakterisieren: Anforderungsanalyse, Software-Entwurf, Testen und Vorgehensmodelle.

Kapitel 5 liefert einen Überblick über den Stand des Schaltungsentwurfs für FPGAs.

Kapitel 6 stellt Software-Entwicklung und Schaltungsentwurf gegenüber.

Kapitel 7 führt hybride Rechenarchitekturen ein.

Kapitel 8 stellt Werkzeuge zum Entwurf auf Systemebene, zur Simulation und zur automatischen Codegenerierung für Mikroprozessoren und FPGAs vor.

Kapitel 9 beschreibt einen UML-basierten Ansatz zur Software-Entwicklung für hybride Systeme.

2 Eingebettete Systeme

Eingebettete Systeme würden besonders von einer im Rahmen des Hardware-Software-Codesigns vereinheitlichten Vorgehensweise profitieren, da diese häufig aus Mikroprozessoren und programmierbaren Logikbausteinen bestehen.

Lernziele:

1. Was sind eingebettete Systeme?

2. Wie werden eingebettete Systeme entwickelt?

3. Was sind Rechnerarchitektur, Rechenbaustein und Rechenmaschinen?

4. Welcher Zusammenhang besteht zwischen Software-Entwicklung und Rechenmaschine?

5. Welcher Zusammenhang besteht zwischen Rechenmaschine, Rechnerarchitektur und Rechenbaustein?

6. Was sind IC-Technologien?

2.1 Definition

Wenn man von Computern spricht, denkt man zunächst an Geräte wie PCs, Laptops, Workstations[1] oder Großrechner. Aber es gibt auch noch andere, weiter verbreitete Rechnersysteme: die eingebetteten Systeme[2]. Das sind Rechenmaschinen, die in elektrischen Geräten „eingebettet" sind, z.B. in Kaffeemaschinen, CD-, DVD-Spieler oder Mobiltelefonen.   **Eingebettete Systeme**

Unter eingebetteten Systemen verstehen wir alle Rechensysteme außer den Desktop-Computern. Verglichen mit Millionen produzierter Desktop-Systeme werden Milliarden eingebetteter Systeme pro Jahr hergestellt. Vielfach findet man bis zu 50 Geräte pro Haushalt und Automobil [VG00]. Im Folgenden gilt diese Definition:

Definition: **Eingebettete Systeme**
Rechenmaschine, die für den Anwender weitgehend unsichtbar in einem elektrischen Gerät „eingebettet" ist.

Eingebettete Systeme weisen folgende Merkmale auf: **Merkmale**

---

[1] Arbeitsplatzrechner mit hoher Rechenleistung
[2] engl. embedded systems

1. Ein eingebettetes System führt eine Funktion (wiederholt) aus.

2. Es gibt strenge Randbedingungen bezüglich Kosten, Energieverbrauch, Abmessungen usw.

3. Sie reagieren auf ihre Umwelt in Echtzeit[3].

Beispiel: Eine Digitalkamera

1. führt die Funktion „Fotografieren" aus,

2. soll wenig Strom verbrauchen, kompakt und leicht sein und kostengünstig herzustellen sein,

3. soll das Foto innerhalb einer definierten Zeitschranke erstellen und abspeichern.

Beispiel: Die „Ulmer Zuckeruhr" ist ein portables System zur Messung und Regelung des „Zuckers" (Glukose) im Unterhautfettgewebe (subkutan). Die Einstellung des Blutzuckers ist essentiell bei der im Volksmund als „Zucker" bekannten Krankheit Diabetes mellitus [Ges00].

Fragen:

1. Warum ist ein portabler MP3-Player ein eingebettetes System?

2. Warum ist die Elektronik einer Kaffeemaschine ein eingebettetes System?

3. Nennen Sie drei eingebettete Systeme aus Ihrem Alltagsleben.

2.2 Entwicklung

Für die Entwicklung eingebetteter Systeme gibt es – wie für jede Entwicklung – einen Anlass: Kunden haben ein Bedürfnis, z.B. nach kleinen, leistungsfähigen MP3-Spielern, das wir durch unser eingebettetes System befriedigen. Am Ausgangspunkt der Entwicklung steht die Marktnachfrage, das Problem des Kunden. Unsere Aufgabe ist es

Problem

---

[3]innerhalb einer definierten Zeitschranke

6

nun, das Problem des Kunden zu lösen. Um diesen Auftrag ausführen zu können, wollen wir die verschiedenen, in Abbildung 2.1 dargestellten Facetten der Entwicklung eingebetteter Systeme betrachten.

Die Abkürzungen KDS[4] und VDS[5] stehen für (fest)verdrahtete und konfigurierbare digitalen Schaltungen. VDS kommen vorzugsweise bei ASICs[6] zum Einsatz. Die Abkürzung DS*[7] umfasst VDS und KDS.

Die Herausforderung in der Entwicklung besteht darin:

1. die relevanten Randbedingungen zu identifizieren

2. die Aufgabe oder Problemstellung zu verstehen

3. die „beste" Lösung für die gegebene Aufgabe unter den gegebenen Randbedingungen zu erarbeiten

In Kapitel 4 werden wir ausführlich auf die Anforderungsanalyse eingehen. In dieser Analyse werden die funktionalen Anforderungen herausgearbeitet und die Randbedingungen an die Entwicklung des eingebetteten Systems deutlich. Solche Randbedingungen sind beispielsweise:

Randbedingungen

- technische Randbedingungen an

    - Verzögerungszeit (Latenz): Zeit zwischen dem Starten und dem Beenden einer Aufgabe[8] (siehe Echtzeit in Abschnitt 4.2.3 auf Seite 143)

    - Datendurchsatz[9]: verarbeitete Datenmenge pro Zeit

    - Ressourcenverbrauch: Speicher, Logikgatter, Anschlüsse[10] usw.

    - Energieverbrauch

    - Abmessungen und Gewicht

    - ...

- ökonomische Randbedingungen

    - einmalige Kosten zur Fertigungseinrichtung oder der Entwicklung (NRE[11])

    - Stückkosten: laufende Fertigungskosten zur Duplizierung eines Systems

    - Entwicklungsdauer eines Prototypen

    - Entwicklungsdauer bis zur Markteinführung

    - ...

- weitere Randbedingungen

---

[4]KDS = **K**onfigurierbare **D**igitale **S**chaltung
[5]VDS = **V**erdrahtete **D**igitale **S**chaltung
[6]ASIC = **A**pplication **S**pecific **I**ntegrated **C**ircuit *(deutsch: Anwendungsspezifische Integrierte Schaltung)*
[7]DS* = **D**igitale **S**chaltungen aus VDS und KDS
[8]engl. Task
[9]Aus einer Forderung an den Datendurchsatz können sich weitere Forderungen ableiten lassen, z.B. an die Taktfrequenz oder an die Anzahl der verarbeiteten Befehle pro Sekunde.
[10]engl. Pins
[11]NRE = **N**on **R**ecurring **E**ngineering *(deutsch: Einmalige Entwicklungskosten)*

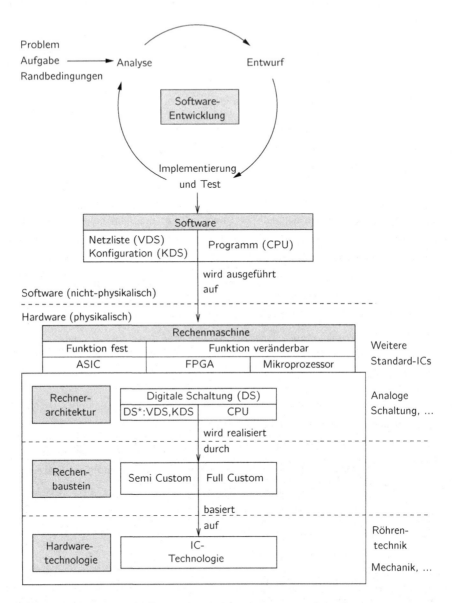

Abbildung 2.1: Entwicklung eingebetteter Systeme

- Flexibilität: schnelle und kostengünstige Änderung der Funktionalität

- Pflegbarkeit: kostengünstige Wartung eines Gerätes

- Zuverlässigkeit: korrekte Funktion und sicherer Betrieb

- Verfügbakeit: Ausfuhrbeschränkungen

- Markt- und Konkurrenzsituation

- juristische Randbedingungen, Patente

- ...

Die Lösung wird in der Regel ein Kompromiss sein, denn häufig gibt es technische **Kompromiss** Anforderungen, die einen Spielraum erlauben und sich gegenseitig beeinflussen. Es gilt, die priorisierten Randbedingungen gegeneinander abzuwägen. Da die unterschiedlichen Einflussfaktoren untereinander gekoppelt sein können, kann die Verbesserung einer Produkteigenschaft zur Verschlechterung einer anderen führen.

Beispiel: MP3-Spieler

1. Der MP3-Spieler soll möglichst lange spielen (mindestens 20 h).

2. Der MP3-Spieler soll möglichst leicht sein (höchstens 100 g).

Die erste Forderung könnte man erfüllen, indem man eine zusätzliche Batterie einsetzt. Dies würde jedoch das Gewicht des MP3-Spielers erhöhen und somit der zweiten Forderung entgegenwirken.

Ein ähnliches Abwägen gilt ebenfalls für die Auswahl der Subsysteme des eingebetteten Systems, z.B. für Prozessoren, Speicher, Platinen, die häufig als fertige Komponenten (COTS[12]) gekauft und dem System hinzugefügt werden.

Im Folgenden unterscheiden wir die drei in Abbildung 2.1 gezeigten Technologien, die für die Entwicklung eingebetter Systeme eine besondere Rolle spielen:

1. Software-Entwicklung (siehe Kapitel 4 und 5): Analyse der Anforderungen, Entwurf der Lösung unter Berücksichtigung verschiedener Randbedingungen, Implementierung und Test der Lösung.

2. Rechnerarchitektur (siehe Kapitel 3): Die Software (inklusive digitaler Schaltung) wird auf einer Hardware, dem Rechenbaustein, ausgeführt. Die Rechenbausteine unterscheiden sich in ihren Rechnerarchitekturen.

3. Hardware-Technologie: Die Rechenbausteine werden auf Grundlage einer Hardware-Technologie (hier IC-Technologie) hergestellt.

Diese Technologien werden in den folgenden drei Abschnitten näher beschrieben.

---

[12]COTS = Commercial **Off-The-Shelf** *(deutsch: Kommerzielle Produkte aus dem Regal)*

2.2.1 Software-Entwicklung

In der Vergangenheit haben sich die Methoden in der Software-Entwicklung für Mikroprozessoren einerseits und des Schaltungsentwurfs für programmierbare Logikbausteine andererseits weitgehend unabhängig voneinander entwickelt. Dabei verbindet doch beide Disziplinen eine zentrale Aufgabe: die Lösung für ein technisches Problem

Analyse, Entwurf, Implementierung

zu liefern. Dazu müssen das Problem analysiert und die Lösung entworfen, implementiert und getestet werden. Anforderungsanalyse, Software-Entwurf, Testverfahren und die gesamte Vorgehensweise während der Entwicklung sind zum Großteil unabhängig davon, auf welchem Rechenmaschine die entstehende Software schließlich ausgeführt wird.

iterativ-inkrementelle Entwicklung

Die einzelnen Phasen der Software-Entwicklung sollten in den allermeisten Fällen iterativ-inkrementell abgearbeitet werden. Der Kreiszyklus in der Abbildung 2.1 hebt diese wichtige Forderung hervor: komplexe System entstehen nicht wasserfallartig, sondern evolutionär. Warum ist das so? Lesen Sie Abschnitt 4.3 ab Seite 159.

Kapitel 4 behandelt den in Abbildung 2.1 unter der Rubrik „Software-Entwicklung" dargestellten Themenkomplex anhand der Software-Entwicklung für Mikroprozessoren. Die Software-Entwicklung für digitale Schaltungen wird in Kapitel 5 vorgestellt.

2.2.2 Rechnerarchitekturen

Die Rechnerarchitektur legt den inneren Aufbau einer Rechenmaschine[13] fest. Eine Rechenmaschine kann eine Rechenaufgabe entweder sequentiell oder – falls die Rechenaufgabe es erlaubt[14] – auch parallel verarbeiten (siehe Abbildung 2.2). Ein Mikro-

CIT

prozessor arbeitet sequentiell (CIT[15]). Er kann verschiedene Teile eines parallelisierbaren Algorithmus nicht parallel ausführen, ein programmierbarer Logikbaustein dagegen schon. Verschiedene Teile des Algorithmus werden gleichzeitig an verschiedenen Stel-

CIS

len des Chips ausgeführt (CIS[16]).

Abbildung 2.3 zeigt die drei prinzipiell möglichen Rechnerarchitekturen in Bezug auf ihre Universalität:

- CPU (CPU[17]): siehe CIT-Architektur in Abbildung 2.2

- Digitale Schaltung: die Architektur ist für eine Aufgabe „maßgeschneidert" (single purpose), siehe CIS-Architektur in Abbildung 2.2.

Die in der Abbildung 2.3 durch den oberen Kreis symbolisierten Anforderungen lassen sich durch die drei Rechnerarchitekturen (CPU, KDS, VDS), die ebenfalls durch geometrische Objekte symbolisiert werden, mehr oder weniger präzise überdecken. Bei der vollständigen Abdeckung durch das Quadrat (CPU) bleibt jedoch ein Teil der Fläche des Quadrats ungenutzt – und damit ein Teil der Funktionalität der CPU. Dafür lässt sich mit dem großen Quadrat leichter eine beliebige Anforderungsfläche überdecken.

ASIP

Applikationsspezifische Architekturen (ASIP[18]) sind eine Mischform zwischen CPU

---

[13]kurz Rechner oder Prozessor
[14]siehe Abschnitt 6.1 auf Seite 204
[15]CIT = **C**omputing **I**n **T**ime
[16]CIS = **C**omputing **I**n **S**pace
[17]CPU = **C**entral **P**rocessing **U**nit *(deutsch: Zentrale Verarbeitungseinheit)*

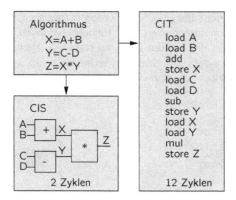

Abbildung 2.2: Ein parallelisierbarer Algorithmus kann parallel (CIS) oder sequentiell (CIT) ausgeführt werden [Rom01].

und Digitaler Schaltung und wird detailliert in Abschnitt 7.4 dargestellt.

Frage: Welche Vor- und Nachteile hätte die CPU- und DS-Rechnerarchitektur für die Entwicklung eines MP3-Spielers?

Die verschiedenen Rechnerarchitekturen werden ausführlicher in Kapitel 3 miteinander verglichen.

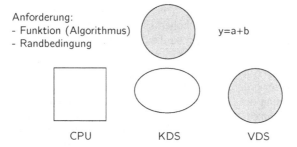

Abbildung 2.3: Geometrische Metapher für die Abdeckung von Anforderungen durch verschiedene Rechnerarchitekturen

2.2.3 Rechenbaustein und Hardware-Technologie

Die Transistoranzahl von integrierten Schaltungen (IC) hat sich in den letzten Jahrzehnten im Mittel alle 18 Monate verdoppelt. Diese als „Moore's Gesetz" bekannte **Moore's Gesetz**

---

[18]ASIP = Application Specific Instruction Set Processor

Gesetzmäßigkeit hat bereits Intel-Gründer Gordon Moore im Jahr 1965 vorhergesagt: Die Transistoranzahl von integrierten Schaltungen verdoppelt sich alle 18 Monate. Diese Vorhersage traf in den letzten Dekaden stets zu. Abbildung 2.4 zeigt, welch kleinen Teil ein Chip aus dem Jahr 1981 auf einem Chip des Jahres 2002 einnehmen würde. Die Chip-Kapazität aus dem Jahr 2002 würde für 15.000 Chips des Jahres 1981 ausreichen.

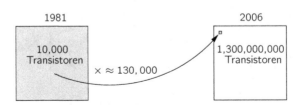

Abbildung 2.4: Moore's Gesetz: „Verdopplung der Transistoren je Chip alle 10 Monate" [GS98]

Je nachdem, *wer* eine Schaltung *wann* auf einem Chip integriert hat, unterscheiden wir zwischen zwei IC-Technologien:

Full Custom

1. Voll nach Kundenwunsch (Full Custom): hierbei sind alle Verdrahtungen der Schaltung und die Konfiguration der Transistoren den spezifischen Anforderungen optimal angepasst. Diese Flexibilität bietet eine sehr gute Leistungsfähigkeit bei geringer Chipfläche und niedrigem Energieverbrauch. Die einmaligen Einrichtungskosten (Größenordnung: mehrere 100 kEuro) sind jedoch hoch, und der Markteintritt dauert lange. Anwendungsgebiete sind Applikationen mit hohen Stückzahlen (Größenordnung mehrere Hunderttausend). Beispiel: Rechenbausteine für MP3-Spieler. Die hohen Einrichtungskosten amortisieren sich durch hohe Stückzahlen und senken so die Stückkosten.

Semi Custom

2. Teilweise nach Kundenwunsch (Semi Custom): hier sind Schaltungsebenen ganz oder teilweise vorgefertigt. Dem Entwickler bleibt die Verdrahtung und teilweise die Platzierung der Schaltung auf dem Chip. Diese Bausteine bieten eine gute Leistungsfähigkeit bei kleinen Chipflächen und geringeren Entwicklungskosten als bei einem voll nach Kundenwunsch gefertigten Rechenbaustein (Größenordnung: mehrere 10 kEuro). Die Entwicklungszeit liegt jedoch immer noch im Bereich von Wochen bis Monaten.

Die IC-Technologien werden in Abschnitt 3.2 detaillierter dargestellt.

2.2.4 Rechenmaschine

Abbildung 2.5 vergrößert einen Ausschnitt aus Abbildung 2.1 auf Seite 8: die Realisierung einer Rechnerarchitektur auf Basis einer bestimmten Hardware-Technologie (hier IC-Technologie). Diese Realisierung nennen wir Rechenbaustein!

Definition: **Rechenmaschine**
Die Rechenmaschine besteht aus einer Rechnerarchitektur, die auf einem Rechenbaustein abgebildet wird. Der Rechenbaustein basiert auf einer Hardware-Technologie (hier IC-Technologie).

In diesem Buch konzentrieren wir uns auf die beiden Rechenmaschinen Mikroprozessor (siehe Abschnitt 3.5) und FPGA (siehe Abschnitt 3.6).

Rechnerarchitektur und Rechenmaschinen sind in der Zuordnung unabhängig voneinander. Die verschiedenen Kombinationsmöglichkeiten sind in Abbildung 2.5 gezeigt.

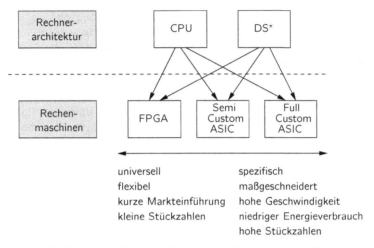

Abbildung 2.5: Die Rechnerarchitektur lässt sich auf verschiedene Rechenmaschinen abbilden.

Beispiele:

1. Eine CPU kann sowohl auf einem FPGA als eingebettetes System als auch als separater Baustein in Form eines Mikroprozessors realisiert werden (siehe „Ein-Bit-Rechner" [Stu06], S. 15 ff).

2. Hersteller von Prozessoren entwerfen CPUs kundenspezifisch (Full Custom oder Semi Custom ASIC).

FPGA

Bei den FPGAs sind alle Schaltungsebenen vorgefertigt. Der Entwickler eines eingebetteten Systems kauft ein fertiges IC, bestehend aus Logikgattern und Kanälen zur Verdrahtung, bildet die digitale Schaltung auf die vorhandenen Logikgatter ab (Platzierung) und verbindet die Gatter untereinander. Aus Sicht des Entwicklers eines eingebetteten Systems sind die Entwicklungskosten einer FPGA-basierten Lösung gegenüber einem full custom ASIC gering, da der Baustein für den Entwickler unmittelbar verfügbar ist und er nur noch die gewünschte Schaltung aufprägen muss – eine reine Software-Tätigkeit. Diese Flexibilität und Anpassbarkeit eines FPGAs auf spezielle Anforderungen führt jedoch dazu, dass eine konkrete Applikation in der Regel nicht alle Funktionalitäten des FPGAs genutzt werden können, ein Teil der Hardware also „verschwendet" wird. Gegenüber einer Schaltung mit einem maßgeschneiderten full custom ASIC bietet ein FPGA eine geringere Verarbeitungsgeschwindigkeit bei einer höheren elektrischen Leistung. Außerdem sind die Stückkosten eines FPGAs höher (Größenordnung: mehrere 10 Euro).

Frage: Wie unterscheiden sich Full und Semi Custom ASCIs bezüglich Leistungsfähigkeit, einmaliger Kosten zur Fertigungseinrichtung und der Entwicklungsdauer bis zur Markteinführung?

Der Trend von eingebetteten Systemen geht in Richtung „Ubiquitous Computing"– der Allverfügbarkeit von Rechenmaschinen [Wei91]. Diese Systeme stehen in enger Verbindung zu drahtlosen Technologien. Weiterführende Literatur zu eingebetteten Systemen findet der Leser bei [VG02].

Zusammenfassung:

1. Eingebettete Systeme sind Rechenmaschinen, die für den Anwender weitgehend unsichtbar in einem elektrischen Gerät integriert sind.

2. Wir entwickeln eingebettete Systeme, um mit ihnen eine bestimmte Aufgabe zu erfüllen: Marktnachfrage bedienen, Problem eines Kunden lösen, ...

3. Während der Entwicklung müssen wir die Aufgabe analysieren, die Randbedingungen berücksichtigen, eine Lösung entwerfen, realisieren und testen.

4. Die Entwicklung eingebetter Systeme lässt sich auf verschiedenen Ebenen beschreiben: Software und Hardware (Rechenmaschine: Rechnerarchitektur, Rechenbaustein, Hardware-Technologie).

5. Eine digitale Schaltung ist eine Rechnerarchitektur. Eine CPU ist ein Spezialfall einer digitalen Schaltung.

6. Ein ASIC ist eine Rechenmaschine. Wir unterscheiden zwischen Full Custom ASICs und Semi Custom ASICs.

3 Rechenmaschinen

In diesem Kapitel beschreiben wir Rechenmaschinen und die ihnen zugrunde liegende IC-Technologie. In ersten Abschnitt 3.1 begegnen wir zunächst dem theoretischen Konzept einer Rechenmaschine: der Turingmaschine. Im zweiten Abschnitt 3.2 zeigen wir die Grundlagen der IC-Technologie auf. Abschnitt 3.3 stellt verschiedene Rechenbausteine vor. Die Abschnitte 3.4, 3.5 und 3.6 bieten einen Überblick über verschiedene Rechenmaschinen – insbesondere Mikroprozessoren und FPGAs.

Lernziele:

1. Die Turingmaschine

2. Hardware-Grundlagen: vom Transistor über Gatter zum IC

3. Hardware, Funktionsweise und Einsatzgebiete von Mikroprozessoren

4. Mikroprozessor-Architekturen: Von-Neumann- und Harvard-Architektur, superskalare und VLIW-Architektur, und RISC- und CISC-Architektur

5. Digitale Signalprozessoren

6. Hardware und Funktionsweise von FPGAs

7. Fein- und grobgranulare FPGA-Architekturen

8. IP-Cores und System On Chip

3.1 Turing-Maschine

von Thomas Mahr

Eine Turing-Maschine ist keine Hardware, sondern ein abstraktes Konzept! Der englische Mathematiker Alan Turing [Tur37] hat diese Maschine in den 1930er Jahren als ein Werkzeug entwickelt, um eine Antwort auf ein fundamentales mathematisches Problem zu finden: das Hilbertsche Entscheidungsproblem. Der deutsche Mathematiker David Hilbert fragte auf dem internationalem Mathematikerkongress in Paris im Jahre 1900, ob es eine Maschine gibt, die im Prinzip alle Probleme der Mathematik auf mechanische Weise zu lösen vermag [Pen91]. Um in Mathematikerkreisen diese Frage

Entscheidungs-problem

überhaupt erörtern zu können, musste zuvor der Begriff der *Maschine* mathematisch erfasst werden.

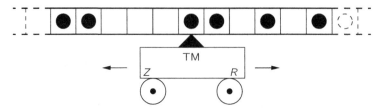

Abbildung 3.1: Die Turing-Maschine TM besitzt einen internen Zustand Z. Gemäß eines Regelsatzes R bewegt sie sich entlang eines unendlich langen Bandes aus Zellen, die entweder leer oder mit einem Buchstaben aus einem Alphabet A belegt (hier $A = \{\bullet\}$) sind, liest und beschreibt die Zellen und ändert dabei ihren internen Zustand.

Turing schlug eine idealisierte Maschine vor (die in Abb. 3.1 illustrierte Turing-Maschine), die im Prinzip jede Berechnung durchführen können soll:

Definition: **Turing-Maschine**

- Die Turing-Maschine kann endlich viele interne diskrete Zustände einnehmen.

- Die Turing-Maschine liest die Eingangswerte der Berechnung von einem unendlichen Band, das in unendlich viele Zellen aufgeteilt ist. Jede Zelle ist entweder leer oder mit einem Buchstaben eines Alphabets belegt[a].

- Die Turing-Maschine schreibt Zwischenergebnisse und das Endergebnis der Berechnung auf das Band.

- Die Turing-Maschine bewegt sich in Abhängigkeit ihres internen Zustands, dem Wert der Bandzelle und gemäß eines Regelsatzes entlang des Bandes vor und zurück.

- Am Ende der Berechnung hält die Turing-Maschine an.

---

[a]Ohne Einschränkung der Allgemeinheit kann dieses Alphabet aus nur einem Symbol bestehen. Eine Zelle ist dann entweder leer oder beschrieben, „ " oder „•", 0 oder 1, usw.

Turing behauptete, dass diese Maschinen prinzipiel alles berechnen können, was berechenbar ist. Es gibt Turing-Maschinen für Addition, Primfaktorzerlegung, Fraktal-Bild-Generierung, Web-Browser, Computerspiele, Bewusstsein(?[1]) usw. Dieser Behauptung schlossen sich Zeitgenossen Turings an, die unabhängig voneinander ähnliche
Church-Turing-These Methoden zur Lösung des Hilbertschen Entscheidungsproblems vorgeschlagen haben[2].

[1]Der englische Mathematiker Roger Penrose verneint die Frage, ob Bewusstsein durch eine Maschine berechnet werden kann, wobei seine Argumentation in [Pen91] und [Pen95] nicht völlig stichhaltig ist.
[2]Lambda-Kalkül von Alonzo Church, Vorschläge von Emil Post und anderen

Deren Behauptung wird heute als Church-Turing-These bezeichnet.

Beispiel: Anhand eines Beispiels kann man sich von der Funktionsweise einer Turing-Maschine überzeugen. Tab. 3.1 definiert den Regelsatz einer sehr einfachen Maschine, die nichts weiter bewirkt, als eine unäre Zahl[a] zu inkrementieren. Diese Turing Maschine benötigt zwei unterschiedliche interne Zustände, 0 und 1. Das Alphabet des Bandes ist $A = \{\bullet\}$. Abb. 3.2 zeigt diese Turing-Maschine beim Berechnen von $2 + 1 = 3$ (Dezimaldarstellung), bzw. $11 + 1 = 111$ (Unärdarstellung). Zu Beginn steht der Schreib-Lesekopf der Turing-Maschine links der Eingabedaten ($\bullet\bullet$). Die Zelle des Bandes ist leer, der interne Zustand Z der Maschine ist 0. Entsprechend der ersten Zeile der Regeltabelle 3.1 lässt die Maschine die Bandzelle leer, ändert ihren Zustand nicht, bewegt sich aber nach rechts (auf der Suche nach dem Eingangswert der Berechnung). Dort findet sie eine belegte Zelle vor, lässt deren Inhalt unverändert, setzt den internen Zustand Z auf 1 und bewegt sich wieder nach rechts. Da sie dort wieder eine belegte Zelle vorfindet, bewegt sich die Maschine ohne Änderung des Zellenwertes und des internen Zustands Z wieder nach rechts. Jetzt ist die Zelle leer (der Eingangswert der Rechnung ist abgelesen). Die dritte Anweisung der Regeltabelle gibt nun an, die Zelle zu belegen, den internen Zustand Z auf 0 zurückzusetzen, nach rechts zu fahren und die Berechnung anzuhalten. Links der Maschine steht jetzt das Ergebnis der Berechnung auf dem Band: ($\bullet\bullet\bullet$) – die unäre Darstellung der Dezimalzahl 3. Die Maschine hat also $2 + 1 = 3$ berechnet.

[a]Die unäre Zahl $z_1 = 11111$ entspricht z.B. der dezimalen Zahl $z_{10} = 5$.

vorher		nachher		
Band	Zustand	Band	Zustand	gehe nach
	0		0	rechts
$\bullet$	0	$\bullet$	1	rechts
	1	$\bullet$	0	rechts und halte an
$\bullet$	1	$\bullet$	1	rechts

Tabelle 3.1: Regelsatz der Turing-Maschine zur Inkrementierung einer unären Zahl.

Wir haben hier eine der allereinfachsten Turing-Maschinen beschrieben, die mit nur vier Regeln und zwei internen Zuständen auskommt. Diese Maschine führt genau eine Art von Berechnung aus: Eine unäre Zahl um den Wert Eins zu erhöhen. Da es unendlich viele denkbare Berechnungen gibt, gibt es auch unendlich viele Turing-Maschinen. Die allermeisten sind durch viel mehr Regeln und interne Zustände definiert als unsere einfache Maschine. Deren Funktionsweise braucht nicht ausschließlich durch einen vorgegebenen Regelsatz bestimmt zu sein, auch auf dem Band können Befehle kodiert sein. Die Maschine liest diese Befehle ein und führt die durch diese Befehle festgelegte Berechnung aus.

**universelle
Turing-
Maschine**

Tatsächlich gibt es eine universelle Turing-Maschine, die jede andere Turing-Maschine imitieren kann. Deren Verhalten wird durch Befehle definiert, die neben den Eingangswerten auf dem Band gespeichert sind. Die universelle Turing-Maschine lädt zunächst dieses Programm und verarbeitet anschließend die Daten. Diese Erkenntnis war zur damaligen Zeit revolutionär – heute überrascht sie kaum noch! Wir gehen stillschweigend davon aus, dass unser Computer am Arbeitsplatz im Prinzip jede Aufgabe ausführen könnte, wenn er genug Arbeitsspeicher besäße und das richtige Programm geladen hätte[3].

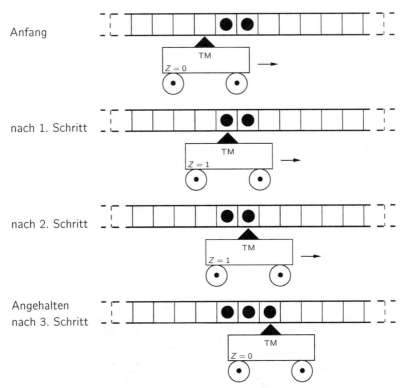

Abbildung 3.2: Arbeitsweise der in Tab.3.1 definierten Turing-Maschine zur Inkrementierung einer unären Zahl. Die Zahl Zwei (●●) wird in 4 Schritten um Eins erhöht. Die Turing-Maschine hält mit dem internen Zustand $Z = 0$ an. Links des Lesekopfes steht die Zahl Drei (●●●).

Ist die Turing-Maschine wirklich eine allgemeine Rechenmaschine? Könnte man nicht noch mehr berechnen, wenn man anstelle eines Rechenbandes viele hätte, wenn viele gekoppelte Schreib-Leseköpfe das Band oder die Bänder parallel bearbeiten würden, wenn die Maschine nicht auf einem eindimensionalen Band, sondern auf einem zweidimensionalen oder multidimensionalen Gitter operieren würde. Die Antwort auf

---

[3]Die Rechengeschwindigkeit ist bei der prinzipiellen Betrachtung unwichtig – ganz im Gegenteil zur Praxis

alle Fragen lautet: nein! Am Prinzip würde dies überhaupt nichts ändern. Eine erweiterte Turing-Maschine liefert uns keine tieferen grundlegenden Einsichten. Sie lässt sich auf die normale Turing-Maschine zurückführen. Hinsichtlich der Rechengeschwindigkeit gäbe es jedoch dramatische Unterschiede. Parallelisierbare Rechenoperationen, z.B. $a = (b + c) \cdot (d + e)$, ließen sich von parallel arbeitenden Bändern beschleunigen.

Gibt es etwas, das sich mit einer Turing-Maschine nicht berechnen lässt? Ja, z.B. den genauen Wert der Kreiszahl $\pi = 3,1415\dots$ Die Stellen nach dem Komma pflanzen sich unendlich lange fort. Eine Turing-Maschine zur exakten Berechnung von π hält niemals an, schließt die Berechnung niemals ab. Die Kreiszahl π ist nicht berechenbar. Dies ist aber kein Nachteil. In der Praxis würde uns ein unendlich genauer Wert von π nichts nützen, er würde uns sogar extrem behindern, da wir ihn weder abspeichern[4] noch weiterverarbeiten[5] könnten. Beim Arbeiten mit der Kreiszahl reicht entweder die symbolische Notation π oder eine Näherungslösung aus. Eine Turing-Maschine zur Berechnung einer endlichen Anzahl von Stellen der Kreiszahl π hält an. Näherungen von π sind also berechenbar. **Kreiszahl**

Es gibt noch etwas, das mit einer Turing-Maschine nicht berechenbar ist: eine Simulation der Quantenmechanik[6] – und damit eine Simulation des Universums. Als der Physiker Richard Feynman dies 1981 während eines Vortrages darlegte [Fey82], wies er zugleich auf einen möglichen Ausweg hin: den Quantencomputer. **Quantencomputer**

Den Quantencomputer können wir uns als eine Turing-Maschine vorstellen, bei der die Zellen des Bandes nicht diskrete Zustände, sondern quantenmechanische Überlagerungen aus vielen Zuständen einnehmen können. Mit einer solchen Quanten-Turing-Maschine könnten einige Berechnungen, für die eine klassische Turing-Maschine viele Rechenschritte benötigt, in viel weniger Schritten ausgeführt werden. Was hier mit „viel weniger" gemeint ist, sieht man daran: Primfaktorzerlegung von sehr großen Zahlen, die auf unseren schnellsten Computern Milliarden Jahre benötigen würden, könnten mit einem Quantencomputer augenblicklich gelöst werden. Um zu begreifen, wie dies möglich ist, lässt man sich am besten auf eine Interpretation der Quantenmechanik ein, die fern unserer Alltagserfahrungen ist, aber für eine wachsende Zahl von Physikern die einzig konsistente Folgerung aus den Befunden quantenmechanischer Experimente ist: die Viele-Welten-Theorie. In jedem Augenblick spaltet sich unser Universum in eine unendliche Zahl von Tochteruniversen auf, die sich von da an völlig losgelöst voneinander weiterentwickeln und weiteraufspalten. Unter bestimmten Bedingungen, wie sie in einem Quantencomputer herrschen würden, könnten die Geschwisteruniversen jedoch für eine kurze Zeit kohärent miteinander verbunden bleiben. Ein Quantencomputer würde die Berechnung auf diese unendlich vielen parallelen Quantenuniversen verteilen und augenblicklich die Lösung liefern [Deu02]. **Quanten-Turing-Maschine** **Viele-Welten-Theorie**

Obwohl ein sehr einfacher Quantencomputer bereits im Jahre 2001 die Zahl 15 in ihre Primfaktoren 3 und 5 zerlegte [VSB$^+$01] und österreichische Physiker ein Quantenbit – ein Qubit – speichern können [HHR$^+$05], sind die Experten der Ansicht, es werden noch Jahrzehnte vergehen, bis die technischen Hürden zu einem Quantencomputer genommen worden sind. Wenn es aber soweit ist, wird er unsere Welt umwälzen.

---

[4]Zum Abspeichern einer unendlich langen Zahl bräuchte man unendlich viel Speicherkapazität und unendlich viel Zeit.

[5]Es gibt keine Turing-Maschine, die einen unendlich langen Wert verarbeiten kann.

[6]In der Quantenmechanik entwickeln sich Wahrscheinlichkeits-Dichtefunktionen entsprechend einer linearen Gleichung – der Schrödinger-Gleichung.

3.2 IC-Technologie

von Ralf Gessler

Abbildung 3.3 zeigt die Ebenen der IC-Technologie: Bauteile-, Schaltungs- und Layout-ebene. Die einzelnen Schichten können wie folgt charakterisiert werden:

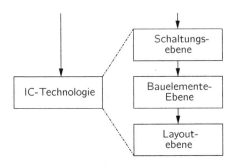

Abbildung 3.3: Innere Struktur der IC-Technologie

Schaltungs-ebene

- Die Schaltungsebene entsteht durch Verbinden von Bauelementen mittels Leitungen.

Bauelemente-Ebene

- Die Bauelemente-Ebene besteht aus passiven und aktiven Bauelementen, wie Widerständen, Kapazitäten und Transistoren. Diese werden durch Differential-gleichungen beschrieben.

Layoutebene

- Die Layoutebene stellt die Umsetzung einer Schaltung in einen geometrischen Plan dar. Dieser besteht aus mehreren Lagen. Aus diesen Lagen entstehen Belichtungsmasken zur Herstellung von integrierten Schaltungen.

In den folgenden Abschnitten wird zunächst auf die Schaltungsebene eingegangen. Hieraus werden die Logikelemente, wie Gatter und Flip-Flops, abgeleitet. Am Ende steht die Realisierung der Schaltung in einem IC (Layoutebene). Die Bauelemente-Ebene wird nicht weiter vertieft, es sei auf [TSG02] verwiesen.

3.2.1 Schaltungsebene

Zum Verständnis von Logikschaltungen ist es hilfreich, sich mechanische Lösungen vorzustellen. In vielen Industrieanwendungen werden einfache logische Funktionen

Schalter

durch Schalter realisiert (siehe Abbildung 3.4). Nur wenn beide Schalter S_1 und S_2 geschlossen sind, leuchtet die Lampe. Es gibt hier nur die beiden Schalterzustände „Ein" und „Aus".

Relais

Das „klassische" Bauelement zur Realisierung digitaler Steuerungen ist das Relais. Relais haben gegenüber reinen elektronischen Einheiten einen Vorteil: sie trennen den Steuerkreis vom Lastkreis galvanisch, verfügen über eine große Schaltleistung und

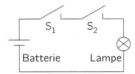

Abbildung 3.4: Realisierung einer logischen UND-Verknüpfung mit Schaltern

sind nahezu unabhängig von elektrischen Störsignalen. Beim Aufbau größerer digitaler Systeme genügen Relais den heutigen Anforderungen bezüglich Lebensdauer, Schaltgeschwindigkeit, Zuverlässigkeit und Baugröße nicht mehr. Dennoch kommen Relais bei manchen Ein- und Ausgangsteilen digitaler Steuerungen (siehe Abbildung 5.1) zum Einsatz.

Ist der Schalter geschlossen („Ein"), fließt ein Strom I durch den Widerstand R und die Ausgangsspannung U_Y ist Null. Ist der Schalter offen („Aus"), kommt es zu keinem Stromfluss und die Ausgangsspannung entspricht der Betriebsspannung (U_B). Ein idealer Schalter schaltet ohne Zeitverzögerung und ohne Verluste um - Leistung $P = I \cdot U = 0$. Abbildung 3.5 zeigt einen idealen Schalter mit der Kennlinie $I(U_Y)$. Die beiden Eckpunkte der Kennlinie mit der Steigung $1/R$ bilden den „Ein"(E)- und „Aus"(A)-Zustand.

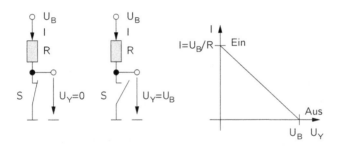

Abbildung 3.5: Idealer Schalter

Bei integrierten Schaltungen übernehmen Transistoren die Schaltfunktionen. Man unterscheidet zwischen bipolaren und Feldeffekt-Transistoren (FET[7]). **Transistor**

Abbildung 3.6 zeigt die Struktur eines N-Kanal-Metall-Oxid-Semiconductor-Feldeffekt-Transistors. Im P-Subtrat werden zwei Inseln („n+"-Inseln) eindotiert[8] und metallisiert. Die Anschlüsse bilden (D)rain und (S)ource. Der (G)ate-Anschluss ist über **N-Kanal MOS** eine dünne Isolationsschicht (SIO_2) vollständig von der Halbleiterstruktur getrennt. Die so entstandene Struktur nennt man MOS[9]. Mittels der Gate-Source-Spannung **Dotierung** (U_{GS}) wird ein elektrisches Feld erzeugt. Der Strom (I_D) kann leistungslos über U_{GS} eingestellt werden. Beim Strom I_D ist nur eine Art von Ladungsträger beteiligt (Elek-

---

[7]FET = **F**eldeffekt-**T**ransistor
[8]Unter Dotierung versteht man die zusätzliche Anreicherung mit Elektronen oder Löchern.
[9]MOS = **M**etal-**O**xid-**S**emiconductor

unipolar

tronen beim N-Kanal und Löcher beim P-Kanal), deshalb spricht man von einer unipolaren Leitung.

Bei positiver Spannung U_{GS} werden negative Ladungen unter der Isolationsschicht erzeugt (influenziert), die einen leitenden Kanal bilden. Über die Gate-Spannung kann die Leitfähigkeit des Kanals gesteuert werden. Daher der Begriff N-Kanal. Durch Vertauschen der Dotierungen entsteht ein P-Kanal-MOSFET.

Aufgrund der einfachen Herstellbarkeit und dem geringen Bedarf an Chipfläche eignen sich Metall-Oxid-Semiconductor FETs sehr gut zum Aufbau von integrierten

integrierte Schaltungen

Schaltungen.

Für komplexe Schaltungen verwendet man N- und P-Kanal MOSFETs auf einem Siliziumchip. Es entstehen sehr kleine Strukturen mit einem geringen Leistungsbedarf

Silizium

aufgrund der leistungslosen Ansteuerung. Alle weiteren Ausführen erfolgen auf Basis des Feldeffekt-Transistors.

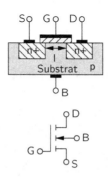

Abbildung 3.6: Aufbau eines NMOS-FETs (selbstsperrender oder Anreicherungstyp: $I_D=0$, $U_X=0$)

Layoutebene

Die FET-Struktur (siehe Abbildung 3.6) wird zur Herstellung in die Layoutebene überführt (siehe Abschnitt 3.2.2). Der rasante Fortschritt in der Prozess-Technologie erlaubt immer kleinere Geometrien und somit eine größere Integrationsdichte der Transistoren.

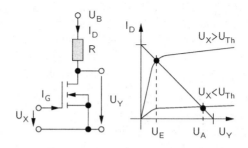

Abbildung 3.7: MOS-FET als Schalter

Abbildung 3.7 zeigt einen N-Kanal MOS als realen Schalter. Ist die Eingangsspannung U_X größer als die Schwellenspannung U_{Th} des Transistors, so schaltet der Transistor durch. Man spricht von einem Großsignalverhalten, da der Transistor im gesamten Kennlinienfeld beschrieben wird. Die MOS-Struktur ermöglicht eine leistungslose Ansteuerung ($I_G \to 0$). Allerdings hat die MOS-Struktur eine größere Eingangskapazität und somit höhere Schaltzeiten zur Umladung als bipolare Transistoren.

Großsignalverhalten

Ein Äquivalent zum NMOS-Transistor ist der bipolare NPN-Transistor als Schalter (siehe Abbildung 3.8). Der Transistor hat die Anschlüsse: (B)asis, (E)mitter und (K)ollektor. Ist die Eingangsspannung $U_X \approx 0$, so ist der Kollektorstrom I_C Null und die Ausgangsspannung $U_Y = U_B$. Ist hingegen $U_X \gg 0$, fließt ein Basisstrom I_B, der einen großen I_C verursacht. Es kommt zu einem großen Spannungsabfall am Lastwiderstand R und U_Y sinkt auf einen sehr niedrigen Wert ab.

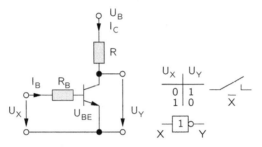

Abbildung 3.8: Bipolarer NPN-Transisitor als Schalter. Das Eingangssignal wird negiert. Es entsteht das Logikgatter Inverter.

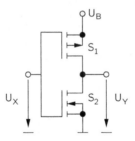

Abbildung 3.9: CMOS-Grundschaltung Inverter

Bipolare Transistoren sind stromgesteuerte Bauelemente (I_B). Der Strom I_C wird von I_B gesteuert und ist nahezu unabhängig von U_{CE}. Die Feldfeldeffekttransistoren arbeiten spannungsgesteuert (U_X).

Frage: Weisen Sie die Inverterfunktion der bipolaren NPN-Transistorschaltung aus Abbildung 3.8) nach.

23

CMOS

Zur besseren Integration wird der Lastwiderstand R (siehe Abbildung 3.7) durch einen zweiten P-Kanal-Transistor (S_1) realisiert. Es entsteht die CMOS-Schaltung[10]. Abbildung 3.9 und 3.10 zeigen den CMOS-Inverter. Er negiert (invertiert) das Eingangssignal. Bei dieser Schaltung nimmt die Eingangsspannung U_X nur die beiden Werte 0 V und die Betriebsspannung U_B an. Typische Werte für U_B sind die Spannungen 5V und 3,3 V. Bei U_X= 0 V am Eingang leitet der P-Kanal-Transistor (S_2) und U_Y ist gleich der Betriebsspannung.

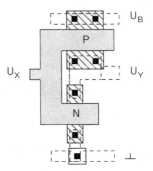

Abbildung 3.10: CMOS-Layout. Aufgrund der eingeschränkten Beweglichkeit der Löcher gegenüber den Elektronen beträgt das Geometrieverhältnis $(\frac{w}{l})_P = 2 - 3(\frac{w}{l})_n$. Wobei l die Kanallänge bzw. Gatelänge und w die Gateweite ([Hof90], S. 323) darstellt.

Beim NMOS-Inverter ist der Lastwiderstand ebenfalls ein N-Kanal Transistor. Das Layout ist deshalb besonders platzsparend.

CMOS-NAND

kombinatorische Schaltung

Durch weitere Zusammenschaltung von P- und N-Kanal-MOS-FETs entsteht die kombinatorische Grundschaltung: ein CMOS-NAND (siehe Abbildung 3.11). Bei kombinatorischen Schaltungen hängen die Ausgangsgrößen direkt von den Eingangsgrößen ab. Der Ausgang des Gatters ist nur dann logisch Null, wenn beide Eingänge logisch Eins sind.

> *Fragen:*
>
> 1. Welchen Wert hat der Ausgang des CMOS-Inverters bei $U_E=U_B$?
>
> 2. Überprüfen Sie die Funktion des CMOS-NAND-Gatters mittels einer Wahrheitstabelle.
>
> 3. Entwickeln Sie ein NOR-Gatter in CMOS.

D-Flip-Flop

Aus der Verschaltung des CMOS-Inverters und des NAND-Gatters entsteht ein D-Flip-Flop. „D" steht für Delay. Das Eingangssignal wird hierbei solange verzögert,

---

[10]CMOS = **C**omplementary **MOS**

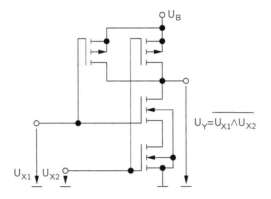

Abbildung 3.11: NAND-Gatter

bis der Takt (Clk) kommt. Ein Flip-Flop ist eine bistabile Kippstufe (siehe Abbildung 3.12), die ein Bit speichern kann. Schaltungen mit internen Speicherelementen heißen sequentielle Schaltungen.

sequentielle Schaltung

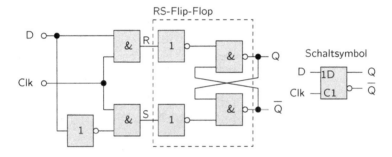

Abbildung 3.12: D-Flip-Flop

Im weiteren ignorieren wir das elektrische Verhalten (bipolar und MOS-Transistoren) und beschränken uns auf die logischen Werte „0" und „1".

Die gezeigten kombinatorischen und sequentiellen Schaltungen stellen den Übergang von der Schaltungs- zur Logikebene dar. Aus den elementaren Logikelementen können beliebig komplexe Schaltungen aufgebaut werden. Eine weitere Vertiefung erfolgt im Abschnitt 5.2.

Logikebene

Vergleich von CMOS- und Bipolargattern: Um die beiden Techniken besser beurteilen zu können, werden die wesentlichen Merkmale miteinander verglichen:

1. Der bipolare Transistor (Abkürzung: bip) weist ein exponentielles Strom-Spannungs-Verhalten und der MOS-Transistor (Abkürzung: MOS) in Sättigung ein

Verzögerungszeit

quadratisches Verhalten auf. Dies hat zur Folge, dass bereits kleinere Spannungsänderungen $\Delta U_{Qbip} \leq 0{,}5$ V am Gatterausgang (U_Q) genügen, um binäre Zustände zu definieren. Im Vergleich hierzu benötigen MOS-Gatter $\Delta U_{Qbip} = 5V$. Hieraus resultiert der Vorteil der bipolaren CML[11] Technik: die Verkürzung der Verzögerungszeit T_D von etwa $T_{D,bip} \approx 0.1 \cdot \frac{C_{bip}}{C_{MOS}} \cdot T_{D,MOS}$. Für die meisten praktischen Fälle gilt für die Kapazitäten $C_{bip} < 5 \cdot C_{MOS}$. Somit verbleibt ein deutlicher Vorteil gegenüber der CMOS-Technik bezüglich der Verzögerungszeiten beziehungsweise Schaltgeschwindigkeiten.

**Leistungs-
verbrauch**

2. Bezüglich des Leistungsverbrauchs besteht folgender Zusammenhang:

bipolare Schaltungen haben ausschließlich einen statischen Leistungsverbrauch: $P = U_B \cdot I$. CMOS-Technik hat hingegen einen dynamischen Verbrauch: $P = C \cdot U_B^2 \cdot f$. Der Verbrauch kann sogar den Wert Null annehmen, wenn die Taktrate f=0 ist. CMOS-Gatter haben bis zu einigen 100 MHz einen wesentlich geringeren Leistungsverbrauch als Bipolargatter.

Mikroprozessor

Bei Mikroprozessoren erfolgt die Senkung der Leistungsaufnahme durch die Reduzierung der Taktfrequenz (Stromsparmodi). Weiterführende Literatur findet man unter [Fis06]. Hieraus lassen sich zwei Schlüsse für die Realisierung ziehen:

CMOS-Gatter

1. CMOS-Schaltungen eignen sich besonders für Gatter und logische Felder, die eine hohe Packungsdichte bei geringem Leistungsverbrauch benötigen (siehe Abbildung 3.13).

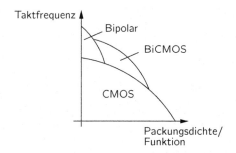

Abbildung 3.13: Taktfrequenz versus Packungsdichte ([Hof90], S. 424). BiCMOS stellt eine Mischform aus bipolarer und CMOS-Technologie dar.

**Bipolare
Gatter**

2. Bipolare Schaltungen sind besonders für Schaltungsteile wie beispielsweise Rechenwerke mit hohen Geschwindigkeitsanforderungen und Treiber für Busleitungen und Datenausgänge besonders geeignet ([Hof90], S. 424 ff).

Fragen:

1. Nennen Sie Anwendungsgebiete für CMOS-Schaltungen und begründen sie ihre Auswahl.

---

[11]CML = Current Mode Logic

Die Signalkonvention eines Digitalsystems bestimmt, wie analoge elektrische Signale als digitale Signale („Ein"- und „Aus"-Zustand) interpretiert werden (siehe auch Abschnitt 5). Eine häufige Konvention ist in Abbildung 3.14 dargestellt. Niedrige Spannungen werden als logisch Null (kurz L(ow) oder „0") und höhere als logisch Eins (kurz H(igh) oder „1") interpretiert. Die einzelnen Spannungsbereiche für (E)in- und (A)usgänge sind unterschiedlich. Die Lücken zwischen U_{AL}[12] und U_{EL} und zwischen U_{EH}[13] und U_{AH} stellen den Störabstand digitaler Systeme dar ([Car03], S. 31).

Digitalsignal

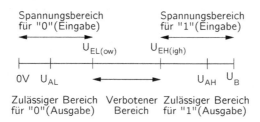

Abbildung 3.14: Vom Analog- zum Digitalsignal ([Car03], S. 31)

Digitale Größen bestehen aus abzählbaren Elementen. „Digital" kommt aus dem lateinischen digitus[14]. Eine Zahl kann somit durch eine Anzahl von Fingern dargestellt werden. Die abzählbare Elemente können zwei, drei oder mehr Zustände annehmen. Übliche digitale Elemente sind binär[15]([BS90], S. 15 ff) - „Ein" und „Aus".

Die logischen Zustände „0" und „1" werden durch kleine und große Spannungen repräsentiert. Systeme, die elektrische Signale einem von zwei Werten zuordnen, heißen Binärsysteme. Die übermittelte Signalinformation heißt Binary Digit[16] oder kurz Bit.

Bit

Logikfamilien: Logische Schaltungen werden heute fast ausschließlich mit integrierten Schaltungen realisiert. Bei den Standardbausteinen unterscheidet man zwischen der Transistor-Transistor-Logik (TTL[17]) und CMOS-Logik. TTL-Bausteine basieren auf bipolaren und CMOS-Bausteine auf integrierten Feldeffekt-Transistoren. Die TTL-Bausteine existieren in unterschiedlichen Baureihen für die verschiedensten Logikfunktionen. Für alle TTL-Bausteine gilt:

Standard-ICs

- +5 V Versorgungsspannung

- beliebige Zusammenschaltbarkeit aufgrund verträglicher Ein- und Ausgangssignale

- Pinkompatibilität gleichnamiger Bausteine in unterschiedlichen Baureihen

---

[12]Ausgang-Low
[13]Eingang-High
[14]der Finger
[15]lateinisch: zweimal
[16]Bit = **B**inary Dig**it**
[17]TTL = **T**ransistor-**T**ransistor-**L**ogik

Die wesentlichen Eigenschaften lassen sich für ein Vierfach-NAND ("00") angeben. Die Standard TTL-Reihe-7400 ist die historisch erste Reihe.

Beispiele:

1. Low-Power-Schottky-TTL (LS-TTL[a]) (74LS00): Bei dieser Reihe kommen Schottky[b]-Transistoren zum Einsatz. Von Vorteil ist die geringe Verlustleistung. Diese Baureihe hat zur Zeit die größte Typenvielfalt und ist Industrie-Standard.

2. Advanced-Low-Power-Schottky-TTL (ALS-TTL[c]) (74ALS00): Diese Reihe hat kürzere Schaltzeiten und eine niedrigere Verlustleistung als die LS-Reihe. Das Typenspektrum ist groß. Sehr komplexe Schaltungen für Mikroprozessor-Applikationen sind teilweise ausschließlich als ALS-Typen.

3. TTL-Baureihe (74ALS00): $U_{EL} = 0,8$ V; $U_{EH} = 2,0$ V; $U_{AL} = 0,5$ V; $U_{AH} = 2,7$ V.

---

[a]LS-TTL = Low-Power-Schottky-TTL
[b]Metall-Halbleiter-Übergang
[c]ALS-TTL = Advanced-Low-Power-Schottky-TTL

CMOS Die CMOS-Bausteine werden in unterschiedlichen Baureihen hergestellt. Für sie gilt:

- +5 V ... 15 V Versorgungsspannung (auch 3 V ... 18 V)

- niedrige Eingangsströme

- geringe Verlustleistung im Statischen und bei niedrigen Frequenzen

- gleich große Ausgangsströme im High- und Low-Zustand

Die wesentlichen Eigenschaften lassen sich wiederum für ein Vierfach-NAND-Gatter angeben. Die historisch erste Baureihe ist die CMOS-Reihe A (CD4011A).

Beispiele:

1. CMOS-Reihe B (CD4011B): Diese Reihe stellt den Industrie-Standard dar und hat das größte Typenspektrum. Die Bausteine verfügen über standardisierte und herstellerunabhängige statische Kennwerte.

2. High-Speed-CMOS-Reihe (74HC00): Die Bausteine sind pin- und funktionskompatibel zu den gleichartig nummerierten TTL-Bausteinen. Die Schaltzeiten sind um eine Zehnerpotenz niedriger und die Ausgangsströme höher als bei der CMOS-Reihe B. Bei Frequenzen unter 20 MHz haben sie eine geringere Verlustleistung als die LS-TTL-Reihe. Anders als bei TTL liegt die Versorgungsspannung zwischen 2 ... 6 V.

3. CMOS-Baureihe (74HC00): $U_{EL} = 0,9$ V; $U_{EH} = 3,2$ V; $U_{AL} = 100$ mV; $U_{AH} = 4,9$ V.

Neben den CMOS- und TTL-Logikfamilien existieren noch weitere Familien ([KSW98], S. 426 ff):

- Emitter Coupled Logic (ECL[18]): Die Schaltzeiten liegen unter 1 ns. Die Verlustleistung ist hoch und beträgt etwa 50 mW pro Gatter. Die Bausteine werden in der Rechnertechnik und Hochgeschwindigkeits-Signalverarbeitung verwendet. **ECL**

- IC-Technologie auf Galium-Arsenid-Basis[19] ist eine neuartige Technologie der Transistor-Herstellung auf Basis von Gallium-Arsenid anstelle der Silizium-basierten IC-Technologie. Die Schaltzeiten sind ultrakurz und liegen im Bereich von 10 ps. In derselben Technologie werden opto-elektrische Bauelemente gefertigt. Man erwartet das Entstehen einer kombinierten opto-elektrischen Logik (Schalten mit Strom oder Licht)([KSW98], S. 431). **GaAS**

Durch Zusammenschaltung verschiedener Bausteine mit kombinatorischer und sequentieller Logik kann ein Mikroprozessor prinzipiell diskret realisiert werden. TTL- und CMOS-Standard werden heute im wesentlichen als „Gluelogic" („Anhängsel") bei Schaltungen mit Mikroprozessoren eingesetzt. Sie werden zunehmend durch programmierbare Logikbausteine (kurz PLDs) ersetzt. **Mikroprozessor**

Integrationsgrad: Die weitere Integration von Funktionen führte bei der TTL-Familie international zu mehr als 1000 Schaltkreistypen.

Beispiele:

1. SSI-Schaltkreise: Gatter, Flip-Flop, Interface-Schaltungen usw.

2. MSI- und LSI-Schaltkreise: Schieberegister, Zähler, Multiplexer, Recheneinheiten (Addierer, Multiplizierer, ALU)

---

[18]ECL = **E**mitter **C**oupled **L**ogic
[19]GaAS = **G**allium-**A**rsenid

Integrierte Schaltungen werden durch die Anzahl der Bauelemente klassifiziert. Hierbei werden immer nur die aktiven Bauelemente (Transistoren) gezählt. Passive Elemente sind meistens nur spärlich vorhanden. Hinsichtlich des Integrationsgrades unterscheidet man zwischen:

- Small Scale Integration (SSI[20]): Die Bausteine beinhalten zwischen 3 bis 30 Gattern pro Chip und werden seit Anfang der 60er Jahre produziert. Beispiele sind Mehrfach-NAND-Gatter und Flip-Flops.

- Medium Scale Integration (MSI[21]): Sie beinhalten zwischen 30 bis 300 Gattern pro Chip und waren von Anfang bis Ende der 60er Jahre auf dem Markt. Beispiele sind das 256 Bit RAM, Addierer und Schieberegister.

- Large Scale Integration[22]: Die Bausteine integrieren zwischen 300 bis 3000 Gattern pro Chip. Sie gab es von Anfang bis Mitte der 70er Jahre. Beispiele sind das 16 kBit MOS-RAM.

- Very Large Scale Integration[23]: Die Bausteine integrieren zwischen 3000 bis 10^5 Gattern pro Chip. Sie gibt es seit Ende der 70er Jahre. Beispiele sind das 64 kBit MOS-RAM und Mikrocomputer.

- Ultra Large Scale Integration[24]: Diese Chips haben mehr als 100000 Gatter pro Chip. Sie sind seit Ende der 80er Jahre verfügbar. Beispiele sind das 4 MBit MOS-RAM.

- Wafer Scale Integration[25]: Hierbei bildet der gesamte Wafer (Siliziumscheibe) einen einzigen Schaltkreis ([Sei90], S. 29 ff).

Abbildung 3.15 liefert einen Überblick über die Entwicklung integrierter Schaltungen.

Ein weiteres wichtiges Kriterium für integrierte Schaltungen sind bestimmte minimale Dimensionen. Eine wichtige Größe ist die Kanallänge l (siehe Abbildung 3.6). In den frühen siebziger Jahren bewegten sich die Kanallängen in der Größenordnung von $10\mu m$. Ein Jahrzehnt später lagen sie bei $5\mu m$. Mitte der achtziger Jahre konnten **Submikron-Prozess** Kanallängen von $2\mu m$ realisiert werden. Heute spricht man von Submikron-Prozessen, bei denen die Kanallängen deutlich unter einem Mikrometer liegen ([Jac05], S. 9).

> *Beispiel:* FPGAs wie der Xilinx Virtex II verwenden einen 90 nm CMOS-Prozess.

---

[20]SSI = Small Scale Integration
[21]MSI = Medium Scale Integration
[22]LSI = Large Scale Integration
[23]VLSI = Very Large Scale Integration
[24]ULSI = Ultra Large Scale Integration
[25]WSI = Wafer Scale Integration

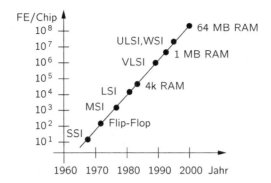

Abbildung 3.15: IC-Integrationsgrad: Funktionseinheiten (FE) pro Chip über der Zeit ([Vor01], S. 59)

3.2.2 Layoutebene

Die Layoutebene dient dem physikalischen Entwurf der integrierten Schaltung. Aus dem Schaltungsentwurf (siehe Abbildung 3.9) entsteht ein Layout als geometrische Abbildung der Schaltung bestehend aus mehreren Lagen. Aus den Lagen werden Belichtungsmasken für den Herstellungsprozess entwickelt. Der Herstellungsprozess wird durch EDA[26]-Werkzeuge, wie Schaltungssimulatoren und der Entwurfsregel-Überprüfung DRC[27], unterstützt. Abbildung 3.16 zeigt den Herstellungsprozess einer integrierten Schaltung. Die einzelnen Masken werden schrittweise auf die Siliziumscheibe (Wafer) übertragen (Lithographieverfahren). Abbildung 3.17 zeigt den Wafer und die daraus entstandenen Chips. Es folgen abschließend die Schritte: Funktionstest auf dem Wafer, Brechen des Wafers („Die"[28]), Montage in IC-Gehäuse inklusive Bonden (Verbinden der IC-PADs mit den Pins) und Endtest. **Masken** **Wafer** **Bonden**

3.3 Rechenbausteine

von Ralf Gessler

Die im vorangegangenen Abschnitt dargestellte IC-Technologie dient der Realisierung der Rechenbausteine, die in der Übersichtsabbildung 3.18 systematisch aufgeführt sind. Rechenbausteine sind teilweise (Semi Custom) oder vollständig (Full Custom) an die „beste" Lösung für gegebene Aufgabenstellung mit gegebenen Randbedingungen angepasst (siehe Abschnitt 2.2).

- Beim Full Custom ist der Entwickler nur an die durch die Technologie vorgegebenen Randbedingungen, die Layout-Regeln, gebunden. Die Funktion der Chips ist auf den Kundenwunsch „maßgeschneidert". Die Platzierung der Grundelemente **Full Custom**

---

[26]EDA = **E**lectronic **D**esign **A**utomation
[27]DRC = **D**esign **R**ule **C**heck
[28]aus dem Wafer herausgesägter Silizium-Chip

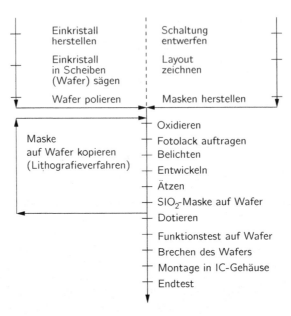

Abbildung 3.16: Schritte des IC-Herstellungsprozesses ([Vor01], S. 58). Der Prozessschritt „Maske auf Wafer kopieren" wird wiederholt durchgeführt.

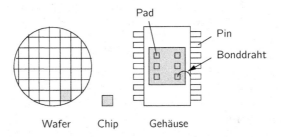

Abbildung 3.17: Entstehung eines ICs: Wafer, Chip und Gehäuse

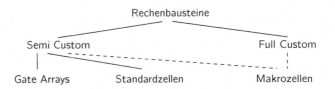

Abbildung 3.18: Überblick über die Rechenbausteine. Ein Semi Custom-Rechenbaustein ist beispielsweise eine Untergruppe der Rechenbausteine. Makrozellen stellen eine Mischform aus Full Custom und Semi Custom dar (gestrichelte Linie).

ist frei möglich. Ein Full-Custom-Baustein wird manuell entworfen. Hieraus leiten sich die großen Nachteile dieser Methode ab: die lange Entwicklungszeit und
die damit verbundenen Kosten. Es ist nicht ungewöhnlich, dass für Full Custom
mehrere Dutzend oder einige hundert Mannjahre investiert werden.

- In die Gruppe des Semi Custom Bausteine gehören Gate Arrays, Standard- und   **Semi Custom**
  Makrozellen.

    - Bei den Gate Arrays bilden vorgefertigte Chips die Grundlage für den Schal-   **Gate Arrays**
      tungsentwurf. Der vorfabrizierte Chip, der sogenannte Master, enthält Ein-
      und Ausgangsstufen und ein reguläres Muster von Logikgattern. Ein Logik-
      gatter besteht meistens aus zwei Paaren von NMOS- und PMOS- Transis-
      toren, die einen gemeinsamen Gate- und Drain-Anschluss aufweisen. Erst
      im letzten Prozessschritt wird eine bestimmte Schaltungsfunktion durch
      die Verdrahtung der Gatter realisiert. Man spricht von der Personalisierung   **Personalisierung**
      des Chips. Die ältere ASIC-Technik wurde vor allem zur Miniaturisierung
      von Printed Circuit Boards (PCBs[29]) mit zahlreichen SSI ICs eingesetzt.

    - Bei Standardzellen sind keine vordefinierten Grundstrukturen wie bei Gate   **Standardzellen**
      Arrays vorhanden. Der komplette Technologiezyklus wird bei der Wafer-
      Fertigung nach dem Entwurf der Standardzellen durchlaufen. Die Grund-
      funktionen, zum Beispiel Gatter, sind in Bibliotheken abgelegt.

    - Der Entwurf von Makrozellen vereint die Vorteile beider Techniken: Full   **Makrozellen**
      und Semi Custom. Unter Makrozellen versteht man vorentworfene Modu-
      le. Das Prinzip liegt in der Verwendung der jeweils am besten geeigneten
      Entwurfstechnik. Diese Technik erlaubt die Kombination von Standard-
      zellen mit manuell entworfenen Blöcken und regelmäßigen, automatisch
      generierten Strukturen (beispielsweise RAMs). Einmal entworfene Kom-
      ponenten wie Mikroprozessorkerne (Makrozelle) können wieder verwendet
      werden.

Der Vorentwurf und die Vorfertigung nimmt von den Gate Arrays hin zum Full Custom
Design ab, während die Freiheitsgrade und die Möglichkeiten hin zu einer optimalen,
„maßgeschneiderten" Realisierung zunehmen. Allerdings steigt dabei auch der Ent-
wicklungsaufwand. Bei Gate Arrays handelt es sich um Standard-ICs, wohingegen bei
Standardzellen und Full Custom ein durchgängiger, vollständiger Prozess mit allen
Masken notwendig ist ([Jac05], S. 16 ff). Tabelle 3.2 bietet einen Überblick über die
Arbeitsschritte beim Entwickler und IC-Hersteller.

3.4 Übersicht Rechenmaschinen

von Ralf Gessler

Rechenmaschinen bestehen aus einer Rechnerarchitektur und einem Rechenbaustein.
Tabelle 3.3 zeigt Beispiele für Rechenmaschinen. Sie entstehen durch die Abbildung

---

[29]PCB = **P**rinted **C**ircuit **B**oard *(deutsch: Leiterkarte)*

	Semi Custom Rechenbaustein	Full Custom Rechenbaustein
Struktur	Master&Makros vorentworfen und Master vorgefertigt	kein Vorentwurf und Vorfertigung
Entwurf	Abbildung auf Bibliothek (P&R)	Entwurf aller geometrischen Strukturen (P&R)
Implementierung	Entwickler und IC-Hersteller	IC-Hersteller
Fertigstellung	IC-Hersteller	IC-Hersteller

Tabelle 3.2: Vergleich der Rechenbausteine bezüglich Architektur, Entwurf, Implementierung und Fertigstellung [Rom01]. Unter dem Begriff „Place & Route" (P&R) versteht man das Platzieren und Verdrahten der Zellen auf einem physikalischen Baustein.

einer Rechnerarchitektur auf einen Rechenbaustein aufgrund unterschiedlicher Randbedingungen an beispielsweise den Datendurchsatz oder die Stückkosten (siehe Abschnitt 2.2). Die Architekturen reichen von „universell"[30] (CPU) bis „maßgeschneidert" (DS*).

	Rechenbaustein	
Rechnerarchitektur	Semi Custom	Full Custom
CPU	Mikroprozessor	Mikroprozessor
DS*	FPGA, MP3-Chip	Standard-Analog, OpV[31], Standard-Logik

Tabelle 3.3: Eine Rechenmaschine entsteht durch die Abbildung einer Rechnerarchitektur auf den Rechenbaustein. In der Tabelle sind beispielhaft Rechenmaschinen aufgeführt.

Rechnerarchitektur

Software-Architektur

Die Rechnerarchitektur kann:

- festverdrahtet (VDS in Form einer CPU): z.B. Mikroprozessor. Die Anpassung an die Applikation erfolgt durch die Software-Architektur (Programm).

- konfigurierbar (KDS): z.B. FPGA. Die Anpassung an die Applikation erfolgt durch die Software-Architektur (Konfiguration).

sein.

Standard-ICs

Standard-ICs sind vorgefertigte Rechenmaschinen von IC-Hersteller. Die ICs sind quasi „von der Stange" (COTS) [32] verfügbar (siehe Abbildung 3.19).

---

[30] General Purpose
[32] COTS = Commercial Off-The-Shelf *(deutsch: Kommerzielle Produkte aus dem Regal)*

Außer den typischen Rechenmaschinen wie Mikroprozessoren und FPGAs gibt es auch noch andere Standard-ICs: die Speicher (RAM, ROM), Standard-Logik-ICs und Standard-Analog-ICs.

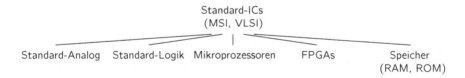

Standard-ICs
(MSI, VLSI)

Standard-Analog   Standard-Logik   Mikroprozessoren   FPGAs   Speicher
(RAM, ROM)

Abbildung 3.19: Überblick Standard-ICs (siehe Abschnitt 3.2.1)

Bei komplex aufgebauten Standard-ICs wie Mikroprozessoren spricht man im Gegensatz zu weniger komplexen Standard-Logik[33] auch von VLSI[34]. Trotz fester IC-Verdrahtung ist deren Funktion programmierbar. Der IC-Entwurf entfällt und die applikationsspezifischen Eigenschaften erfolgen per Software.

Zu den Standard-ICs gehören auch die TTL- und CMOS-Logikfamilien (siehe Abschnitt 3.2.1 Standard-Logik). Die gewünschte Kundenfunktion setzt sich aus einzelnen (diskreten) ICs zusammen. Als Realisierungsplattform dient ein Printed Board PCB[35]. Die Bausteine sind untereinander fest verdrahtet. Änderungen bei den Anforderungen haben eine vollständige Neuentwicklung der Karte zur Folge. Man spricht von einem verdrahtungsorientiertem Entwurf.   **Standard-Logik**

Beispiele:

1. Mikroprozessoren: Hersteller von Mikroprozessoren bilden die CPU-Architekur auf die integrierte Schaltung ab - es wird der Entwicklungszyklus von Abbildung 2.1 durchlaufen. Es entsteht ein Standard-IC, dessen IC-Architektur nicht mehr verändert werden kann. Die Implementierung der Applikation erfolgt durch die Software-Architektur. Sie besteht aus Programmen, die wiederum aus Befehlsfolgen bestehen.

2. FPGAs: verfügen wie die Mikroprozessoren über eine herstellerspezifische Rechnerarchitektur. Die Software-Architektur (Konfiguration) bildet die Implementierung der gewünschten Aufgabe. Die Implementierung ist eine digitale Schaltung aus kombinatorischer und sequentieller Logik.

---

[33]MSI = Medium Scale Integration
[34]VLSI = Very Large Scale Integration
[35]PCB = Printed Circuit Board *(deutsch: Leiterkarte)*

Fragen:

1. Weshalb sind Mikroprozessoren und FPGAs Standard-ICs?

2. Wie erfolgt die Implementierung einer Applikation?

FPGA

FPGAs bestehen aus regulären Strukturen (Feldern). Sie verfügen über eine programmierbare Verdrahtung. Die Applikation kann modifiziert werden und es kann flexibel auf Schaltungsänderungen eingegangen werden.

Tabelle 3.4 bietet einen Überblick über die Arbeitsschritte beim Entwickler.

Arbeitsschritt	FPGA
Struktur	vollständig vorentworfen und vorgefertigt
Entwurf	Zuweisung von FE auf Zielarchitektur (P&R)
Implementierung	Entwickler
Fertigstellung	Entwickler

Tabelle 3.4: Einordnung der FPGAs bezüglich der Architektur, Entwurf, Implementierung und Fertigstellung [Rom01]. Unter dem Begriff „Place & Route" (P&R) versteht man das Platzieren und verdrahten der Zellen auf einem physikalischen Baustein. Funktionselemente wie Gatter oder Flip-Flops sind mit „FE" abgekürzt.

FPGAs und Mikroprozessoren bilden den Schwerpunkt der weiteren Ausführungen.

3.5 Mikroprozessoren

von Ralf Gessler

Der vorliegende Abschnitt beschreibt die „klassische Rechenmaschine": den Mikroprozessor. Der Schwerpunkt liegt dabei auf den digitalen Signalprozessoren. Die Ausführungen gehen von den Von-Neumann- und Harvard-Architekturen über CISC und RISC zu Multi-Issue[36]-Architekturen, wie VLIW. Hierbei werden Mechanismen zur Erhöhung des Datendurchsatzes, wie Nebenläufigkeit und Pipelining, besprochen. Abschließend wird ein Überblick über den Stand der Technik und weitere Mikroprozessoren (Hersteller) gegeben.

3.5.1 Der erste Mikroprozessor

Zu Beginn der 60er Jahre herrschte der Trend: weg von diskreten Schaltungen aus Transistoren, Dioden und Widerständen hin zu fertigen, standardisierten Funktions-

---

[36]engl. mehrere Ergebnisse

blöcken. Hierdurch vereinfacht sich der Entwurf und die Herstellung von Schaltungen. Dazu eignete sich die Digitaltechnik besonders gut. Es entstanden die integrierten Schaltkreise, die rasch eine dominierende Rolle bei den digitalen Schaltungen einnahmen.

Zunächst waren dies verschiedene Gatter und Kippglieder mit niedriger Integrationsdichte (SSI[37]), bestehend aus bis zu 20 Transistoren pro Schaltkreis. Dem Bedarf an komplexen Funktionseinheiten, wie Zählern und Schieberegistern, die sich aus Gattern und Flipflops zusammensetzen, kam die immer höhere Integrationsdichte (MSI[38]) entgegen. Der stetige Fortschritt der Halbleitertechnologie erlaubte die Großintegration (LSI[39] und VLSI[40]) mit einigen 10.000 bis mehreren 100.000 (Mitte bis Ende der 70er-Jahre) Transistoren auf einem Chip („nackter" monolithischer[41] Schaltkreis). Derartige Schaltkreise ermöglichen außerordentlich komplexe Funktionen, sind aber auf enge Einsatzgebiete beschränkt (siehe Abschnitt 3.2.1). Beispielsweise ist der Chip eines Taschenrechners nur für den Einsatz im Taschenrechner geeignet.

Für den weiten Bereich der industriellen Steuerungen und Regelungen – ein Haupteinsatzgebiet digitaler Schaltungen – konnten die Vorteile der Großintegration, geringere Kosten bei gleichzeitig höherer Zuverlässigkeit, wegen der Funktionsvielfalt zunächst nicht genutzt werden. Die Lösung für dieses Problem wurde nicht planmäßig erarbeitet, sondern ist eher einer Fehlentwicklung zu verdanken. Im Jahre 1971 entwickelte die Firma Intel einen Schaltkreis, der zwar die vorgesehene Aufgabe, Datenverarbeitung in einem Terminal, erfüllte, aber viel zu langsam war. Auf der Suche nach Abnehmern für das neuartige Produkt stieß die Firma in eine zuvor noch nicht erkannte Marktlücke, nämlich die der programmierbaren Prozesssteuerungen. Hierfür eignete sich der neue Schaltkreis, der demzufolge „Mikroprozessor" genannt wurde. Es entstand der erste Mikroprozessor: der i4004 mit 2300 Transistoren. Er konnte komplexe Funktionen ausführen, die sich anwendungsspezifisch „von außen" programmieren ließen. Dies bedeutet, der Mikroprozessor ist ein hoch integrierter, äußerst vielseitiger Baustein. Er benötigt aber zur Durchführung seiner Aufgaben ein Programm, das ihm vom Anwender vorgegeben werden muss, sowie Anpassungsglieder an seine Umwelt: die Schnittstellen-Bausteine. Über diese empfängt er Signale aus seiner Umwelt, verarbeitet sie gemäß des Programms und gibt seinerseits Signale an die Umwelt ab.

Mikroprozessor

Aufgrund seiner vielseitigen Verwendbarkeit ist eine industrielle Massenfertigung von Mikroprozessoren möglich geworden. Er lässt sich bereits relativ kostengünstig bei einfachen digitalen Schaltungen mit etwa 10 konventionellen Schaltkreisen einsetzen [Ble02].

Weitere Aspekte empfehlen den Einsatz von Mikroprozessoren:

- trotz höherer Komplexität eine etwa um den Faktor 2 gesteigerte Zuverlässigkeit der Gesamtschaltung, da Löt- und Steckverbindungen teilweise entfallen

- niedrigere Lohnkosten, da weniger Bauteile montiert werden

- niedrigere Materialkosten durch Einsparung der Platinenfläche

---

[37]SSI = Small Scale Integration
[38]MSI = Medium Scale Integration
[39]LSI = Large Scale Integration
[40]VLSI = Very Large Scale Integration
[41]auf einem einzigen Silizium-Kristall (Chip) aufgebaut

- verringerter Leistungsverbrauch erlaubt tragbare, batteriebetriebene Geräte

- höhere Vielseitigkeit erlaubt höhere Leistungsfähigkeit oder gesteigerten Bedienungskomfort

- Änderung leicht möglich, da nur der Inhalt des Programmbausteins ausgetauscht wird

3.5.2 Grundlegende Funktionsweise der Mikroprozessoren

Mikroprozessoren sind ein zentrales Bauelement jedes Mikrocomputer-Systems. Der Kern eines Computers ist die zentrale Verarbeitungseinheit (siehe Abbildung 3.20).

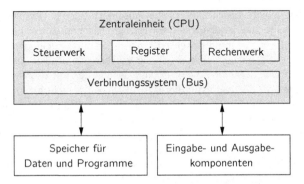

Abbildung 3.20: Prinzipieller Aufbau eines Mikroprozessors (Von-Neumann-Architektur, siehe Abschnitt 3.5.3 auf Seite 45, [BH01])

Sie besteht aus den Komponenten

- Steuerwerk,

- Rechenwerk,

- Register und

- Verbindungssystem zur Ankopplung von Speicher und Peripherie.

Abbildung 3.21 zeigt den prinzipiellen Aufbau eines Computers. Der Programmspeicher (ROM[42]) sichert das Programm und der Datenspeicher (RAM[43]) die Daten. Der Zugriff erfolgt über den Adress- und Datenbus.

Zur Ankopplung der CPU an die Außenwelt dient ein Verbindungssystem. Typisch ist die Einteilung der Leitungen (ausgenommen Betriebsspannungszuführung) in ein **Bus** Drei-Bus-System[44] aus:

- Datenbus: Wortbreite des Mikroprozessors

---

[42]ROM = **R**ead **O**nly **M**emory
[43]RAM = **R**andom **A**ccess **M**emory
[44]Bus = Sammelschiene

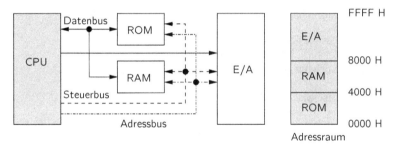

Abbildung 3.21: Einbindung eines Mikroprozessors (CPU) in einen Computer mit Daten-, Adress- und Steuerbus. Der lineare Adressraum (Beispiel) der CPU beträgt 64kByte.

- Adressbus: Ein Bündel von meistens 16 Leitungen bei den 8-Bit-Prozessoren oder 24 Leitungen bei 16-Bit-Prozessoren. Der Mikroprozessor gibt über diesen Bus die Adresse eines Speicherplatzes oder Ein-/Ausgaberegisters aus. Der Prozessor liest oder schreibt dann die adressierten Daten (hierzu gehört auch das Programm).

- Steuerbus: Hierunter sind alle übrigen Leitungen zusammengefasst, die der Steuerung der Peripherie dienen. Die Anzahl dieser Leitungen ist variabel. Die Leitungen sind nicht so streng parallel geordnet wie die der anderen beiden Sammelschienen. Steuerleitungen sind beispielsweise $\overline{CS}$(„logisch 0 aktiv")[45], $\overline{RD}$[46] und $\overline{WR}$[47][Ble02].

Die Mikroprozessortechnik befasst sich mit der Architektur, der Entwicklung, der Implementierung, dem Bau, der Programmierung und dem Einsatz von Mikroprozessoren. Rechner oder Computer, bei denen Mikroprozessoren zum Einsatz kommen, werden als Mikrorechner oder Mikrocomputer bezeichnet.

Mikroprozessortechnik

> *Definition:* **Mikroprozessor**[a]
> auf einem integrierten Schaltkreis (IC) realisierte Zentraleinheit
>
> ---
> [a]MP = Mikroprozessor (μP)

Im Folgenden werden elementare Begriffe definiert:

- Mikrocomputer, auch Mikrorechner genannt, sind Systeme, bestehend aus Mikroprozessoren und Peripherie.

- Die Mikroprozessortechnik befasst sich mit der Architektur, der Entwicklung, der Implementierung, dem Bau und der Programmierung von Mikroprozessoren

Zu einem funktionsfähigen System gehören außer dem eigentlichen Mikroprozessor noch weitere Schaltkreise.

---

[45]CS = Chip Select
[46]RD = Read *(engl.)* = lesen
[47]WR = Write *(engl.)* = schreiben

Minimalsystem

Eine arbeitsfähige Minimalkonfiguration besteht gewöhnlich aus:

- Mikroprozessor mit Taktversorgung

- Nur-Lese-Speicher (ROM) für das Programm

- Schreib-/Lesespeicher (RAM) für variable Daten

- Ein-/Ausgabebaustein (Interface) von und zur Peripherie

- Stromversorgung

Ein derartig komplettes System nennt man einen Mikrocomputer.

Mikrocomputer

Fragen:

1. Was ist der Unterschied zwischen Mikrocomputer und Mikroprozessor?

2. Nennen und beschreiben Sie die Funktion der Komponenten einer CPU.

3. Skizzieren Sie den prinzipiellen Aufbau eines Mikroprozessors.

4. Welche Elemente gehören zu einer Minimalkonfiguration?

Programm

Das Computerprogramm bestimmt durch eine Folge von Anweisungen oder Befehlen die Arbeitsweise der CPU und der Ein- und Ausgabekomponenten.

Zentraleinheit

CPU

Der Mikroprozessor ist die auf einem Chip realisierte Zentraleinheit (CPU[48]). Sie besteht aus den Komponenten Steuerwerk, Rechenwerk, Register (GPR[49]) und einem Verbindungssystem, den Bussen zur Ankopplung von Speicher und Peripherie. Die Abbildung 3.22 zeigt den prinzipiellen Aufbau einer CPU. Das Modell ist an den Prozessor 80167 von Infineon angelehnt. Das Programmstatuswort (PSW[50]) mit seinen Flags zeigt die Ergebnisse des Rechenwerks an - negatives Vorzeichen("N"), Null[51] ("Z") und Übertrag[52]("C").

Rechenwerk

Die Aufgabe des Rechenwerks (ALU[53]) ist die arithmetische und logische Verarbeitung von Operationen. Die Funktionsblöcke werden durch externe Signale gesteuert. Diese Aufgabe übernimmt das Steuerwerk. Es leitet aus dem Programm die notwendigen Steuersignale ab. Basis-Funktionen einer ALU sind neben Addition, Subtraktion,

---

[48]CPU = Central Processing Unit *(deutsch: Zentrale Verarbeitungseinheit)*
[49]GPR = General Purpose Register
[50]PSW = Programmstatuswort
[51]engl. Zero
[52]engl. Carry
[53]ALU = Arithmetische, logische Einheit (engl. Unit)

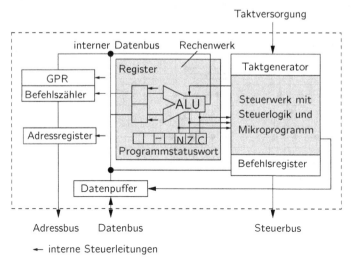

Abbildung 3.22: Aufbau einer CPU (siehe auch Abbildung 3.20 Einbindung der CPU in einen Computer) [Ble02]

Inkrementieren, Dekrementieren und logische Funktionen, wie „Und", „Oder", „Exklusives Oder"[54] und das Löschen und Setzen einzelner Bits, Multiplikation, Division und Schiebeoperationen.

Das Ergebnis **r** kommt in ein spezielles 'rechenfähiges" Register (in der Regel der Akkumulator). Beim 80167 gibt es 16 rechenfähige Register (GPR), die an Stelle des Akkumulators treten können. Abbildung 3.23 zeigt das Prinzip anhand einer 4-Bit-ALU. Die Eingangsvektoren sind **a** und **b**. Die Steuerung erfolgt über die Signale S_1 bis S_6 und c_0 (siehe Tabelle 3.5). Dem Ergebnisvektor **r** ist der Ausgangsübertrag c_4 zugeordnet.

Volladdierer

Der 4-Bit-Addierer besteht aus vier 1-Bit-Volladdierern. Die Schaltung eines 1-Bit-Volladdierers und deren Kurzform ist in Abbildung 3.24 gezeigt. Die Summanden der Addition sind a_i und b_i und ein Übertrag c_i (Carry-Bit) einer möglicherweise vorausgegangenen 1-Bit-Addition. Das Ergebnis der Addition ist die Summe s_{i+1} und der Übertrag c_{i+1} und wird wie folgt aus a_i, b_i, c_i ermittelt:

$$s_i = (a_i \oplus b_i) \oplus c_i$$
$$c_{i+1} = (a_i \wedge b_i) \vee (a_i \wedge c_i) \vee (b_i \wedge c_i)$$

Carry-Ripple-Addierer

Die Abbildung 3.25 zeigt einen 4-Bit-Carry-Ripple-Addierer. Beginnend beim nullten Volladdierer wandert der Übertrag bis zur höchsten Stufe. Der Aufbau ist zwar einfach und intuitiv verständlich, aber aufgrund des langen Carry-Pfads langsam.

Carry-Look-Ahead-Addierer

Diesen Nachteil umgeht der Carry-Look-Ahead-Addierer, der jedoch mehr Gatter benötigt. Durch suksessives Einsetzen der Gleichungen zur Carry-Berechnung ist eine

---

[54]XOR = Exklusives Oder

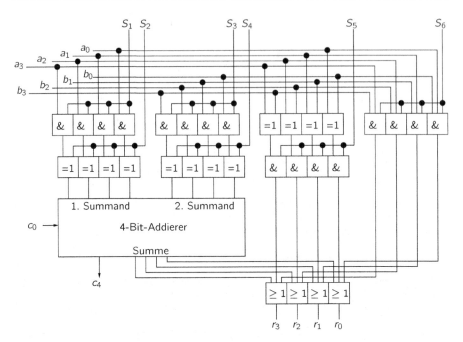

Abbildung 3.23: Prinzipieller Aufbau einer ALU. Schaltzeichen: „&": „Und", „≥ 1": „Oder", „$= 1$": „Exklusives Oder" (genormt)

schnelle Vorausberechnung des Übertrags möglich[55]:

$$c_1 = (a_0 \wedge b_0) \vee (a_0 \vee b_0) \wedge c_0$$

$$c_2 = (a_1 \wedge b_1) \vee (a_1 \vee b_1) \wedge c_1 = (a_1 \wedge b_1) \vee (a_1 \vee b_1) \wedge ((a_0 \wedge b_0) \vee (a_0 \vee b_0) \wedge c_0)$$

$$c_3 = (a_2 \wedge b_2) \vee (a_2 \vee b_2) \wedge c_2$$

$$= (a_2 \wedge b_2) \vee (a_2 \vee b_2) \wedge ((a_1 \wedge b_1) \vee (a_1 \vee b_1) \wedge ((a_0 \wedge b_0) \vee (a_0 \vee b_0) \wedge c_0))$$

$$c_4 = (a_3 \wedge b_3) \vee (a_3 \vee b_3) \wedge c_3$$

$$= (a_3 \wedge b_3) \vee (a_3 \vee b_3)$$

$$\wedge \quad ((a_2 \wedge b_2) \vee (a_2 \vee b_2) \wedge ((a_1 \wedge b_1) \vee (a_1 \vee b_1) \wedge ((a_0 \wedge b_0) \vee (a_0 \vee b_0) \wedge c_0)))$$

Fragen:

1. Bestimmen Sie die Gatteranzahl für einen 4-Bit-Carry-Ripple und Look-Ahead Addierer.

2. Bestimmen Sie die Gatterlaufzeiten für beide Addierer-Typen.

---

[55]„$\wedge$": „Und", „$\vee$": „Oder"

Steuerung						Ergebnis	
S_1	S_2	S_3	S_4	S_5	S_6	$c_0 = 0$	$c_0 = 1$
0	0	0	0	0	0	0	1
0	0	1	0	0	0	B	$B + 1$
0	0	1	1	0	0	$\overline{B}$	$-B$
0	1	1	0	0	0	$B - 1$	B
1	0	1	0	0	0	$A + B$	$A + B + 1$
1	0	0	0	0	0	A	$A + 1$
1	0	0	1	0	0	$A - 1$	A
1	0	1	1	0	0	$A - B - 1$	$A - B$
1	1	0	0	0	0	$\overline{A}$	$-A$
1	1	1	0	0	0	$B - A - 1$	$B - A$
0	0	0	0	1	0	$A \oplus B$	?
0	0	0	0	0	1	$A \wedge B$	?

Tabelle 3.5: Wahrheitstabelle zur Steuerung der ALU. Die Zeichen bedeuten: $\oplus$ (XOR); ?: irregulärer Zustand

---

Fragen:

1. Skizzieren Sie ein Computersystem aus CPU, Speicher und Bussen.

2. Der Adressbus der CPU ist 16 Bit breit. Wie viele Adressen können damit angesprochen werden?

3. Im System werden Speicherbausteine mit jeweils 8K Speicherzellen verwendet. Wie viele Adressleitungen werden zur Auswahl der Speicherzellen benötigt?

4. Skizzieren Sie mit NAND- Bausteinen eine Dekodierschaltung für zwei Speicherbausteine (alle Steuereingänge der Speicher sind „logisch 0 aktiv").

Das Steuerwerk koordiniert die Operationsausführung. Die Befehlsverarbeitung erfolgt in diesen Schritten:

Steuerwerk

Befehls-verarbeitung

1. Laden des Befehls in das Befehlsregister[56]

2. Dekodierung des Befehls durch das Steuerwerk

3. Erzeugung von Steuersignalen für die ALU, Multiplexer, Speicher und Register

4. ALU verknüpft Operanden

5. Ergebnisse in Register schreiben

6. bei Lade- und Speicheroperationen Adressen erzeugen

---
[56]IR = Instruction Register *(engl.)* = Befehlsregister

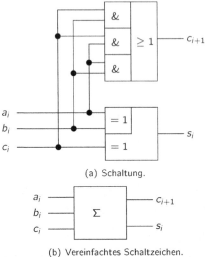

(a) Schaltung.

a_i ── ┌───────┐ ── c_{i+1}
b_i ── │   Σ   │
c_i ── └───────┘ ── s_i

(b) Vereinfachtes Schaltzeichen.

Abbildung 3.24: 1-Bit-Volladdierer. Schaltzeichen „&": „Und", „≥ 1": „Oder", „$= 1$": „Exklusives Oder", „Σ": Summe

7. Statusregister aktualisieren, die Flags für bedingte Sprünge setzen

8. Befehlszähler[57] neu schreiben

Beispiel: Der Assemblerbefehl ADD #10, R5 steuert das Rechenwerk des MSP430, so dass zum Register R5 der Wert 10 hinzuaddiert wird.

Beispiel: Beim Mikrocontroller 80167 unterscheidet man die vier Phasen eines Befehls:

1. Fetch: Der vom Befehlszähler adressierte Befehl wird geholt

2. Decode: Der gelesene Befehl wird decodiert. Falls nötig, werden die Adressen der Operanden berechnet und die Operanden geholt.

3. Execute: Die Operation wird in der Execution Unit (dazu gehört die ALU) ausgeführt und die Flags entsprechend gesetzt.

4. Write Back: Die Ergebnisse werden in die Register oder Speicher gesichert.

---

[57]PC = Program Counter *(engl.)* = Befehlszähler

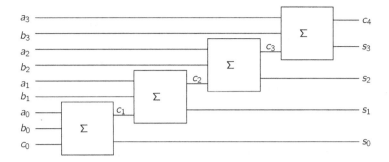

Abbildung 3.25: Aufbau eines 4-Bit-Ripple-Carry-Addierers

Kapitel 4 baut auf die dargestellten Grundlagen auf.

3.5.3 Mikroprozesssor-Architekturen

Zunächst wird auf die grundsätzlichen Prinzipien wie Von-Neumann-, Harvard-Architektur und CISC-/RISC-Prozessoren eingegangen.

Der folgende Abschnitt stellt Methoden und Ebenen zur Erhöhung des Datendurchsatzers durch Parallelverarbeitung dar. Hieraus ergibt sich eine Einteilung der Mikroprozessoren. Die nachfolgenden Kapitel vertiefen dann die Architekturen Superskalar-, VLIW- und Multiprozessoren.

Von-Neumann- und Harvard-Architektur

Die Von-Neumann-Architektur und die Harvard-Architektur stellen die Basisarchitekturen von Mikroprozessoren dar.

Die Von-Neumann- oder Princeton- Architektur verfügt über einen gemeinsamen Speicher für Programm und Daten. Der Aufbau vereinfacht sich, der Speicher lässt sich flexibel nutzen. Universalprozessoren verwenden diese Architektur (siehe Abbildung 3.21). **Von-Neumann-Architektur**

Die vorwiegend bei digitalen Signalprozessoren genutzte Harvard-Architektur verfügt über je einen getrennten Progamm- und Datenspeicher, auf die die Datenverarbeitung und Befehlssteuerung über getrennte Busse zugreifen (siehe Abbildung 3.26). Pro Taktzyklus kann ein Befehls- und Datenwort verarbeitet werden. Die Verarbeitungsgeschwindigkeit erhöht sich dadurch − der Verdrahtungsaufwand allerdings ebenfalls. **Harvard-Architektur**

Bei vielen Verarbeitungsbefehlen wird jedoch mehr als ein Operand benötigt. Diesem Umstand wird die in Abbildung 3.27 gezeigte modifizierte Harvard-Architektur gerecht, indem sie die Operanden während eines Taktes aus mehr als einem Speicher ausliest. Die Daten können entweder in mehreren Datenspeichern (Abbildung 3.27(a)) oder in einem Daten- und Programmspeicher (Abbildung 3.27(b)) liegen. Beim Zugriff auf die Daten wählt ein Multiplexer den jeweiligen Speicher aus. **modifizierte Harvard-Architektur**

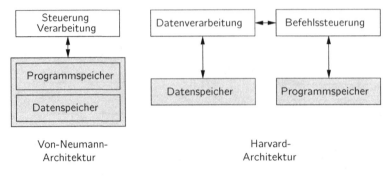

Abbildung 3.26: Harvard-Architektur

Beispiel: Die MSP430-Familie verfügt über eine Von-Neumann-Architektur.

Die getrennten Busse für Daten- und Programmspeicher haben eine hohe Anzahl an Anschlüssen am Mikroprozessor-Chip zur Folge. Sind nicht alle Busse außen am IC verfügbar spricht man ebenfalls von einer modifizierten Harvard-Architektur.

Frage:

Diskutieren Sie die Von-Neumann- und Harvard-Architektur bezüglich Rechenleistung und Realisierungsaufwand.

CISC- und RISC-Prozessoren

CISC

Von 1971 bis etwa 1980 gab es die Tendenz, Universalprozessoren mit immer umfangreicheren und komplexeren Maschinenbefehlssätzen (CISC[58]) auszustatten. Die Gründe hierfür waren:

- Geschwindigkeitsunterschied zwischen Prozessor und Hauptspeicher: Konsequenz möglichst viele zusammenhängende Operationen in einem Maschinenbefehl zusammenzufassen

- Mikroprogrammierung: erlaubt die Aufwärtskompatibilität von Prozessorfamilien bei gleichzeitiger einfacher Erweiterbarkeit des Befehlsatzes

- kompakte Befehle: sparen Programmspeicher

- Unterstützung von Compiler: durch angepasste Befehle

---

[58]CISC = Complex Instruction Set Computer

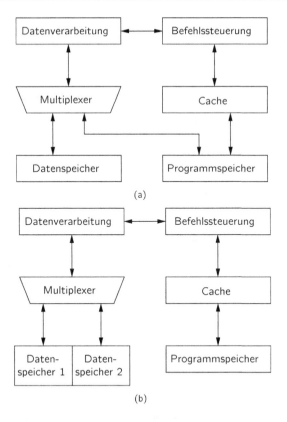

Abbildung 3.27: Modifizierte Harvard-Architektur mit zwei Varianten (a), (b) zum schnellen Zugriff auf mehrere Operanden [Sch02a]. Der Cache ist ein schneller Zwischenspeicher.

Der Maschinenbefehlssatz von CISC-Prozessoren ist umfangreich, dafür ist der Programmcode sehr kompakt. Komplexe Software-Operationen, wie kombinierte arithmetische Befehle, werden in einem einzigen Befehl zusammengefasst. Durch komplexe Befehle werden mehrfache Operationen auf wenigen Daten ausgeführt. Im Programmiermodell sind wenige Register vorhanden, denn die explizite Angabe würde den Programmcode vergrößern ([BH01], S. 79 ff).

CISC-Prozessoren nutzen die Technik der Mikroprogrammierung. Ein Mikroprogramm entspricht einem Algorithmus, der von Funktionseinheiten der Prozessor-Hardware ausgeführt wird und somit eine Maschinenoperation durchführt. Mikroprogramme **Mikroprogramm** können fest verdrahtet oder programmierbar sein – im Extremfall durch den Anwender. Mikroprogramme bestehen aus einer sequentiellen Abfolge von Mikrooperationen, die sich ihrerseits aus Steuersignalen (Picobefehlen) zusammensetzen. Die übliche Programmierung besteht aus Tabellen, die Picobefehle enthalten. Vorteil der Mikroprogrammierung besteht in der Flexibilität dieses Ansatzes, wodurch sich nahezu beliebige

Instruktionen realisieren lassen. Nachteilig ist die fehleranfällige Programmierung auf der Mikroinstruktionsebene.

Beispiel: CISC-Architekturen haben die Intel 80x86 und Pentium 4 Prozessoren.

Programmierung

In den 80er-Jahren änderte sich die Programmierung. Bislang wurden schnelle Programme aufgrund der begrenzen Prozessorleistung und der kleinen Speicher in Assembler geschrieben. Durch schnellere Prozessoren und mehr Speicherkapazität konnten die Programme jetzt in Hochsprachen, wie C, entwickelt werden.

Anfang der 80er-Jahre wurden intensive Studien bezüglich neuer Prozessorphilosophien begonnen. Ausgangspunkt der IBM-Studie war der 200 Befehle umfassende Instruktionssatz des IBM 370. Hierbei wurde festgestellt, dass bei den von Compilern generierten Programmen nur 10 Befehle etwa 80 Prozent des Programmcodes ausmachen, nur 21 Befehle 95 Prozent und 30 Befehle 99 Prozent. Die übrigen Instruktionen

RISC

kommen nahezu nie vor. Die Konsequenz ist die RISC[59]-Philosophie.

Durch neue Speichertechnologien wurde der Geschwindigkeitsvorteil der CISC-Prozessoren gegenüber dem Hauptspeicher reduziert und der Gewinn der Befehlskompatibilität entfiel.

Heutige Compiler nutzen weiterhin nur gängige Befehle. Die Mikroprogrammierung des großen Befehlssatzes der CISC-Prozessoren benötigt viel Chipfläche, so dass insgesamt die Nachteile zumindest bei einer Weiterentwicklung von CISC überwiegen.

Folgende Entwurfsziele wurden für die RISC-Architektur festgelegt:

1. Ein-Zyklus-Befehle: Ausführung eines Maschinenbefehls pro Takt (CPI[60])

2. Verzicht auf Mikroprogrammierung, um Dekodier- und Steueraufwand zu reduzieren und Chipfläche einzusparen.

3. Einheitliches Befehlsformat: Alle Befehle haben das gleiches Format. Hierdurch wächst zwar die Programmgröße, die interne Bearbeitung vereinfacht sich jedoch, da zwischen weniger Fällen unterschieden werden muss.

4. Lade-Speicher-Architektur: die Kopplung zwischen Speicher und Prozessorregistern wird auf wenige Befehle wie „Load" und „Store" beschränkt.

Phasenpipeline

Um diese Ziele zu erreichen, wurde die Phasenpipeline (siehe Abbildung 3.30) eingeführt. Hierzu wird die Befehlsverarbeitung in mehrere Bearbeitungsphasen eingeteilt. Die Einteilung lässt sich auf jeden Befehl anwenden. Im Einzelfall bleiben die Phasen ohne weitere Aktion leer. Praktisch erfolgt die Einteilung in etwa gleich große Zeitabschnitte (Phasen). Zudem sind die für jede Phase benötigten Teile exklusiv dieser zugeordnet. Unter dieser Voraussetzung sind mehrere Befehle quasi gleichzeitig in Befehlsbearbeitung, wobei jede Instruktion sich exklusiv in einer Phase und damit exklusiv einem zugeordneten Teil des Prozessors befindet.

---

[59]RISC = Reduced Instruction Set Computer
[60]CPI = Clock Cycles Per Instruction

> *Beispiel:* RISC-Architekturen: ARM-Prozessoren, PowerPC von Motorola, Apple und IBM, Mikrocontrollerfamilie MSP430 von TI.

Nach ([BH01], S. 79 ff) ist ein Prozessor ein RISC-Prozessor, falls er mindestens fünf der acht Kriterien erfüllt:

1. Anzahl der Maschinenbefehle ≤ 150

2. Anzahl der Adressierungsmodi ≤ 4

3. Anzahl der Befehlsformate ≤ 4

4. Anzahl der allgemeinen CPU-Register ≥ 32

5. Ausführung aller oder der meisten Maschinenbefehle in einem Zyklus

6. Speicherzugriff nur über Lade-Speicher-Befehle

7. Festverdrahtete Steuerung

8. Unterstützung höherer Programmiersprachen (einfacherer Compilerbau)

Tabelle 3.6 vergleicht CISC- und RISC-Prozessoren anhand charakteristischer Merk-   **Vergleich**
male (nach A.S. Tannenbaum, [Lan02]).

> *Beispiel:* Ein wichtiger Trend zeigt folgendes Beispiel. Ein PowerPC mit 450 MHz und passivem Kühler ist genauso schnell wie ein Pentium III mit 700 MHz und aufwendigem Kühler. Der PC (Pentium III) ist trotzdem billiger als der MAC (PowerPC), da er häufiger produziert wird. Anstatt den Befehlssatz zu verändern, erhöht Intel die Taktfrequenz und führt Caches ein. Das Ergebnis sind Chips mit einer sehr hohen Transistoranzahl [Lei06].

> *Fragen:*
>
> 1. Was ist der Unterschied zwischen einer CISC- und RISC-Architektur?
>
> 2. Wodurch wird ein RISC schnell?

Es gibt zahlenmässig erheblich mehr RISC- als CISC-Prozessoren. Sie kommen überall dort zum Einsatz, wo keine IBM-Kompatibilität benötigt wird. Zum Beispiel: als Kontroller in Druckern, in PDAs[61] (geringer Stromverbrauch), in Spielkonsolen und in Steuergeräten im Auto.

---

[61]PDA = Personal Data Assistent

CISC	RISC
komplexe Maschinenbefehle, Ausführung in mehreren Takten	einfache Instruktionen, Ausführung in einem Takt
viele Maschinenbefehle	wenig Maschinenbefehle
viele Adressierungsarten	wenig Adressierungsarten
Jede Instruktion kann auf den Speicher zugreifen.	Nur Lade- und Speicherbefehle greifen auf den Speicher zu.
wenig Pipelining	viel Pipelining
Maschinenbefehle werden von einem Mikroprogramm interpretiert und ausgeführt.	Maschinenbefehle werden von festverdrahteter Hardware ausgeführt.
Die Komplexität liegt im Mikroprogramm.	Die Komplexität liegt im Compiler.
Die Maschinenbefehle besitzen eine unterschiedliche Länge.	Die Maschinenbefehle besitzen dieselbe Länge.
einfacher Registersatz	mehrere Registersätze

Tabelle 3.6: Vergleich von CISC- und RISC-Prozessoren [Lan02]

Weiterhin ist heute eine Trennung von CISC und RISC schwierig. Intels erster 64 Bit-Prozessor Itanium hat RISC-Anleihen. RISC-Prozessoren wurden bei der Weiterentwicklung aufwendiger und nähern sich den CISC-Prozessoren an.

Schnittstelle zwischen Hardware und Software

Der vorliegende Abschnitt beschreibt mittels eines allgemeinen Modells die Schnittstelle zwischen Hard- und Software eines Mikroprozessors.

Ein Mikroprozessor verarbeitet Maschinencode (siehe Abschnitt 4.2.3 auf Seite 134). Das Steuerwerk arbeitet die Befehle sequentiell ab und steuert die ALU. Befehlszähler, Operanden und Rechenergebnisse werden in Registern und Registersätzen **ISA** gespeichert. Die ISA[62] stellt die Hardware/Software-Schnittstelle einer Prozessorfamilie dar.

Zur Ausführung einer Operation sind folgende Angaben notwendig:

1. Welche Operation soll ausgeführt werden?

Speicherarten   2. An welchen Stellen sind die Operanden und das Ergebnis gespeichert?

   a) Register-Register-Modell: Alle Operanden und das Resultat stehen in Allzweck-Registern. Das Holen der Daten aus dem Speicher in die Register und umgekehrt übernehmen spezielle Befehle.

   b) Register-Speicher-Modell: Ein Operand steht im Speicher, der zweite im Register. Das Ergebnis liegt im Speicher oder Register.

---

[62]ISA = Instruction Set Architecture

c) Akkumulator-Register-Modell: Der Akkumulator ist ein ausgezeichnetes Register. Der Akkumulator dient als Quelle für einen Operanden und als Ziel des Ergebnis.

d) Stack[63]-Architektur: Beide Operanden und das Ergebnis liegen auf dem Stack.

e) Speicher-Speicher-Modell: Beide Operanden und das Ergebnis liegen im Speicher.

3. Wie wird der Speicher adressiert?

Adressierungs-arten

a) Der Operand steht als Konstante im Befehl.

b) Direkte Adressierung: Die Speicheradresse des Operanden steht als absolute Adresse im Befehl.

c) Register-Adressierung: Die Registeradresse steht im Befehl und der Operand im Register.

d) Registerindirekte Adressierung: Die effektive Adresse steht im Register (Zeiger) und der Operand im Speicher: Man unterscheidet Predekrement (Dekrementierung vor Benutzung), Postinkrement (Inkrementierung nach Benutzung) und Displacement (konstante Abstandsgröße).

e) Speicherindirekte Adressierung: Die Adresse des Operanden steht im Speicher und zeigt auf den Operanden im Speicher.

f) Befehlszählerrelative Adressierung: Adressierung des Programmcodes. Hierbei wird die effektive Adresse relativ zum aktuellen Befehlszählerstand gebildet.

4. Was sind die Datenformate? Byte, Wort, ...

5. Wie wird auf ein Datum zugegriffen? byteweise, wortweise, ...

6. Ist das Befehlsformat (Wortbreite) fest oder variabel?

7. Wie sind die Daten im Speicher angeordnet? Man unterscheidet zwischen „Little Endian" und „Big Endian Ordering". Bei „Little Endian" ist das Byte mit der niedrigsten Wertigkeit an der niedrigsten Adresse und das Byte mit der höchsten Wertigkeit an der höchsten Adresse. Bei „Big Endian" ist dies umgekehrt.

Die Assemblerbefehle inklusive deren zugehörige Register, Adressierungsarten und Taktzyklen sind die für den Programmierer sichtbaren Teile des Prozessors. Sie bilden das Programmiermodell. Hochsprachen wie C bauen auf diesem Modell auf [TAM03, Stu04].

Programmier-modell

Fragen:

1. Beschreiben Sie die Schritte der Befehlsverarbeitung eines Mikroprozessors.

2. Was versteht man unter dem Programmiermodell?

---

[63]Kellerspeicher

Parallelitätsebenen

Der vorliegende Abschnitt diskutiert Methoden zur Erhöhung des Datendurchsatzes durch parallele Verarbeitung. Der Datendurchsatz kann ebenfalls durch eine Erhöhung der Taktrate aufgrund einer gesteigerten Transistordichte (IC-Technologie) erfolgen. Die Methoden dienen als Grundlage für die weiteren Architekturen.

> *Merksatz:*
> Die Parallelität kann sowohl in Hard- als auch in Software erfolgen. Allerdings gibt es in der Software nur eine „quasi" Parallelität - eine scheinbare parallele Verarbeitung.

Arten

Man unterscheidet grundsätzlich zwischen den beiden folgenden Arten der Parallelität:

- Nebenläufigkeit: Die Ausführung der einzelnen Teilfunktionen erfolgt zeitlich parallel, da sie nicht voneinander abhängig sind.

- Pipelining: Die Bearbeitung einer Aufgabe wird in Teilschritte zerlegt. Die Teilschritte werden dann in einer sequentiellen Folge (Phasen der Pipeline) ausgeführt.

Schaltungs-technik

Beide Arten werden auch in der digitalen Schaltungstechnik eingesetzt.

> *Beispiel:* Abbildung 3.30 zeigt die Befehlsverarbeitung mittels Nebenläufigkeit und Pipelining.

Parallelitäts-ebenen

Die Parallelität erfolgt auf unterschiedlichen Ebenen. Tabelle 3.7 zeigt die Ebenen mit Realisierung (siehe auch 2.1) und mit Beispielen.

Ebene	Realisierung	Beispiel
Programmebene (Multitasking)	Software	Echtzeit-betriebssystem
Prozessebene (Multi-threading)	Software	Compileroptimierung
Funktionseinheiten	Hardware	mehrere MAC-Einheiten
Befehl	Hardware: MIMD	VLIW
Daten	Hardware: SIMD	Vektorrechner
Bit	Hardware	Bitparallelität: 8, 16, 32 Bit Wortbreite

Tabelle 3.7: Parallelitätsebenen von Mikroprozessoren

Granularität

Die Körnigkeit oder Granularität gibt das Verhältnis von Rechenaufwand zu Kommunikationsaufwand an. Programm-, Prozessebene und Funktionseinheiten werden oftmals als grobkörnig bezeichnet. Hingegen werden die Befehls-, Daten- und Bitebenen als feinkörnig bezeichnet ([Stu04], S. 10).

Beispiel: Die Peripherie eines Mikrocontrollers, wie zum Beispiel Zeitgeber[a]module arbeiten nebenläufig zur CPU.

[a]engl. Timer

Frage: Nennen Sie Methoden zur Erhöhung des Datendurchsatzes.

Klassifikation von Mikroprozessoren

Oftmals wird zur Unterscheidung von Prozessoren das Modell nach Flynn [Fly72] verwendet. Dieses Modell klassifiziert Prozessoren nach der Zahl der gleichzeitig verarbeiteten Befehls- und Datenströme:

gleichzeitig verarbeitete Befehle und Daten

1. SISD[64]: Verarbeitung eines Befehls und eines Datums in einem gegebenen Zeitpunkt.

2. SIMD[65]: Verarbeitung eines Befehls und mehrerer Daten in einem gegebenen Zeitpunkt.

3. MISD[66]: Verarbeitung mehrerer Befehle und eines Datums in einem gegebenen Zeitpunkt.

4. MIMD[67]: Verarbeitung mehrerer Befehle und mehrerer Daten in einem gegebenen Zeitpunkt.

Diese vier Klassen lassen sich in Abbildung 3.28 noch weiter unterteilen.

1. SISD-Architekturen arbeiten ein Programm seriell im Rechenwerk ab. Die Klasse der SISD-Systeme beschreibt die konventionellen Von-Neumann-Architekturen, die weit verbreitet sind und auch in Parallelrechnern für die Verarbeitungseinheiten Verwendung finden. Hierbei handelt es sich um skalare Rechner.

2. SIMD-Architekturen findet man bei Vektorprozessoren und Feldprozessoren (Prozessorfeldern). Die Vektorprozessoren nutzen die interne Parallelität durch Pipelines für Vektoroperationen aus. Beispiel: Addition von Vektoren. Die Architektur ist sehr leistungsfähig, aber aufwändig. Bei Prozessorfeldern koordiniert ein Steuerwerk mehrere Prozessorelemente, die alle die gleichen Befehle ausführen.

Vektorprozessor

---

[64]SISD = Single Instruction, Single Data Stream
[65]SIMD = Single Instruction, Multiple Data Stream
[66]MISD = Multiple Instruction, Single Data Stream
[67]MIMD = Multiple Instruction, Multiple Data Stream

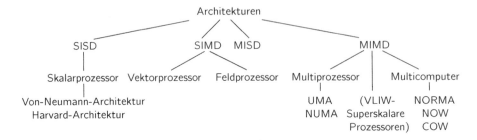

Abbildung 3.28: Klassifikation von Prozessoren und Computern

3. MISD-Architekturen haben für die Signalverarbeitung keine Bedeutung und sind auf einige wenige spezielle Anwendungen beschränkt.

4. Bei MIMD-Architekturen arbeiten mehrere (verschiedene) Prozessorkerne parallel. Jedes Element verfügt über eine eigene Kontrolleinheit. Die Elemente untereinander sind mittels Bussen oder Netzen (Crossbars) verbunden. Die Leistungsfähigkeit der Architektur wird durch die Verbindungen bestimmt. Häufig nutzen die Prozessorelemente denselben Speicher (Shared Memory). Zugriffkonflikte müssen durch komplexes Speichermanagement verhindert werden ([Sch02a]; [BN04], S. 27).

Die Klassifikation lässt sich sowohl auf Prozessor-, als auch auf Computerarchitekturen anwenden.

Schwachpunkt Ein Schwachpunkt des Flynn-Modells ist das hohe Abstraktionsniveau. Hierdurch fallen sehr unterschiedliche Architekturen in die gleiche Klasse (siehe Klammern in Abbildung 3.28). Eine genauere Notation des internen Parallelismus von Prozessoren

ECS liefert das Erlanger Klassifikationssystem ECS [BH83].

Frage: Erläutern Sie die Begriffe: SISD, SIMD, MIMD.

Die folgenden Abschnitte gehen auf die Prinzipien SIMD und MIMD genauer ein.

Superskalare und VLIW-Prozessoren

Vektor-prozessor Ein Vektorprozessor eignet sich, wie der Name bereits sagt, für die Verarbeitung von Vektoren. Sie beherrschten bis Mitte der 80er Jahre Großrechner (Supercomputer) im wissenschaftlichen Bereich. Sie zeichnen sich aus durch einen hohen Pipeline-Einsatz zur Umgehung von Beschränkungen wie Multiplikations- und Speicherzugriffszeit. Vektorprozessoren sind leistungsfähig, aber ihre Architektur ist aufwändig.

Vektorrechner arbeiten seriell, Feldrechner dagegen nebenläufig. Die Abbildung 3.29 zeigt den Unterschied zwischen den beiden SIMD-Prozessoren Vektor- und Feldpro-

Feldprozessor zessor anhand der Vektoroperation $\mathbf{d} = a \cdot \mathbf{b} + \mathbf{c}$.

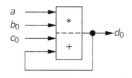

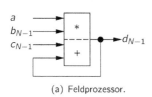

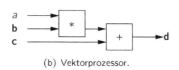

(a) Feldprozessor.　　　　　　　　(b) Vektorprozessor.

Abbildung 3.29: Darstellung des Unterschieds zwischen Feld- und Vektorprozessor anhand der Berechnung $\mathbf{d} = a \cdot \mathbf{b} + \mathbf{c}$. Hierbei sind $\mathbf{b}$ und $\mathbf{c}$ N-dimensionale Vektoren.

Skalarrechner hingegen haben gleiche Durchsatzraten für einzelne (skalare) und vektoriell organisierte Daten. Die Geschwindigkeit wird durch Parallelverarbeitung anstatt Pipelineverarbeitung erhöht. Moderne DSPs sind vorwiegend Skalarrechner. **Skalarrechner**

Moderne Prozessor-Architekturen sind ausgelegt, mehrere Befehle gleichzeitig zu bearbeiten. Man bezeichnet sie als Multiple Issue[68]-Prozessoren. Hierfür existieren zwei Ausprägungen(siehe Abbildung 3.28): **Multiple Issue**

- Superskalare Architekturen

- VLIW[69]-Architekturen

Beide Ausführungen besitzen mehrere Verarbeitungspipelines, in denen parallel Instruktionen ausgeführt werden. Eine Datensatzerhöhung ist auch durch Parallelität möglich. Vektorprozessoren und Superskalare/VLIW-Prozessoren verwenden eine Kombination aus Pipeline und Nebenläufigkeit. Abbildung 3.30 stellt Pipelining und Nebenläufigkeit mit den Befehlsphasen **Befehlsphasen**

- IF[70]: Befehl aus dem Speicher holen

- ID[71]: Befehl interpretieren, Operandenregister laden, Opcode an ALU

- EX[72]: Ergebnis erzeugen und in temporäres Register schreiben

- MA[73]: Speicherzugriff oder Verzweigungsoperationen

---

[68]mehrfache Ergebnisse
[69]VLIW = Very Long Instruction Word *(engl.)* = sehr langes Befehlswort
[70]IF = Instruction Fetch
[71]ID = Instruction Decode
[72]EX = Execute
[73]MA = Memory Access

55

- WB[74]: Ergebnis in Zielregister schreiben

einander gegenüber. Bei der Nebenläufigkeit werden die drei Befehle parallel zueinander abgearbeitet. Hingegen arbeiten beim Pipelining die fünf Befehlsphasen parallel zueinander.

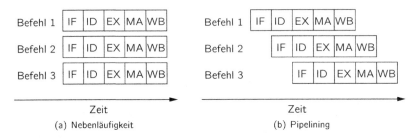

| | (a) Nebenläufigkeit | (b) Pipelining |

Abbildung 3.30: Vergleich der Befehlsverarbeitung bei Nebenläufigkeit und Pipelining.

Superskalar   Superskalare Prozessoren verarbeiten einen sequentiellen Instruktionsstrom. Der Assemblerbefehlssatz (Instruction Set) ist mit dem eines einfachen Prozessors zu vergleichen. Das Programm ist sequentiell kodiert. Hierbei wird keine Rücksicht auf eine parallele Verarbeitung und auf mögliche Gefahren (Hazards) genommen. Der Unterschied zu einfachen Prozessoren liegt in der Hardware-Architektur. Die Analyse des sequentiellen Instruktionsstroms, die Zuordnung zu den parallelen Verarbeitungseinheiten und die Auflösung von Hazards erfolgt dynamisch in der Pipeline des superskalaren Prozessors. Hierbei verändern manche Prozessoren sogar die Befehlsreihenfolge. Nachfolgende, ausführbare Befehle werden schon verarbeitet, während vorherige noch auf ihre Operation aufgrund von Hazards[75] warten. Die Konsistent der sequentiellen Verarbeitung wird jedoch immer von der Architektur sichergestellt. Abbildung 3.31 zeigt die Architektur von superskalaren Prozessoren.

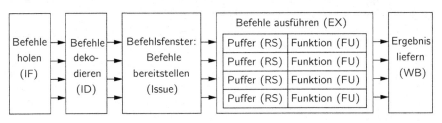

Abbildung 3.31: Befehlspipeline superskalarer Prozessoren ([Lan02], S. 14)

Die Architektur verarbeitet die Befehle in den folgende Schritten:

1. Mehrere Befehle werden gleichzeitig aus dem Speicher gelesen (IF[76]).

---

[74]WB = Write Back
[75]engl. Konflikt
[76]IF = Instruction Fetch

2. Die Befehle werden gleichzeitig dekodiert. Zur Eliminierung von Datenabhängigkeiten werden Register umbenannt. Hierdurch erfolgt die Abbildung der logischen Register auf physikalische Register der CPU (ID[77]).

3. Das Befehlsfenster gruppiert die Befehle, die dann parallel den nachfolgenden Funktionseinheiten (FU[78]) bereitgestellt werden. Bei diesem Verarbeitungsschritt werden Hazards eliminiert (Issue).

4. In Pufferspeichern (RS[79]) warten die bereitgestellten Befehle auf die Freigabe der Funktionseinheit (FU) oder auf benötigte Ergebnisse von vorherigen Befehlen. Die Befehle werden in den parallel arbeitenden Einheiten (FU) ausgeführt.

5. WB[80]: Nachdem eine Befehl abgearbeitet wurde, wird das Ergebnis übernommen und für nachfolgende Operationen bereitgestellt. Die Bearbeitung ist abgeschlossen und alle Einträge werden gelöscht (EX[81]).

Bei bedingten Sprüngen in der Pipeline ist es üblich, das Sprungziel zu schätzen und spekulativ den Zweig des Sprungs abzuarbeiten. Zeigt sich, dass die Schätzung falsch war, werden die Ergebnisse in der letzten Stufe verworfen [Lan02].

Beispiel: PowerPC der Firmen IBM, Motorola und Apple ist eine superskalare Prozessorfamilie.

Merksatz: **Superskalar**
Superskalare Prozessoren verarbeiten Daten parallel und verfügen über mehrere Funktionseinheiten (Multiplizierer, Addierer). Da sie mehrere Operationen in einem Takt (CPI < 1) ausführen werden, sie als superskalare Prozessoren bezeichnet.

VLIW-Prozessoren weisen im Gegensatz zu superskalaren Prozessoren eine statische **VLIW** Architektur auf. Im Gegensatz zu Superskalar-Prozessoren übernimmt der Compiler die Umordnung und Markierung der nebenläufig ausführbaren Instruktionen. Das Ziel ist, die vorhandene Parallelität der Befehlsfolgen optimal zu nutzen. Zusätzliche Logik in der Architektur ist wie bei Superskalar-Prozessoren nicht notwendig. Somit hat die CPU mehr Platz für weitere Funktionseinheiten. Die VLIW-Architektur weist folgende Eigenschaften auf:

1. Ein Instruktionswort beinhaltet mehrere Befehle, die in der CPU parallel abgearbeit werden. Abbildung 3.32 zeigt eine VLIW-Architektur mit Befehlswort. Hierbei entstehen sehr breite Instruktionswörter (128 bis 1024 Bit).

---

[77]ID = Instruction Decode
[78]FU = Function Unit
[79]RS = Reservation Station
[80]WB = Write Back
[81]EX = Execute

2. Die Befehle werden vom Compiler einem statischen, breiten Instruktionswort zugeordnet.

3. Der Compiler analysiert die Datenabhängigkeiten der Befehle und stellt sie so zusammen, dass keine Hazards entstehen.

4. Der Compiler übernimmt die Zusammenstellung der Befehle. VLIW-Prozessoren benötigen deshalb keine Hardware zur Zusammenstellung von Befehlen und zur Synchronisation der Daten. Dies vereinfacht die Hardware, hat aber auch eine schlechtere Reaktion auf dynamische Ereignisse zur Folge (Interrupts).

5. Die Anzahl der Instruktionen pro Wort steht fest. Fehlende Instruktionen werden durch leere Befehle (NOP[82]-Befehle) aufgefüllt [Lan02, Sch02a, BN04].

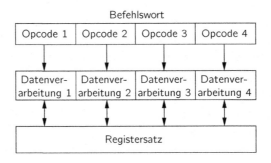

Abbildung 3.32: VLIW-Architektur

Die Abbildung 3.33 vergleicht die Pipeline-Verarbeitung eines superskalaren und eines VLIW-Prozessors.

Fragen:

1. Erläutern Sie den Unterschied zwischen superskalaren und VLIW-Prozessoren.

---

[82]No Operations

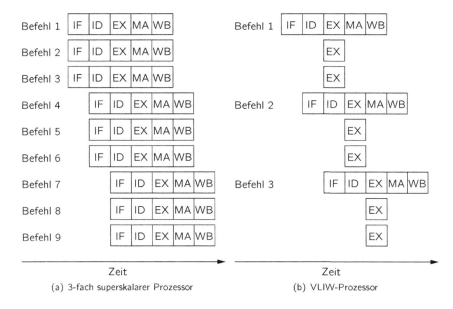

(a) 3-fach superskalarer Prozessor   (b) VLIW-Prozessor

Abbildung 3.33: Vergleich der zeitlichen Befehlsverarbeitung eines superskalaren und eines VLIW-Prozessors für jeweils drei Befehle ([Sch02a], S. 18).

Multiprozessoren und Multicomputer

In Multiprozessorensystemen (siehe Abbildung 3.28, MIMD-Architektur) sind mehrere CPUs auf eine Weise gekoppelt, dass eine Kooperation zwischen den parallelen Einheiten durch Kommunikation möglich wird. Die Art des Verbindungsnetzwerkes (Bus oder eine Crossbar[83]) beeinflusst entscheidend die Leistungsfähigkeit des Gesamtsystems. **MIMD**

Im Wesentlichen unterscheidet man zwischen Rechnern mit:

1. gemeinsamem Speicher[84]: UMA und CC-UMA[85]

2. gemeinsamem, aber verteiltem Speicher: NUMA und CC-NUMA[86]

3. verteiltem Speicher[87]: NORMA[88].

> *Merksatz:* **On/Off-Chip**
> Multiprozessorsysteme können sowohl auf einem Board als auch einem Chip integriert werden. Beispiel für eine On-Chip-Lösung ist der TI DSP C80.

Im Folgenden werden die einzelnen Arten im Detail vorgestellt.

---

[83]Crossbar = Kreuzschiene
[84]Shared Memory
[85]CC-UMA = Cache Coherent - Uniform Memory Access Multiprocessor
[86]CC-NUMA = Cache Coherent - Non Uniform Memory Access Multiprocessor
[87]Distributed Memory
[88]NORMA = No Remote Memory Access Multiprocessor

UMA

Multiprozessorsysteme mit gemeinsamem Speicher: UMA-Rechner verfügen über einen gemeinsamen physikalischen Speicher, auf den von allen Prozessoren (CPUs) mit gleicher Zugriffszeit gelesen oder geschrieben werden kann. Der Speicher ist global eindeutig adressierbar, global erreichbar und nicht anhand der Prozessoren partioniert.

CC-UMA

Die Anzahl der Speicherzugriffe auf den gemeinsamen Speicher kann durch zusätzliche Caches[89] pro Prozessor verringert werden (siehe Abbildung 3.34).

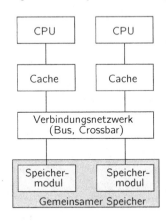

Abbildung 3.34: CC-UMA-Architektur

NUMA

Multiprozessorsysteme mit gemeinsamem, aber verteiltem Speicher: NUMA-Architekturen verfügen nach wie vor über einen global eindeutigen und erreichbaren Speicher. Der Speicher ist jedoch in Partitionen aufgeteilt, die an die Prozessoren gebunden sind. Hierbei kann auf lokale Speichermodule, im Gegensatz zu entfernteren Modulen, schneller zugegriffen werden. Speicherzugriffe können durch den Einsatz von

CC-NUMA

Caches wirksam beschleunigt werden - CC-NUMA (siehe Abbildung 3.35) [Stu04].

Multiprozessorsysteme mit verteiltem Speicher: Die bisher dargestellten Architekturen verfügen über einen gemeinsamen Speicher und werden deshalb den Multiprozessorsystemen zugeordnet. Parallelrechner mit verteiltem Speicher werden als

Multicomputer

Multicomputer bezeichnet. Unter Multicomputer versteht man eine Anzahl von weitgehend autonomen Rechnern (Knoten, Stellen), die über ein separates Nachrichten-Transportsystem miteinander verbunden sind.

NORMA

Bei NORMA-Architekturen (siehe Abbildung 3.36) ist weder der Adressraum global eindeutig, noch der Speicher der Prozessoren global erreichbar. Zugriffe auf entfernte Speichermodule anderer Prozessoren sind nur durch Senden von Nachrichten über das Verbindungsnetzwerk möglich, die dann als Antwort das gewünschte Datum zurücksenden.

NOW, COW

NOWs[90] und COWs[91] können ebenfalls zu den NORMA-Architekturen gezählt wer-

---

[89]schneller, lokaler Zwischenspeicher
[90]NOW = Network Off Workstations

60

den, allerdings ist die Autonomie der Knoten weiterreichend [Piz99].

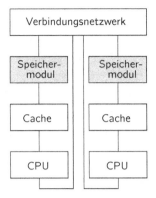

Abbildung 3.35: CC-NUMA-Architektur

Merksatz: **Schnittstelle FPGA und Mikroprozessoren**
Die beschriebenen Kommunikatons- und Synchronisations-Konzepte können auf die Schnittstelle zwischen FPGA und CPU übertragen werden.

Beschleunigungsgrenzen: Theoretisch führt ein Multiprozessorsystem aus N Prozessoren zu einer linearen Erhöhung der Ausführungszeit. Die Zeit beträgt 1/N eines Einprozessorsystems.

In der Praxis gilt jedoch nur für eine kleine Anzahl von Prozessoren eine nahezu **Praxis** lineare Beschleunigung. Bei Erhöhung der Prozessoranzahl weicht die Beschleunigung von der idealen Kurve ab und wird schließlich immer flacher oder sinkt sogar ([Car03], S. 278). Die wichtigsten Gründe hierfür sind:

- Kommunikation zwischen den Prozessoren

- Synchronisierung: Abschluss einer Programmphase und Beginn der neuen Phase

- gleichmäßige Aufteilung der Programme auf die Prozessoren

Merksatz: **Multiprozessorsystem**
An die Stelle von N Prozessoren kann eine digitale Schaltung auf FPGA-Basis treten.

3.5.4 Mikroprozessor-Arten

In der Vergangenheit wurden Mikroprozessoren hauptsächlich für numerische Berechnungen eingesetzt. Heute gibt es viele neue Applikationen, zum Beispiel im Bereich der Kommunikations- und Automatisierungstechnik, in Kraftfahrzeugen und bei Chipkarten. Diese eingebetteten Systeme wurden erst durch den Einsatz von hochinte- **Eingebettete Systeme**

---

[91]COW = Cluster Off Workstations

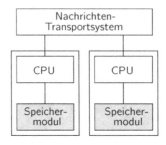

Abbildung 3.36: NORMA-Architektur

Architekturen

grierten elektrischen Bauelementen möglich. Für bestimmte Anwendungsgebiete ist eine Spezialisierung von Mikroprozessoren erkennbar, was sich in unterschiedlichen Architekturen bemerkbar macht.

Die zunehmende Dezentralisierung (verteilte Systeme) der Mikrocomputeranwendungen und die Fortschritte bei der Hochintegration führten zu einer Spezialisierung der Mikroprozessoren für verschiedene Anwendungsbereiche:

Standard-prozessor

- Standardprozessoren (auch Universalprozessoren genannt, GPP[92]) werden beispielsweise in PCs eingesetzt.

Mikrocontroller

- Mikrocontroller (MC[93]): Mitte der 70er Jahre gelang es, die peripheren Komponenten zusätzlich auf einem Chip zu integrieren. Es entstand der Mikrocontroller. Mikrocontroller beinhalten ein vollständiges Computersystem (siehe 3.5.2 Minimalsystem) auf einem Chip. Neben den Daten- und Programmspeichern sind Peripheriekomponenten wie Ein- und Ausgabe, Zeitgeber, Analog-/Digitalwandler (ADC[94]) integriert. Mikrocontroller werden z.B. bei eingebetteten Systemen zur Steuerung von Waschmaschinen oder des Motormanagements in Kraftfahrzeugen genutzt.

Signalprozessor

- Digitale Signalprozessoren (DSP[95]) sind Spezialprozessoren zur sehr schnellen Verarbeitung von mathematischen Algorithmen und kommen z.B. in der Sprach- und Bildverarbeitung zum Einsatz.

Hochleistungs-prozessor

- Hochleistungsprozessoren finden beispielsweise in Großrechnern Verwendung.

Während bei Mikrocontrollern die funktionale Integration auf einem Chip im Vordergrund steht, ist bei Hochleistungsprozessoren und digitalen Signalprozessoren deren Verarbeitungsgeschwindigkeit von entscheidender Bedeutung ([BH01], S. 18 ff).

---

[92]GPP = **G**eneral **P**urpose **P**rocessor *(deutsch: Universalprozessor)*
[93]MC = **M**ikro**c**ontroller
[94]ADC = **A**nalog **D**igital **C**onverter *(deutsch: Analog-Digital-Wandler)*
[95]DSP = **D**igital **S**ignal **P**rocessing *(deutsch: Digitale Signalverarbeitung)*

Beispiel: Mikrocontroller-Familie MSP430 von TI[a]: Anwendungsgebiete sind unter anderem portable Messgeräte für Wasser, Gas, Heizung, Energie und Sensorik. Die Familie hat folgende Eigenschaften: sehr geringe Leistungsaufnahme, $0,1\mu A$ Power down („Schlafmodus"), $0,8\mu A$ Bereitschaftsbetrieb, $250\mu A/1MIPS^b$ bei 3V, 4 Low power modi (Stromsparmodi), $< 50nA$ Port Leckstrom (Verluste), Spannungsbereich 1,8 bis 3,6V, Temperaturbereich -40 bis +85 °C, 16-bit RISC[c], Peripheriemodule: E/A-Leitungen, Zeitgeber, LCD-Controller[d], ADC, DAC[e], US-ART[f] usw. [Stu06]. Der Stückpreis liegt für den kleinsten Baustein <1 Euro (Abnahmemenge von 1000).

[a]TI = Texas Instruments
[b]MIPS = Million Instructions Per Second
[c]RISC = Reduced Instruction Set Computer
[d]LCD = Liquid Cristal Display
[e]DAC = Digital Analog Converter *(deutsch: Digital-Analog-Wandler)*
[f]USART = Universal Synchronous Asynchronous Receiver Transmitter

Beispiel: Mikrocontroller-Familie C166 von Infineon: Anwendungsbereiche sind eingebettete Systeme wie Kfz, Mobiltelefone, Computerperipherie usw. Die Architektur stellt eine 16 Bit Erweiterung für 8 Bit Applikationen des populären Mikrocontroller 8051 dar. Die schnellste Variante benötigt zur Befehlsverarbeitung derzeit 25 ns bei 40 MHz. Der C167 baut auf der Architektur des C166 auf. Peripheriemodule (C167): 111 E/A-Leitungen, 2 Zeitgeber, ADC, PWM[a], USART, CAN-Controller usw. ([BH01], S. 448 ff).

[a]PWM = Pulsweitenmodulation

Weiterführende Literatur findet man unter [Sik04b], [Ste04a].

Einstieg: **Starter Kit**
Das eZ430 ist ein Entwicklungswerkzeug, bestehend aus USB-Stick mit IAR-Kickstart IDE (limitierte C-Entwicklungsumgebung) für circa 20 Euro [TI06b].

Fragen:

1. Was versteht man unter Mikrocontrollern?

2. Wo werden DSPs eingesetzt?

Tabelle 3.8 zeigt die „Artenvielfalt" eingebetteter Systeme.

	Wasch-ma-schine	Maus	Drucker	Handy	Key-board	Telefon-anlage	Auto	Werk-zeug-ma-schine
Prozes-sor	μC	ASIC[96]	μP, ASIP	DSPs	μP, DSPs	μP, DSP	$\approx$100 μC, μP, DSP	μC, ASIP
Bus [Bit]	8	-	16.. 32	32	32	32	8.. 64	.. 32
Speicher [Bit]	<8k	<1k	1.. 64M	1.. 64M	<512M	8.. 64M	1k.. 10M	<64M
Netz-werk	-	RS232	diverse Schnitt-stellen	GSM	MIDI	V.90	CAN,...	I^2C,...
Echtzeit	keine	weich	weich	hart	weich	hart	hart	hart
Zuver-lässig-keit	mittel	keine	gering	gering	gering	gering	hoch	hoch

Tabelle 3.8: Artenvielfalt eingebetteter Systeme [TAM03]

3.5.5 Digitale Signalprozessoren

Digitale Signalprozessoren[97] wurden Anfang der achtziger Jahre für neue Produkte im Bereich der Telekommunikation eingeführt. DSPs sind Mikroprozessoren, deren Architektur und Befehlssatz für die schnelle Verarbeitung von digitalen Signalen optimiert wurden. Die Prozessoren wurden für rechenintensive Anwendungen entwickelt und sind besonders effizient in Bezug auf Rechenleistung, Kosten und Leistungsaufnahme ([SS03], S. 338).

Digitale Signalverarbeitung

Definition: **Digitale Signalverarbeitung**
ist ein Verfahren zur Transformationen oder Filterung von Informationen mit Hilfe mathematischer Methoden.

Abbildung 3.37 zeigt das Anwendungsbeispiel Mobilfunk. Der Teilnehmer (Sender) spricht ins Mikrofon. Ein eingebauter A/D-Wandler setzt das analoge in ein digitales Signal zur weiteren Verarbeitung im DSP um. Der DSP führt Algorithmen der digitalen Nachrichtentechnik aus. Ein Sender- und Empfängermodul (T/R) strahlt dann die Sprachdaten per Antenne ab (Pfad A.)). Das Empfänger-Endgerät arbeitet Datenpfad B.) ab. Der angeschlossene Lautsprecher gibt Sprachdaten wieder.

---

[97]DSP = **D**igital **S**ignal **P**rocessing *(deutsch: Digitale Signalverarbeitung)*

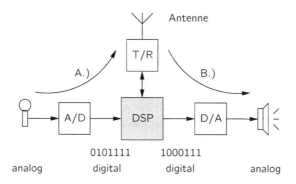

Abbildung 3.37: Anwendungsbeispiel Mobilfunkgerät

Zur computerbasierten Signalverarbeitung ist die Umsetzung der analogen Signale aus der Umwelt, z.B. Schallwellen, Licht, Temperatur oder chemische Konzentrationen, in digitale notwendig. Ein Analog-Digital-Wandler[98] konvertiert die analogen in digitale Signale (siehe Abbildung 3.38) und ein Digital-Analog-Wandler[99] transformiert daraus wieder ein analoges Signal.

AD-Wandler

DA-Wandler

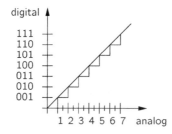

Abbildung 3.38: Beispiel einer 3 Bit-Analog/Digital-Wandlung. Aus dem kontinuierlichen analogen Wert wird ein diskreter digitaler Wert (Zwischenschritte gehen verloren).

Bei der AD-Wandlung wird

1. ein analoges Signal zu diskreten Zeitpunkten abgetastet und

2. der abgetastete Wert quantisiert.

Das Ergebnis ist ein zeit- und wertdiskretes Signal.

Bei der AD-Umsetzung dient ein Abtast-Halteglied (Sample & Hold) zum Messen und Halten des zu wandelnden Wertes. Während der Zeit bis zur nächsten Abtastung muss der Spannungswert gemessen und in eine Binärzahl überführt werden. Dabei unterscheidet man die beiden Verfahren:

Sample & Hold

---

[98]ADC = **A**nalog **D**igital **C**onverter *(deutsch: Analog-Digital-Wandler)*
[99]DAC = **D**igital **A**nalog **C**onverter *(deutsch: Digital-Analog-Wandler)*

1. Parallelwandler (Flash-AD-Wandler): Das Eingangssignal wird gleichzeitig einer Anzahl von Komparatoren zugeführt. Durch die parallele Anordnung ist der Parallelwandler das schnellste Verfahren. Die Vergleichsspannungen der Komparatoren sind nach ihrer Auflösung abgestuft.

2. AD-Wandlung mit sukzessiver Approximation: Das Prinzip beruht auf dem schrittweisen Vergleich der Eingangs- mit der Ausgangsspannung eines DA-Wandlers. Der DA-Wandler wird im Rückkoppelungszweig mit den Zwischenergebnissen der Wandlung gesteuert.

Bei der Abtastung und Quantisierung müssen einige Randbedingungen beachtet werden, damit der bei der AD- und anschließenden DA-Wandlung die relevante Information bewahrt bleibt. Zur Vermeidung von Aliasing (Überlappung von Anteilen gespiegelter Spektren) verwendet man Tiefpassfilter, die den auswertbaren Frequenz-

Abtastfrequenz bereich auf höchstens die Hälfte der Abtastfrequenz begrenzen[100]. Ein frequenzbegrenztes Signal mit der Grenzfrequenz f_g wird in eindeutiger Weise durch diskrete Werte bestimmt, wenn die Abtastrate $f_a > 2f_g$ ist.

Für verschiedene Anwendungen sind die typischen Bitbreiten in Abhängigkeit von der Abtastrate in Abbildung 3.39 aufgetragen.

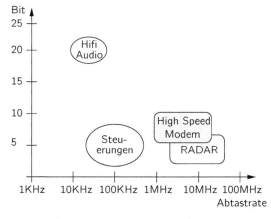

Abbildung 3.39: AD-Wandler-Bitbreite in Abhängigkeit der Abtastrate für typische Anwendungen ([Hau02], S. 11)

Beispiel: Dynamikberechnung: Dynamik[dB]=$20 log_{10}\left(\frac{1}{S}\right)$; $S=2^N$; N=Bit-Breite. Beispiel N=8, S=Stufen=256, Dynamik= -48.16dB.

---

[100]Nach dem Shannonschen Abtasttheorem muss die Abtastrate doppelt so groß sein wie die größte im Signal enthaltene Frequenzkomponente, damit das Signal aus den abgetasteten Werten vollständig rekonstruiert werden kann.

Digitale Signalprozessoren verfügen über eine spezielle Architektur zur Beschleunigung häufig genutzter numerischer Berechnungen. Hierbei spielt die schnelle Berechnung der MAC[101]-Funktion eine wichtige Rolle. Diese Operation kommt in zahlreichen Signalverarbeitungs-Algorithmen wie FIR-Filter und FFT[102] vor ([Vor01], S. 69 ff, 71 ff; [SS03], S. 352).

Nachfolgend einige typische Signalverarbeitungs-Algorithmen:

- Digitale Filter:

  Rekursive Filter[103] mit Eingangsdaten x, Ausgangsdaten y und Koeffizienten a, b:

  $$y(n) = \sum_{k=0}^{N-1} a_k \cdot x_{n-k} - \sum_{k=1}^{N-1} b_k \cdot y_{n-k}$$

  Transversal-Filter[104] mit Eingangsdaten x und Koeffizienten a:

  $$y(n) = \sum_{k=0}^{N-1} a_k \cdot x_{n-k}$$

- Fourier-Transformation mit Eingangsdaten s im Zeitbereich und Ausgangsdaten S im Frequenzbereich:

  $$S(n) = \sum_{k=0}^{N-1} s_k \cdot e^{\frac{-2 \cdot \pi \cdot k \cdot n \cdot j}{N}}; n = 0, ..., N-1$$

Die digitale Signalverarbeitung hat folgende Vorteile gegenüber einer analogen Verarbeitung ([Sei90], S. 25):

1. weitgehende Unempfindlichkeit digitaler Schaltungen gegenüber Bauelementetoleranzen und Störsignalen

2. hohe Zuverlässigkeit (Alterung von Bauteilen)

3. hohe Genauigkeit und Auflösung der Informationsverarbeitung erreichbar

4. störunempfindliche Signalübertragung über große Entfernungen: Einsparung von Kabel- und Verkabelungskosten durch Verwendung prozessnaher digitaler Bussysteme in der Automatisierungstechnik

5. gute Weiterverarbeitbarkeit der digitalen Signale nachrichtentechnischen Algorithmen wie Quell- und Kanalcodierung und Modulation

6. Speicherbarkeit ohne Genauigkeitseinbuße

---

[101]MAC = Multiplication-**Ac**cumulation *(deutsch: Multiplikation-Akkumulation)*
[102]FFT = Fast-Fourier-Transformation
[103]IIR = Infinite Impulse Response
[104]FIR = Finite Impulse Response (filter) *(deutsch: Filter mit endlicher Impulsantwort)*

7. gute Realisierbarkeit digitaler Schaltkreise in ICs

8. sehr gute Eignung für Steueraufgaben, Digitalrechner und automatisierte Systeme

Nachteilig sind jedoch:

1. höherer Schaltungs- und Geräteaufwand für AD- und DA-Wandlung

2. AD- und DA-Wandlungsverluste

3. größerer Bandbreitebedarf bei der Signalübertragung (siehe Abtasttheorem) ([Sei90], S. 25 ff)

Merkmale eines digitalen Signalprozessors

Digitale Signalprozessoren zeichnen sich durch folgende Merkmale aus:

Multiplikation
1. Schnelle Multiplikation: Sie stellt eine wichtige Basisoperation in der digitalen Signalverarbeitung dar. Die Multiplikation steht häufig in Verbindung mit der Akkumulation von Produkten. Der TMS32010 von Texas Instruments war der erste kommerziell erfolgreiche Signalprozessor. Er verfügt über eine spezielle Hardware zur Ausführung der Multiplikation in einem Takt. Nahezu alle DSPs enthalten Spezialhardware zur Ausführung der Multiplikation in einem Zyklus. Sie ist vielfach kombiniert mit einer MAC[105]-Einheit. Ein Beispiel ist der Transversal-Filter:

$$y(n) = \underbrace{\sum_{k=0}^{N-1} a_k * x_{n-k}}_{MAC}$$

Speicherzugriff
2. Effizienter Speicherzugriff: Die Ausführung einer MAC-Operation in einem Takt erfordert die Fähigkeit, die Daten in einem Zyklus aus dem Speicher zu holen. Daher benötigen DSPs eine hohe Speicherbandbreite. Spezielle Speicherarchitekturen (Harvard-Architektur, siehe Abschnitt 3.5.3), z.B. mehrere Speicherbänke und Busse, erlauben hierzu mehrere Speicherzugriffe in einem Zyklus.

> *Beispiel:* Der DSP C54x verfügt über eine Harvard-Architektur. Der Baustein hat drei separate Busse für Daten (C, D, E) und ein Programmbussystem (P). Sie bestehen jeweils aus Adress-(AB) und Datenbus (B). Hieraus ergeben sich die Programmbusse: PAB, PB und Datenbusse CAB, CB, DAB, DB, EAB, EB. Die Busse C und D sind für die Operanden und E für das Ergebnis zuständig.

---

[105]MAC = Multiplication-**Ac**cumulation *(deutsch: Multiplikation-Akkumulation)*

3. Spezielle Adressierungsarten: Der Adressrechner von digitalen Signalprozessoren erzeugt Adressen für Daten im Daten- bzw. Programmspeicher. Die Einheit
arbeitet parallel zum Daten- und Befehlsprozessor. Adressierungsbeispiele sind
die registerindirekte Adressierung mit Postinkrement und die zirkulare Adressie- **Adressarten**
rung. Sie ermöglicht den wiederholten sequentiellen Zugriff auf einen Block von
Daten, ausgehend von einer Anfangsadresse.

4. Datenformate: DSP sind als Festkomma- und Fließkomma-Typen verfügbar (sie- **Datenformate**
he Abschnitt A.1).

5. Schnelle Schleifenbefehle: DSPs verfügen über spezielle Schleifenbefehle zur wie-
derholten Ausführung von Programmteilen. Sie erlauben die Ausführung von **Schleifenbefehle**
Schleifen ohne zusätzliche Zyklen für die Aktualisierung und das Abfragen des
Schleifenzählers zu verbrauchen.

6. Schnelle Peripherie: DSPs enthalten spezielle serielle und parallele Schnittstellen **Peripherie**
für hohe Ein- und Ausgabeanforderungen.

7. Spezielle Befehlssätze: DSPs haben spezielle Befehle wie MAC und FIR, um die **Befehlssätze**
Prozessorhardware effizient zu nutzen.

8. Leistungsverbrauch: Gutes Verhältnis zwischen Rechenleistung und Energieverbrauch (hohe Kennziffer MIPS[106]/W). **Leistungsverbrauch**

Klassifikation von digitalen Signalprozessoren

Digitale Signalprozessoren werden bezüglich der Arithmetik in Fest- und Fließkomma- **Arithmetik**
Prozessoren eingeteilt (siehe Anhang A.1).
   Die Festkomma-DSPs verarbeiten Daten in ganzzahligen Formaten oder Festkomma- **Festkomma**
Formaten. Aufgrund ihres günstigen Preisleistungsverhältnisses sind sie weit verbreitet.
Ihre typische Wortbreite beträgt 16 Bit. Dies ist eine ausreichende Genauigkeit für viele
Applikationen. Anwendungen finden sie in preisgünstigen Elektronik- und Telekommu-
nikationsprodukten mit geringen Anforderungen an die Rechenleistung. Festkomma-
DSPs sind schnell und billig, aber kompliziert in der Programmierung (Sättigungsef-
fekte).
   Die Fließkomma-DSPs arbeiten mit genormten Datenformaten wie IEEE 754. Sie **Fließkomma**
decken dadurch einen größeren Dynamikbereich ab als Festkomma-DSPs. Fließkomma-
DSPs sind einfacher zu programmieren als Festkomma-DSPs. Der Preis und die Leis-
tungsaufnahme sind im Allgemeinen höher als bei Festkomma-DSPs. Die typische
Wortbreite ist 32 Bit und typische Anwendungen liegen im Bereich wissenschaftlicher
Berechnungen, Militärtechnik und Multimedia.
   Des weiteren unterscheidet man bezüglich der Rechenleistung zwischen: **Rechenleistung**

- konventionellen DSPs

- erweiterten konventionellen DSPs: Erweiterung um weitere parallel verarbeitende
  Einheiten

---

[106]MIPS = Million Instructions Per Second

69

- Multiple Issue (siehe Abschnitt 3.5.3): Bei DSPs kommen insbesondere VLIW-Architekturen[107] zum Einsatz.

- Eine weitere Leistungssteigerung erfolgt durch die MIMD-Architektur[108] (siehe Abschnitt 3.5.3).

Tabelle 3.9 gibt einen Überblick über wichtige DSP-Hersteller und ihre Produkte.

Hersteller	Prozessor	Frequenz	Typ	Typische Anwendung
Analog Devices	ADSP218x/219x	160 MHz	Festkomma	Anrufbeantworter
TI	TMS320C54x	160 MHz	Festkomma	Mobiltelefon
Analog Devices	ADSP2106x	66 MHz	Fließkomma	Grafik-Coprozessor
Motorola	MSC8101	300 MHz	VLIW	Internet-Telefonie
TI	TMS320C64xx	600 MHz	VLIW	Basisstation

Tabelle 3.9: Standard-DSPs

konventioneller DSP   Konventionelle DSPs führen einen Befehl pro Takt aus. Sie verfügen über komplexe Multioperationsbefehle (z.B. FIR-Befehl) und über MAC, ALU und wenige weitere Einheiten. Typische Vertreter dieser Klasse sind die ADSP21xx-Familie von Analog Devices, die TMS320C2xxx-Familie von Texas Instruments und die DSP560xx-Familie von Motorola. Deren Taktfrequenz liegt zwischen 20 und 50 MHz bei geringem Leistungsverbrauch. Einsatzgebiete sind Unterhaltungselektronik und Telekommunikationsgeräte mit strengen Kosten- und Leistungsverbrauchsbeschränkungen, z.B. digitale Anrufbeantworter.

Konventionelle DSPs im mittleren Leistungsbereich haben eine höhere Taktleistung von 100-150 MHz. Die Architektur hat eine tiefere Befehlspipeline, Barrel-Shifter und Befehls-Cache-Speicher. Somit liefern diese DSPs eine höhere Rechenleistung bei niedrigem Verbrauch. Typische Vertreter sind die DSP563xx-Familie von Motorola und TMS320C54x-Familie von Texas Instruments. Die Einsatzgebiete liegen im Telekommunikationsbereich.

Erweiterung   Die Verbesserung der konventionellen DSPs liegt in der Erweiterung um parallel arbeitende Ausführungseinheiten, wie weitere Multiplizierer und Addierer. Um die zusätzlichen Ausführungseinheiten auszunützen, ist der Befehlssatz ebenfalls erweitert. Es entstehen Befehle, die mehrere gleichzeitig ausführbare Operationen beinhalten. Hierdurch wird die Assembler-Programmierung aufwendig. Die Architektur hat eine optimierte Parallelverarbeitung und breitere Datenpfade. Die Kosten und der Leistungsverbrauch sind in der Regel höher.

VLIW   VLIW-Architekturen bestehen aus mehreren voneinander unabhängigen Ausführungseinheiten. Jede dieser Einheiten führt einen Befehl aus. Zwischen 4-8 Befehle werden gleichzeitig pro Takt ausgeführt. Die Befehle werden gleichzeitig in einem breiten Befehlswort geholt. Die Code-Generierungswerkzeuge entscheiden, welche Befehle

---

[107]VLIW = Very Long Instruction Word
[108]MIMD = Multiple Instruction, Multiple Data Stream

gleichzeitig ausgeführt, bearbeitet werden. Diese Befehlsgruppierung erfolgt während der Übersetzung. Die Rechenleistung ist hoch, aber auch der Energieverbrauch. Der Speicherbedarf für Programme und die Systemkosten steigen. In der Regel sind mehr Befehle für die Ausführung einer Aufgabe notwendig. Der Einsatz von Compilern und Code-Generatoren ist bei VLIW-DSP verbessert.

Typische Vertreter sind TMS320C6000 von Texas Instruments und Infineon TriCore. Anwendungsgebiete sind z.B. für xDSL[109] oder Bildverarbeitung.

Eine weitere Leistungssteigerung besteht in der MIMD-Architektur (Multiple Instruktion, Multiple Data). Abbildung 3.40 zeigt den MIMD-Aufbau des TMS320C80. Der DSP besteht aus vier Festkomma-Signalprozessoren, einem RISC-Prozessor mit Gleitkomma-Rechenwerk und einer Crossbar[110]. Die Architektur verfügt über eine 64 Bit-Befehlswortlänge, 32 Bit Speicherzugriff in einem Takt; 32 Bit ALU mit drei Eingängen, 16 x 16 Multiplizierer oder zwei 8 x 8 Multiplizierer. Der DSP verfügt über eine gute Compiler-Unterstützung und einen hohen Parallelisierungsgrad von Algorithmen ([Kar02], S. 23 ff).

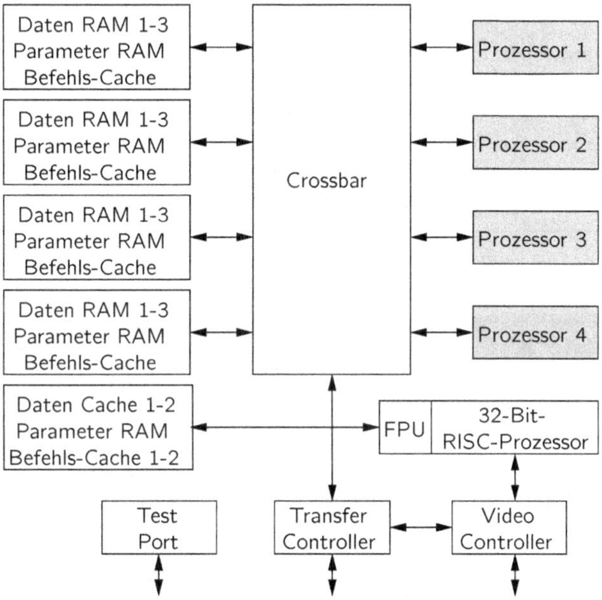

MIMD

Abbildung 3.40: Vereinfachte Architektur des TI TMS320C80. Die Abkürzung FPU steht für Floating Point Unit [TI07].

---

[109]xDSL = xDigital Subscriber Line
[110]Daten-Netzwerk

Beispiele:

1. TI C2000: Anwendungsgebiet: Motorsteuerung. Die Familie kombiniert Peripherieelemente wie PWM[a] eines Mikrocontrollers und DSP-Funktionalität auf einem Chip. Der C28x ist ein 32 Bit-Festkomma-DSP mit einem On-Chip-Flash-Speicher und bis zu 150 MIPS. Der Stückpreis liegt für den kleinsten Baustein <4 Euro (Abnahmemenge von 1000).

2. TI C5000: Anwendungsgebiet: drahtlose Kommunikation. Der Verbrauch im Bereitschaftsbetrieb beträgt 0,12 mW und es sind bis zu 600 MIPS erreichbar. Der C54 hat eine 16 Bit Festkomma-Architektur.

[a]PWM = Pulsweitenmodulation

Beispiel:

TI C6000: Anwendungsgebiet: drahtlose Kommunikation, Infrastruktur. Diese Familie verfügt über eine VLIW-Architektur. Ihre Mitglieder sind: C64x mit Festkomma-Arithmetik und C67x mit Gleitkomma-Arithmetik. VLIW mit 256 Bit Breite aus 8 x 32 Bit-Befehlen. Unterstützung von 8, 16, 32 Bit Datenformate. Technische Daten: CMOS-Technologie, 0,15 μm, 1,5 V Kernspannung mit 3,3 V E/A-Pegeln. Die Taktfrequenz liegt zwischen 600 MHz und 1,1 GHz

Einstieg: **Starter Kit**
F2808 eZdsp Starter Kit mit TMS320C28x DSP und C-Entwicklungswerkzeug Code Composer Studio [Spr06].

Kenngrößen

Kenngrößen zur Bewertung und Auswahl liefert Anhang A.2.
Weiterführende Literatur findet man unter [Sik04a] und [TI06a].

Beispiel:

Quellcode 3.1 zeigt ein Assemblerprogramm zur Berechnung eines FIR-Filters mit dem DSP TMS320C54. Der MAC-Befehl berechnet innerhalb einer Schleife mit dem Schleifenbefehl „RPTZ" die Produkte aus Filterkoeffizienten und Abtastwerten. Der Abtastwert steht in Register AR6 und das Ergebnis in AR7. Die beiden Register AR4 und AR5 halten die aktuellen Adressen der Koeffizienten und Abtastwerte in den beiden Ringpuffern. Desweiteren wird die kompakte indirekte Adressierung mit Postinkrement (*ARx+) verwendet und für den Ringpuffer die zirkuläre Adressierung (+%) verwendet.

Quellcode 3.1: Programm in Assemblersprache zur Berechnung eines FIR-Filters auf einem DSP TMS320C54

```
 1  ; Fraktional−Bit im Statusregister ST1 muss gesetzt sein
 2  ; (FRCT=1)
 3  STM #m,BRC ; Schleifenzähler m laden
 4  RPTBD(lbl1 −1) ; Schleife m mal durchlaufen
 5    STM #(N+1),BK ; Ringpuffergröße laden
 6    lbl0: ; Start der Schleife
 7      LD *AR6+,A ; Eingabe nach A schreiben
 8      STL A,*AR4+% ; niederwertiges Wort von A in Ringpuffer
 9      RPTZ A,#N ; Schleifenzähler für Einzelbefehl laden
10        MAC *AR4+0%,AR5+0%,A ; Multiplikation und Addition
11      STH A,*AR7+ ; Ergebnis in höherwertigem Wort von A
12  lbl1: ; Ende der Schleife
```

3.5.6 Ausgewählte Prozessoren

Der Abschnitt stellt weitere Prozessoren vor, die häufig in eingebetteten Systemen zum Einsatz kommen. Die Anforderungen an Prozessoren für mobile und eingebettete Systeme sind andere als bei Desktop- oder Serversystemen (siehe Kapitel 2). Wichtige Anforderungen hierbei sind: niedriger Stromverbrauch, geringe Wärmeentwicklung, Skalierbarkeit, eingebaute Ein- und Ausgabeeinheiten (System On Chip), geringe Anforderungen an die Kompatibilität. Der Markt für eingebettete Systeme in diesem Bereich ist gewaltig und beträgt 90 % der Jahresproduktion für Prozessoren. Es ist ein breites Spektrum an Prozessoren vorhanden: von 4 - 64 Bit und von weniger als einem kByte adressierbaren Speichers bis zu vielen MByte.

eingebettete Systeme

PowerPC

Die PowerPC[111]-Architektur wurde 1991 von einem Konsortium aus Apple, IBM und Motorola spezifiziert. Einige wichtige Architektureigenschaften sind:

Architektur

- RISC-Architektur

- Harvard-Architektur

- Lade-Speicher-Architektur (siehe Abschnitt 3.5.3)

- Gleitkomma-Architektur (siehe Anhang A.1)

- superskalare Architektur

PowerPC ist heute eine 64-Bit-Architektur auf RISC-Basis. Die 32-Bit-Versionen werden bei IBM als „Subset" bezeichnet. Fast alle Prozessoren neuerer Bauart verfügen über die von Motorola entwickelte Altivec-Vektoreinheit[112]. Motorola entwarf die folgenden Familien (MPC):

- MPC 6xx und MPC 7xx: Mikroprozessoren

---

[111]PowerPC = Performance Optimization With Enhanced RISC Performance Chip
[112]SIMD-Einheit

- MPC 5xx: Mikrocontroller

IBM hingegen entwarf die Familien (PPC):

- PPC 6xx und 7xx: Mikroprozessoren

- PPC 4xx: Eingebettete Prozessoren

Der IBM PPC970MP G5[113] wurde in der letzten Generation des Power Macs G5 Quad 2,5 GHz mit vier Kernen im Spitzenmodell von Apple eingesetzt.

Applikationen   Die PowerPC werden beispielsweise in Apple-Macintosh-Rechnern, in Nintendo GameCube und Wii, Xbox 360 von Microsoft und zahlreichen eingebetteten Systemen eingesetzt [Wik07c].

Beispiel: Das Xilinx-FPGA Virtex II Pro beinhaltet einen PowerPC 405 Hard-Core.

ARM

ARM[114] wurde 1983 als Entwicklungsprojekt vom Computerhersteller Acorn Computers gestartet. Anstatt Prozessoren der Firma Intel oder Motorola einzusetzen, entwickelte Acorn einen eigenen 32-Bit Mikroprozessor mit geplanten 4 MHz. Die ARM-Architektur ist heute ein Kern-Design für eine Familie von 32-Bit Mikroprozessoren, die das RISC-Konzept verfolgen. Die Architektur zeichnet sich durch einen effizienten **SOC**   Befehlssatz aus und ermöglicht eine kompakte Realisierung in einem ASIC-Entwurf als SOC[115]. Eine wichtige Mikroprozessor-Realisierung ist StrongARM [Wik07a]. Die **Architektur**   Eigenschaften der Architektur sind:

- RISC-Maschine

- Lade Speicher-Architektur

- 32-Bit Adress- und Datenbus

Es gibt verschiedene Varianten und Versionen der Bausteine. Die Bezeichnung beginnt immer mit „ARMv", gefolgt von der Version und Aufzählung der Varianten.

Beispiele:

1. Version 6: unter anderem Instruktionen für bessere Multimedia-Unterstützung (speziell SIMD-Instruktionen)

2. J-Variante (Jazelle): Soft- und Hardwarebeschleunigung für Java Bytecode

---

[113]G5 = fünfte Generation
[114]ARM = Acorn RISC Machine
[115]SOC = System On Chip

Lizenznehmer sind unter anderem die Firmen: Motorala, IBM, Nintendo und Texas Instruments. Die ARM-Architektur ist aufgrund der hohen Rechenleistung bei geringer Leistungsaufnahme sehr verbreitet bei PDAs und der eingebetteten Unterhaltungselektronik[116], z.B. iPod von Apple. Der Anteil beträgt 80 % bei Mobilfunkgeräten und 40 % bei Digitalkameras [Ric06].   **Applikationen**

Weiterführende Literatur findet man unter [Ste04c], [ARM06], [Fur02].

3.6 Programmierbare Logikschaltkreise

von Ralf Gessler

Schwerpunkt des vorliegenden Abschnitts bilden die FPGAs. FPGAs gehören zu den   **FPGA**
programmierbaren Logikschaltkreisen. Zum besseren Gesamtverständnis wird zunächst auf diese übergeordnete Gruppe eingegangen.

FPGAs stoßen immer weiter in die klassischen Bereiche des ASIC-Designs vor. Die Gründe liegen in der hohen Rechenleistung und im stetig wachsenden Integrationsgrad der Bausteine bei Veränderbarkeit (Konfigurierbarkeit) der Verdrahtung. Die Entwicklung geht heute aufgrund der hohen Komplexität von der Logik- hin zur Systemebene[117] (siehe Abschnitt 5.2.1).   **Systemebene**

Der Einsatz von PLDs ist bei kleineren, nicht zu komplexen Applikationen sinnvoll.
Aus diesem Grund ist diesen Schaltkreisen ein eigener Abschnitt gewidmet.   **PLD**

Programmierbare Logikschaltkreise bestehen aus einzelnen Logikblöcken, die in einer regelmäßigen Struktur angeordnet sind. Die Funktionen der einzelnen Logikblöcke sind konfigurierbar. An der Peripherie des Chips sind E/A-Blöcke angeordnet, um externe Komponenten anschließen zu können.

Merksatz: **Programmierbarer Logikschaltkreis**
Der Begriff programmierbarer Logikschaltkreis ist zwar weit verbreitet, eine bessere Begriffswahl ist „konfigurierbarer Logikschaltkreis" (siehe Abschnitt 3.6.4), da im Gegensatz zu Mikroprozessoren kein Programm ausgeführt wird.

3.6.1 Einordnung Schaltkreise

Programmierbare Logikschaltkreise gehören zur Familie der FPD[118]. Sie lassen sich in die folgenden Gruppen einteilen [Rom01]:

- Programmierbare Speicher: PROM[119], EPROM, EEPROM (siehe Abschnitt 3.6.4)

- Programmierbare Logikschaltkreise

---

[116]Consumer Electronic
[117]System Level Design
[118]FPD = Field Programmable Device
[119]PROM = Programmable Read Only Memory

- Feldprogrammierbare Analogschaltkreise[120]: programmierbare analoge Komponenten wie, parametrierbare Operationsverstärker. Weiterführende Literatur findet man unter [ZH04].

Die programmierbaren Logikschaltkreise beinhalten:

- Programmable Logic Devices[121]:

    Simple PLDs[122]: PAL[123] und GAL[124]

    Complex PLDs[125]

- Field Programmable Gate Array[126]

Abbildung 3.41 zeigt die weitere Unterteilung der feldprogrammierbaren Schaltkreise.

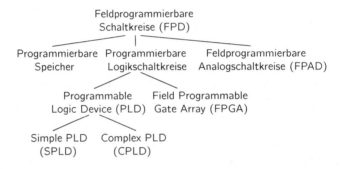

Abbildung 3.41: Einordnung der programmierbaren Logikschaltkreise

3.6.2 Kenngrößen

Die Kenngrößen Taktfrequenz, Flächenaufwand und Verlustleistungsaufnahme sind entscheidend für die Architektur und somit wichtig bei der Auswahl von programmierbaren Logikschaltkreisen.

Taktfrequenz   Eine synchrone digitale Schaltung benötigt zur Bearbeitung einer Aufgabe eine bestimmte Anzahl von Taktzyklen. Je höher die Taktfrequenz, desto höher ist der Datendurchsatz der Schaltung. Eine höhere Taktfrequenz hat aber auch eine höhere Verlustleistung zur Folge.

Zur Realisierung einer Schaltung wird eine bestimmte Siliziumfläche auf dem Chip benötigt. Eine höhere Taktfrequenz wird beispielsweise durch räumliche Sequentialisierung (CIS) erreicht (siehe Abschnitt 2.2.2) . Hierbei steigt der Aufwand und damit **Gatteranzahl**   die Gatteranzahl.

---

[120]FPAD = Field Programmable Analog Device
[121]PLD = **P**rogrammable **L**ogic **D**evice *(deutsch: Programmierbarer Logikbaustein)*
[122]SPLD = Simple PLDs
[123]PAL = Programmable Array Logic
[124]GAL = Generic Array Logic
[125]CPLD = Complex **PLD**
[126]FPGA = **F**ield **P**rogrammable **G**ate **A**rray

Die Verlustleistung bei konventioneller CMOS-Technologie beträgt: **Verlustleistung**
$P = \sigma \cdot f \cdot C \cdot U_B^2$ ([SS03], S. 122).
Die Verlustleistung hängt von der Schaltaktivität σ, Schalthäufigkeit (Frequenz f),
Lastkapazität C (abhängig von der Gatteranzahl) und Betriebsspannung U_B ab.
Die Verlustleistung ist nicht nur bei der Auswahl der Versorgung wichtig, sondern
kann auch Probleme bei der Wärmeabfuhr/Kühlung machen. **Wärmeabfuhr**
Die Kenngrößen bilden beim Entwurf von integrierten Digitalschaltungen eine Art
„magisches Dreieck" (drei Eckpunkte), das vom Entwickler ausbalanciert werden muss.
Die Herausforderung für den Entwickler besteht darin, die gekoppelten Größen sinnvoll
gegeneinander abzuwägen und, bildlich gesehen, den Schwerpunkt des Dreiecks zu
finden [Rom01].

Beispiel: Nennen und Erläutern Sie drei Kenngrößen beim Entwurf von digitalen
Schaltungen mit FPGAs.

Frage: Nennen Sie drei Maßnahmen zur Reduktion der Verlustleistung bei FPGAs.

Kenngrößen zur Bewertung und Auswahl liefert Anhang A.2. **Bewertung**

3.6.3 PLD-Architekturen

Folgender Abschnitt gibt eine Einführung in die einzelnen Architekturen von den
SPLDs über die CPLDs zu den FPGAs gemäß ihrer historischen Entwicklung.
Leider ist die Namensgebung irreführend. Eigentlich gehören die SPLDs, CPLDs **Namens-**
und FPGAs zu den PLDs (programmierbaren Logikbausteinen). Streng genommen **gebung**
versteht man darunter aber nur die SPLDs und CPLDs.
Die Verbindungstechnik stellt folgende gegenläufigen Anforderungen, basierend auf **Anforderungen**
den Kenngrößen an die Architekturen von programmierbaren Logikschaltkreisen:

- möglichst viele Leitungen

- möglichst flexible Konfigurierbarkeit

- möglichst geringer Flächenaufwand

- möglichst geringe Verzögerungszeiten

Die Architekturen der unterschiedlichen PLD- und FPGA-Hersteller müssen diesen
Ansprüchen gerecht werden. Allgemein verfügen programmierbare Logikschaltkreise
über die folgenden Verbindungensarten: **Verbindungs-**
arten

- lokale Verbindungsleitungen (siehe Abbildung 3.44)

- globale Verbindungsleitungen (siehe Abbildung 3.44)

- Spezielle Verbindungen zur Taktverteilung und zu weiteren zeitkritischen Signalen

- Leitungen für Preset[127] und Reset[128] der digitalen Schaltung

- Leitungen zur Spannungsversorgung der Logikzellen

Funktions-elemente

Einfache PLDs verfügen über ein Funktionselement[129]. Die Funktionselemente bestehen aus kombinatorischer Logik und Flip-Flops[130] (sequentieller Logik).

Die Anzahl der FE steigt von den CPLDs hin zu den FPGAs (>100 FEs). Hierbei unterscheiden sich ebenfalls der interne Aufbau der FEs und deren Verbindungen untereinander und zwar von einer globalen bei den CPLDs hin zu einer lokalen Verbindungstechnik.

lokal, global

Erfolgt die Realisierung der Kombinatorik bei SPLDs und CPLDs hauptsächlich mit PALs und PLAs[131], so kommen bei FPGAs Elemente wie RAMs, Look Up Table[132] und Multiplexer[133] zum Einsatz.

Konfiguration

Dies hat ebenfalls Auswirkungen auf die Konfigurationstechnologie. Kommen bei den PLDs Speicher wie EPROMs oder EEPROMs zum Einsatz, so werden bei den FPGAs hauptsächlich Static RAMs[134] verwendet (siehe Abschnitt 3.6.4). Tabelle 3.10 vergleicht den Aufbau von SPLDs, CPLDs und FPGAs miteinander.

Die Gruppe der programmierbaren Logikschaltkreise lässt sich in die folgenden ICs mit unterschiedlichen Architekturen einteilen: SPLD (PAL&GAL), CPLDs und FPGAs. Zur Realisierung von kombinatorischer Logik bei den PLDs kommen PROMs, PALs und PLAs zum Einsatz, die im Folgenden vorgestellt werden.

Kombinatorik

PAL

Die PAL-Architektur besteht aus einer konfigurierbaren UND-Matrize, deren Ausgänge in eine festverdrahtete ODER-Matrize übergehen. Die Umsetzung einer kombinatorischen Schaltung erfolgt in der disjunktiven Normalform[135]. Bei dieser Darstellung werden konjunktiv verknüpfte Eingangssignale („UND"), sogenannte Produktterme disjunktiv verknüpft („ODER"). Es entsteht eine Darstellung aus Summen von Produkten („Sum-Of-Produkt"). Neben der rein kombinatorischen Logik ist noch sequentielle Logik implementiert (siehe Kapitel 5.2).

PLA

Bei PLAs sind sowohl die UND-Ebene (konjunktiv), als auch die ODER-Ebene (disjunktiv) konfigurierbar. Hingegen ist bei PALs nur die UND-Ebene konfigurierbar. Abbildung 3.42 zeigt die Implementierung einer Schaltung mit einem PLA.

---

[127]Setzen
[128]Rücksetzen
[129]FE = Funktionseinheiten
[130]FF = Flip-Flop
[131]PLA = Programmable Logic Array
[132]LUT = Look Up Table
[133]MUX = Multiplexer
[134]SRAM = Static RAM
[135]DNF = Disjunktive Normalform

	SPLD	CPLD	FPGA
globale Architektur	1 FE	wenige FE + Verbindungen	viele FE
Aufbau Funktionselement (FE)	Kombinatorik + evtl. Flip-Flops	relativ breite Kombinatorik + viele Flip-Flops	relativ schmale Kombinatorik + Flip-Flops
Aufbau Verbindung zwischen FE	keine	vorwiegend global	vorwiegend lokal
Realisierung Kombinatorik	PAL, PLA, PROM	PAL, PLA	RAM, LUT, MUX
Konfigurationstechnologie	Fused Link (siehe Abschnitt 3.6.4): PAL; EEPROM: GAL	EPROM, EEPROM	SRAM, Antifuse (siehe Abschnitt 3.6.4)

Tabelle 3.10: Vergleich des Aufbaus von PLDs, CPLDs und FPGAs [Rom01]

Beispiel: Implementeirung einer Kombinatorische Schaltung auf einer PLA-Architektur:
$$y_0 = x_2 \vee \overline{x_0} \wedge x_1 = p_0 \vee p_1$$
$$y_1 = \overline{x_0} \wedge x_1 \vee \overline{x_0} \wedge \overline{x_2} \vee \overline{x_0} \wedge x_1 \wedge x_2 = p_1 \vee p_2 \vee p_3$$
Abbildung 3.42 zeigt die Lösung.

Bei den PROMs[136] ist nur die ODER-Ebene konfigurierbar. Bei EPROMs und EEPROMs erfolgt die Konfiguration über CMOS-PLA. Bei bipolaren PLAs werden Schmelzpfade getrennt[137] und dadurch irreversibel.

Zustandsmaschinen[138](siehe Abschnitt 5.2) werden mittels Rückkopplung der Register auf den Eingang realisiert (siehe Abbildung 3.43).

SPLD Simple PLDs bestehen aus PROMs, PALs oder PLAs mit einer Komplexität bis etwa 1000 äquivalenten Gattern.

PALs sind in Bipolartechnologie gefertigt. Die Verbindungen[139] der UND-Matrize bestehen aus Schmelzverbindungen. Sie sind im nichtkonfigurierten Zustand leitend und bei Bedarf während der Konfiguration getrennt. Dieser Vorgang ist irreversibel und deshalb nur einmalig konfigurierbar. Nachteilig bei bipoaren PALs ist die hohe Verlustleistung. Von Vorteil ist die erreichbar hohe Taktfrequenz.

GAL Bei GALs kommt eine CMOS-E^{2}PROM[140]-Technologie zum Einsatz. Die Bausteine sind rekonfigurierbar und haben eine geringe Verlustleistung. Nachteilig ist die geringere Taktfrequenz als bei einer Bipolarlösung ([HRS94], S. 47 ff).

---

[136]PROM = Programmable ROM
[137]engl. Fusible Links
[138]FSM = Finite State Machine
[139]engl. Fuses
[140]EEPROM

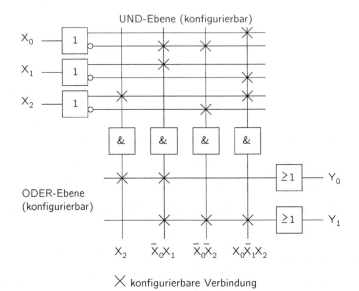

Abbildung 3.42: Aufbau der PLA-Architektur. Die mit „X" gekennzeichneten Punkte sind konfigurierbar [Hus03].

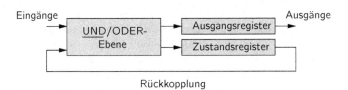

Abbildung 3.43: Implementierung von Zustandsmaschinen bei SPLDs

Die Gruppe der CPLDs verfügt über eine sogenannte Multiple Array Structure. **CPLD**
Hierbei befinden sich viele kleine PAL-ähnliche Blöcke mit teilweise hoher Integrationsdichte auf einem Baustein (siehe Abbildung 3.44). Die Blöcke werden über eine
Schaltmatrix[141] verbunden. Die Laufzeiten für die Realisierung einer Schaltung sind **Schaltmatrix**
unabhängig von der Verdrahtung. Die Komplexität beträgt mehrere 10.000 äquivalente
Gatter. Aufgrund des gleichmäßigen Aufbaus ist das PLD-Verzögerungsmodell T_{pd}[142]
konstant und somit vorhersagbar. Bei FPGAs hängt diese Zeit von der Verdrahtung[143]
ab.

Beispiel: CPLD-Familie Coolrunner II von Xilinx: Hierbei handelt es sich um ein
schnelles stromsparendes CPLD. Es basiert auf einem $0,18\mu m$ CMOS-Prozess.
Die Core-Spannung liegt bei 1,8V und I/O-Spannungen zwischen 1,5V und 3,3V.
Die Taktfrequenz liegt beim schnellsten Baustein bei 323 MHz (XC2C32A). Der
Ruhestrom beträgt $16\mu A$ und die dynamische Stromaufnahme bei 50 MHz liegt
bei 2,5 mA [Xil06a]

Abbildung 3.44 zeigt den prinzipiellen Aufbau von CPLDs und FPGAs. Aufgrund
des hohen Marktanteils der beiden ICs wird auf die weitere Darstellung der SPLDs
verzichtet. Tabelle 3.11 vergleicht CPLDs und FPGAs.

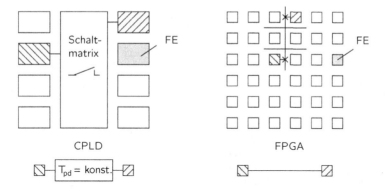

Abbildung 3.44: Vergleich der Architekuren von CPLDs und FPGAs [HRS94]. Das
PLD-Verzögerungsmodell ist konstant. Bei FPGAs hängt die Verzögerungszeit von der jeweiligen Verdrahtung ab. Die Funktionselemente (FE) bestehen aus kombinatorischer und sequentieller Logik.

---

[141]engl. Switch
[142]T_{pd} = Propagation Delay Time
[143]engl. Routing

Fragen:

1. Erläutern Sie den Unterschied zwischen PAL und PLA-Architektur.

2. Warum können die Laufzeiten von CPLDs vorhergesagt werden? Wie sieht es bei den FPGAs aus?

Eigenschaften	CPLD	FPGA
Aufbau Logikzellen (Funktionselemente)	wenige große Blöcke mit integrierten Logik- und E/A-Blöcken	große Anzahl relativ kleiner Blöcke (feinkörnig); Logik MUX und LUT (RAM)
Verbindungen	zentrale, globale Verbindungen; keine Verdrahtung notwendig	dezentrale, lokale Verbindungen; Verdrahtung notwendig
E/A	relativ feste Konfiguration der Verbindungsleitungen zwischen Makrozellen und Pins	Ring aus frei zuordnenbaren E/A-Blöcken
Signallaufzeit	homogen; konstant, relativ kurz, vorhersagbar; Geschwindigkeit nicht von Schaltung abhängig	stark vom konkreten Signalweg abhängig; ungleichmäßig, auch hohe Werte möglich, erst durch Layoutextraktion zu bestimmen; Geschwindigkeit abhängig von der Schaltung
Verbindungen	zentrale, globale Verbindungen; keine Verdrahtung notwendig	dezentrale, lokale Verbindungen; Verdrahtung notwendig
Komplexität	mittel	hoch
Flexibilität	mittel	hoch
Flächenausnutzung	40%-60%	50%-90%
Stromverbrauch	hoch bis sehr hoch	gering bis mittel

Tabelle 3.11: Vergleich der programmierbaren Logikschaltkreise CPLDs und FPGAs [Rom01]

Die FPGAs bilden den Schwerpunkt aller weiteren Betrachtungen.

3.6.4 Konfiguration

Unter Konfiguration versteht man die Implementierung einer Schaltung auf einem feldprogrammierbaren Schaltkreis. Man unterscheidet zunächst zwischen den beiden

Gruppen rekonfigurierbar (reversibel) und irreversibel.

Die irreversiblen ICs setzen eine Art von Sicherungen[144] ein. Diese werden, um eine Verbindung herzustellen, „durchgebrannt" (umgekehrt wie Schmelzsicherungen) und können nicht wieder aktiviert werden („Fused Links"). „Antifuses" arbeiten genau entgegengesetzt. Im nicht konfigurierten Zustand sind Sie hochohmig und im konfigurierten niederohmig.

reversibel

Die reversible Gruppe ist programmierbar und verwendet SRAM-, EPROM- oder EEPROM-Speicherzellen.

irreversibel

> *Definition:* **Konfiguration**
> ist die Implementierung der Verdrahtungsdaten einer Schaltung auf einem CPLD oder FPGA. Die konfigurierte Schaltung wird nicht sequentiell abgearbeitet (Programm), sondern einmalig geladen. Die Konfiguration beinhaltet Platzierungs- und Verdrahtungsdaten der Funktionselemente. In der Vergangenheit wurden die Begriffe Programmierung und Konfiguration „unscharf" verwendet und führen leicht zu Verwechslungen.

Abbildung 3.45 gibt einen Überblick über die Konfigurationstechniken.

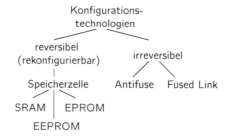

Abbildung 3.45: Technologien zur Konfiguration

> *Beispiele:*
>
> 1. Abbildung 3.46 stellt den Aufbau einer Xilinx CMOS-Speicherzelle (SRAM) vor. Die Zelle besteht aus fünf Transistoren: zwei Invertern (A,B) mit einem Verbindungstransistor (Pass-Transistor). Die Ausgänge sind Q und $\overline{Q}$. Der Pass-Transistor schreibt den Wert der Bitleitung im aktiven Zustand (Wortleitung) in die Speicherzelle (S).
>
> 2. Abbildung 3.47 zeigt die elementaren Programmierelemente eines FPGAs mit Verbindungstransistor (Routing) und kombinatorischen Logikfunktionen wie Multiplexer und Look Up Table (siehe Funktionselemente (FE) Abbildung 3.44). Diese Elemente werden mittels der Daten der Speicherzelle (S) konfiguriert.

---

[144]engl. Fuses

83

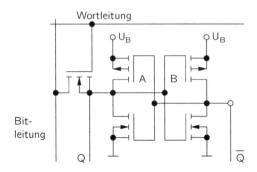

Abbildung 3.46: Aufbau einer Xilinx SRAM-Zelle (S)

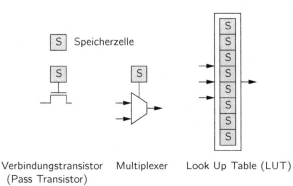

Abbildung 3.47: Konfigurationselemente mit Speicherzelle (S)

Rekonfi-
gurierbare
Architekturen

Rekonfigurierbare Architekturen eröffnen neue Möglichkeiten des Hardware-Software-Codesigns. Rekonfigurierbaren Architekturen ist deshalb der Abschnitt 7.4 gewidmet.

Im Folgenden wird die reversible Gruppe der Konfigurationstechnologien, die der Speicher, genauer betrachtet.

Speicher

Speicher dienen zur Datensicherung. Einfache Speicher sind die im Abschnitt Logikebene (siehe Abbildung 3.12) dargestellten Flip-Flops (1 Bit). Bei der Speicherung von mehr als einem Bit unterscheidet man zwischen Parallelregister (kurz Register) und Schieberegistern. Schieberegister bezeichnet man auch als FIFOs[145].

> *Beispiel:* Bei programmierbarer Logik beinhalten Speicher die Konfiguration (Verdrahtungsdaten) und bei Mikroprozessoren das Programm.

[145]First In First Out = FIFO

Es gibt aber noch weitere Datenspeicher. Man unterscheidet zwischen den beiden Gruppen flüchtige und nichtflüchtige Speicher.

RAMs gehören zu den flüchtigen Speichern. Beim Ausfall der Versorgungsspannung geht der Speicherinhalt verloren. Hierbei wird zwischen statischen RAMs[146] und dynamischen RAMs[147] unterschieden. Bei DRAMs müssen die gespeicherten Informationen in den Kapazitäten aufgefrischt werden. Der Vorteil liegt in der großen Speicherkapazität der Chips ([Beu03], S. 400 ff) **flüchtige Speicher**

Nichtflüchtige Speicher dienen zur Aufnahme von nichtveränderlichen Informationen. Anwendungen sind in Prozessorsystemen der Programmspeicher (Firmware). Die allgemeine Bezeichung ist ROM. Man unterscheidet zwischen ([Vor01], S. 52 ff; [Hof90], S. 399 ff): **nichtflüchtige Speicher**

- Read Only Memory[148]: Nur-Lese-Speicher

- Erasable PROM[149]: Wiederbeschreibbare Speicher mit Löschung durch UV-Strahlung

- One Time Programmable EPROM[150]: einmalig elektrisch programmierbare Speicher. OTPs sind EPROMs ohne transparenten Gehäusedeckel.

- Electrically Erasable Programmable ROM[151]: Byteweise elektrisch programmier- und löschbarer Speicher

- Flash Erasable PROM[152]: Byteweise elektrisch programmierbarer und global elektrisch löschbarer Speicher

FPGAs verwenden hauptsächlich SRAMs zur Konfiguration der Verdrahtung. Der Einsatz der SRAM-Technik bei FPGAs hat folgende Vorteile: **SRAM**

- kein Programmiergerät erforderlich

- In-System-Programmierung und Rekonfiguration

- schnelle Entwurfsänderungen

Nachteile der SRAM-Technik sind:

- zusätzlich benötigte externe Speicher für die Bootphase

- schlechter bzw. umständlicher Kopierschutz

- Empfindlichkeit gegen radioaktive Strahlung (Luft- und Raumfahrt)

Die SRAM-Technik ist flüchtig. Hierzu ist es notwendig, nach jedem Neustart des Systems (Bootphase) eine Konfiguration der Schaltung durchzuführen. Hierbei wird von einer externen Quelle das intere SRAM des FPGAs geladen. **Bootphase**

---

[146]SRAM = Static **RAM**
[147]DRAM = Dynamische RAM
[148]ROM = **R**ead **O**nly **M**emory
[149]EPROM = Erasable Programmable ROM
[150]OTP = One Time Programmable
[151]EEPROM = **E**lectrically **E**rasable **PROM**
[152]F-EPROM = Flash Erasable PROM

Quellen können ein externer paralleler oder serieller Speicher oder ein Mikroprozessor und -controller sein. Das FPGA kann hierbei als sogenannter Master (aktiv) oder Slave (passiv) fungieren. Zudem können mehrere Bausteine in Reihe nacheinander programmiert werden (Daisy Chain). Der Konfigurationsmode wird am FPGA eingestellt.

Merksatz:
Die dargestellten Speicher kommen ebenfalls bei Mikroprozessoren zum Einsatz. Auch interne SRAMs von Prozessoren, wie DSPs, werden von nichtflüchtigen Speichern beim Neustart geladen.

Fragen:

1. Erläutern Sie den Unterschied zwischen Konfiguration und Programmierung.

2. Beschreiben Sie die Bootphase für FPGAs und Mikroprozessoren. Worin liegen die prinzipiellen Unterschiede?

Weiterführende Literatur findet man unter [SKM05] und [Nay06].

3.6.5 FPGA-Architekturen

Die Architektur von FPGAs ist an den Aufbau von Gate Arrays angelehnt. Das IC enthält viele Funktionselemente, die in einer Matrix (siehe Abbildung 3.48 und 3.44) angeordnet sind. Zwischen den Elementen liegen Kanäle[153] zur Verdrahtung. Die Verbindungsleitungen sind über den ganzen Chip verteilt. Es gibt lokale (Verbindungsmodule) und globale (Schaltmatrix) Verbindungen. Zu den eigentlichen Verbindungen kommen Sonderleitungen für Takt und Reset[154].

Place & Route Bei den FPGAs spricht man vom Routing, hingegen bei CPLDs von Fitting. Das zeitliche Verhalten ist abhängig von der Platzierung und Verdrahtung[155] der Logikelemente und somit im Gegensatz zu CPLDs nur schlecht abschätzbar.

Definition: **Field Programmable Gate Arrays**
Das FPGA ist eine konfigurierbare Rechenmaschine. Sie dient zum Aufbau komplexer digitaler Logikschaltungen.

Die Verbindungskanäle sind konfigurierbar. FPGAs verwenden ein On-chip-RAM zur Speicherung des Wertes für die konfigurierbaren Schalter (siehe Abbildung 3.47). Zu viele Schalter können bei der Verdrahtung einen negativen Einfluss auf die Performance haben. Durch jeden Schalter kommen Kapazitäten und Widerstände hinzu. Man versucht deshalb, lange Verbindungen zu minimieren ([Per02], S. 386 ff).

Das „Place & Route" erfolgt automatisch mit Electronic Design Automation[156]-

---

[153] Routing Channels
[154] Rücksetzen der Schaltung
[155] engl. Place & Route
[156] EDA = **E**lectronic **D**esign **A**utomation

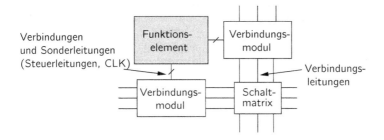

Abbildung 3.48: FPGA-Modell nach Jonothan Rose (Toronto) [Rom01]

Werkzeugen und Beschreibungssprachen wie VHDL (siehe Abschnitt 5.3). **EDA**

Aufgrund der hohen Komplexität der FPGAs geht der Entwurf von der Logikebene
auf die Systemebene über. Dies spiegelt sich im Aufbau, in der Granularität der ICs **VHDL**
wieder. Im folgenden werden fein- und grobgranulare und FPGA-Architekturen vorgestellt. Die Granularität bezieht sich darauf, wie die FPGA-Architektur vom Entwickler **Systemebene**
wahrgenommen wird.

Feingranulare Architekturen

Die Firma Xilinx brachte 1985 mit dem XC2064-Baustein das erste FPGA auf den
Markt. Aufgrund der langjährigen Erfahrung und des hohen Marktanteils liegt der
Fokus bei FPGAs der Firma Xilinx [Xil06c].

Die Architektur von FPGAs ist feinkörniger als bei CPLDs. Die Realisierung von
kombinatorischer und sequentieller Logik erfolgt durch rekonfigurierbare, feingranulare
Funktionselemente (siehe Abbildung 3.49). Die Beschreibung erfolgt auf Logikebene
mit Gatter und Flip-Flops (siehe Abschnitt 5.2).

Die Architektur besteht aus:

- Logikzellen (Funktionelementen): kombinatorische und sequentielle Logik

- Ein-/Ausgangszellen: Schnittstelle[157] zur Außenwelt (Chipgrenze)

- Schalter (Pass-Transistoren): Verbindung der Logikzellen (applikationsspezifische
  Verdrahtung)

- Sonstigen Verbindungen: globale und Taktleitungen, Reset usw.

Die Implementierung von kombinatorischer Logik erfolgt bei FPGAs durch Multiple- **kombina-**
xer oder Look Up Tables[158](RAM). Diese Tatsache spiegelt sich in den Architekturen **torische**
der FPGA-Hersteller wieder. **Logik**

---

[157]engl. Interface
[158]LUT = Look Up Table

Beispiel: Die prinzipielle Funktionsweise wird anhand der Look-Up-Table basierten Xilinx-Architektur XC2000 erläutert. Abbildung 3.49 zeigt die Architektur mit Verbindungen. Die Verbindung erfolgt mittels Schaltmatrixen.

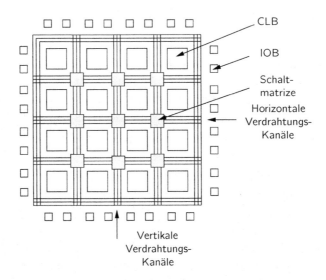

Abbildung 3.49: Aufbau der XC2000-Architektur mit CLBs und IOBs

Prinzip   Abbildung 3.50 zeigt die prinzipielle Funktionsweise und die verschiedenen Zellen SRAM, IOB (IC-Anschlüsse) und CLB mit konfigurierbaren Schaltern.

Configurable Logic Blocks[159] beschreiben die eigentliche Logikfunktion aus kombinatorischer (LUT) und sequentieller Logik (D-Flip-Flop). Die Schnittstelle zur Außenwelt erfolgt mittels der I/O-Blocks[160]. Man unterscheidet zwischen horizontalen und vertikalen Verbindungen. Die Konfiguration und Verbindungstechnik (konfigurierbarer Schalter) erfolgt mittels SRAM-Zellen.

---

[159]CLB = Complex Logic Block
[160]IOB = IO-Block

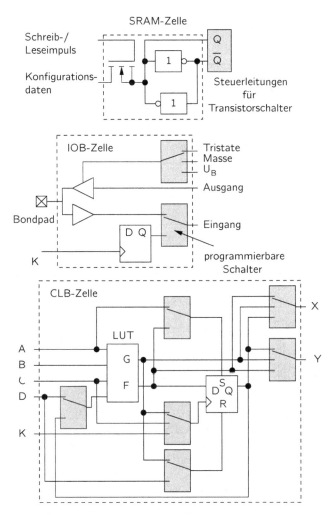

Abbildung 3.50: Innerer Aufbau der IOBs und CLBs. Die grauen Elemente sind durch SRAM-Zellen konfigurierbar. Die CLBs bestehen aus LUTs und Flip-Flops. Die Gesamtarchitektur der Xilinx-XC2000-Familie zeigt Abbildung 3.49.

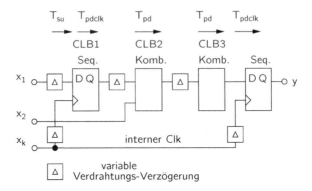

Abbildung 3.51: Xilinx-Verzögerungsmodell bestehend aus kombinatorischer (Komb.) und sequentieller (Seq.) Logik

Beispiel: Aufbau der Virtex-Familie vom Hersteller Xilinx (siehe Abbildung 3.52) Die FPGAs bestehen aus den Elementen:

- VersaRing: zusätzliche Routing-Ressourcen rund um die Baustein-Peripherie

- Digitally Looked Loop[a]: Taktgenerierung

- Block-RAMs[b]: eingebettetes RAM

- Input/Output-Block[c]: Schnittstellen

- Complex Logic Blocks[d]: programmierbare Logik aus Kombinatorik und Flip-Flops

Die Versorgungsspannungen betragen 2,5V, 1,8V und 1,5V. Abbildung 3.52 zeigt die Virtex-Architektur. Die Complex Logic Blocks stellen die programmierbare Logik dar und bestehen aus zwei Blöcken, den sogenannten „Slices". Abbildung 3.53 zeigt den Aufbau der CLBs mit Look Up Table, schnellen Carry-Pfaden (schnelle Addition) für MAC-Blöcke und D-Flip-Flops. Slices beinhalten die meist verwendete primitive Logik [Xil02].

[a]DLL = Digitally Looked Loop
[b]BRAM = Block-**RAM**
[c]IOB = I0-**B**lock
[d]CLB = Complex Logic **B**lock

Beispiel: Abbildung 3.51 zeigt die einzelnen Verzögerungen von Xilinx-FPGAs der Implementierung einer digitalen Schaltung. Die Taktfrequenz *f* für die sequentielle Logik ergibt sich aus

$$T = T_{pdclk}{}^{a} + T_{pd1}{}^{b} + T_{pd2} + T_{su}{}^{c}; \quad f = \frac{1}{T}$$

(siehe Abschnitt 5.2)

Hinzu kommen variable Verzögerungen für die Verdrahtung (Δ).

[a]T_{pdclk} = Propagation Delay Time Clock to Output
[b]T_{pd} = Propagation Delay
[c]T_{su} = Setup Time

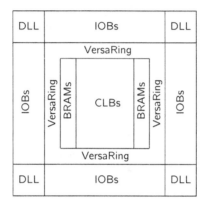

Abbildung 3.52: Aufbau Virtex-Baustein [Xil02]

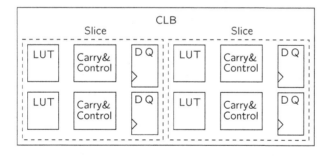

Abbildung 3.53: Aufbau eines Virtex Complex Logic Blocks [Xil02]

Moore's Gesetz sagt eine höhere Integrationsdichte, höhere Taktfrequenzen, eine höhere Anzahl von Transistoren pro Chip und eine höhere Performance voraus. Aber die hohe Anzahl verfügbarer On-Chip Ressourcen kann nicht durch traditionelle Architekturen genutzt werden. Der kontinuierliche Anstieg der Taktfrequenzen allein kann

Moore's Gesetz

die Bedürfnisse nicht befriedigen. Es werden neue Architekturen benötigt, um diese Lücke zu schließen. Eine Weiterentwicklung sind die grobgranularen Architekturen.

Beispiel: Mit einem FPGA kann ein Mikrocontroller mit Peripherie, wie zum Beispiel Zeitgeber[a], realisiert werden.

[a]Timer

Merksatz: **Taktfrequenz**
Aufgrund des flexiblen Aufbaus von FPGAs liegt die maximale Taktfrequenz unter der von Mikroprozessoren (ASICs). Bei Mikroprozessoren sind die Zellen und die Verdrahtung optimiert.

Grobgranulare Architekturen

Ein Vertreter der grobgranularen Architekturen ist die Xilinx-Virtex-II-FPGA-Familie. Sie basiert auf der Virtex-Familie des vorherigen Abschnitts.

Beispiel: Bei der Virtex-II-Familie handelt es sich wie bei den feingranularen Typen um SRAM basierte, rekonfigurierbare FPGAs. Der Herstellungsprozess ist 0,15 µm CMOS-Prozess mit 8 Metall-Lagen. Die interne Taktfrequenz beträgt bis zu 420 MHz. Die Bausteine haben bis zu 8 Millionen Systemgatter, das heißt bis zu 200 Millionen Transistoren pro IC.

Die Architektur besteht aus den konfigurierbaren Elementen:

- Input/Output Blocks[161]

- Configurable Logic Blocks[162]: Sie beinhalten 4 Slices und 2 Tri-State-Buffer.

- Block-Select-RAM

- Hardware-Multiplizierer

- Digital Clock Manager[163]

Als Verbindungslemente stehen Schaltmatrizen, globale und lokale Verbindungen zur Verfügung. Abbildung 3.54 zeigt die Architektur mit dem Feld aus Schaltmatrizen und funktionalen Einheiten.

IOB   Die Input/Output-Block können wahlweise als Ein-/Ausgang oder Tri-State[164] Aus-

---

[161]IOB = IO-**Block**
[162]CLB = Complex Logic **Block**
[163]DCM = Digital Clock Manager

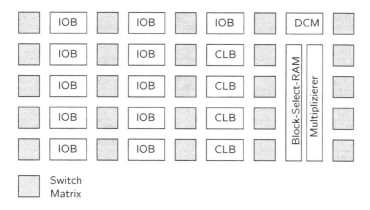

Abbildung 3.54: Virtex-II-Architektur

gang geschaltet werden. Tri-State bedeutet drei Zustände: Die beiden logischen „0"
und „1" und ein weiterer Zustand „Z" (hochohmig). Der Zustand ermöglicht das
Zusammenschalten mehrerer Ausgänge. Es stehen unterschiedlich kompatible Ein-
/Ausgangs-Standards zur Verfügung. Hierbei wird zwischen einfachen und differenti-
ellen Signalen unterschieden.

CLB Ein Configurable Logic Block besteht aus 4 sogenannten Slices und 2 Tri-State-
Buffer. Ein Slice besteht aus 2 Funktionsgeneratoren und 2 Speicherelementen. Die
Generatoren können wahlweise als 4 Input Look Up Table[165], 16 Bit Shiftregister
und 16 Bit RAM genutzt werden. Die Speicherelemente können als Flip-Flop oder
Latch konfiguriert werden. Slices verfügen über weitere Logik zur Realisierung von
Multiplexern, arithmetischen Einheiten und Fast-Carry-Look-Ahead-Addierern (DSP-
Funktionen).

BRAM Das Block-Select-RAM kann als Single- oder Dual-Ported-RAM eingestellt werden.
Es stehen ein Speicherplatz von 1Bit x 18k bis 36 Bit x 512 zur Verfügung.

HW-Multi-plizierer Die Hardware-Multiplizierer sind rein kombinatorisch aufgebaut und erlauben 18x18
Bit (signed) Multiplikationen. Das Modul Digital Clock Manager dient zur Eliminierung
von Versatzen im Taktnetz.

DCM Tabelle 3.12 zeigt die hierarchischen Verdrahtungs-Ressourcen und Tabelle 3.13
die Virtex-II-Familie mit Slice-Anzahl, Multiplizierer, Block-RAMs und Ein-/Ausgangs-
Pins.

Low Power Die Core-Spannung beträgt 1,5V. Die Input/Output-Blocks unterstützen unter anderem die Logikstandards LVTTL[166] und LVCMOS[167] (3,3V, 2,5V, 1,8V, 1,5V). Die
IOBs müssen hierzu separat gespeist werden.

Energie-verbrauch Zur Ermittlung des Energieverbrauch der komplexen Bausteine stellt Xilinx ein
„Power Estimator Worksheet" in MS Excel zur Verfügung. Es besteht aus sechs Kategorien mit unter anderem Energieverbrauch CLBs, IOBs und Block-Select-RAM

---

[164]drei Zustände: '0', '1', 'Z'
[165]LUT = **Look Up Table**
[166]Low Voltage TTL
[167]Low Voltage CMOS

Routing Ressourcen	Funktion
24 horizontale „Long Lines", 24 vertikale „Long Lines"	bidirektionale Verbindungen über den Baustein
120 horizontale „Hex Lines", 120 vertikale „Hex Lines"	Verbindung jedes dritten oder sechsten Blocks in alle vier Richtungen
40 horizontale „Double Lines",' 40 vertikale „Double Lines"	Verbindung jedes ersten oder zweiten Blocks in alle vier Richtungen
16 Direct Connections	Verbindung von benachbarten Blöcken: vertikal, horizontal, diagonal
8 Fast Connects	interne CLB-Verbindung

Tabelle 3.12: Virtex-II: Verbindungen

([Xil00], S. 467). Mittels eines „Powerdown-Pins" kann gezielt das FPGA in den Stromsparmodus versetzt werden.

> *Merksatz:* **Energieverbrauch**
> Aufgrund des komplexen Aufbaus und der individuellen Verdrahtung (Routing) kann der Energieverbrauch nicht einfach vorhergesagt werden.

Baustein	System-gates	Array	Slices	Distr. RAM. [kBit]	Emb. Mult.	Emb. RAM. [18kBit]	E/A
XC2V40	40k	8x8	256	8	4	4	88
XC2V8000	8M	112x104	46592	1456	168	168	1108

Tabelle 3.13: Virtex-II-Typen. Abkürzungen sind Distri.: verteilt; Emb.: eingebettet; Multi.: Multiplizierer.

Low Cost   Für hohe Stückzahlen und kostensensitive Produkte der Unterhaltungselektronik [168] gibt es die Xilinx Spartan-3-Familie. Sie stellt eine Alternative zum Semi Custom ASIC mit deutlich geringeren NRE-Kosten dar [Xil06e].

Hardwire   Als Alternative zum ASIC gibt es die Hardwire-Produkte. Die Konfiguration ist fest, die Funktion und Pin-Belegung bleibt aber gleich. Hardwire-FPGA sind circa halb so groß wie ein FPGA. Dies führt zu einer erheblichen Kostenreduktion bei großen Stückzahlen.

Komplexität   Die Komplexität der Bausteine wird in Systemgatter nicht direkt in Transistoren angegeben. Die Abkürzung XC2V1000 bedeutet beispielsweise ein Virtex II-Baustein mit 1000k Systemgatter. In der Praxis erfolgt allerdings die Angabe der Komplexität in Slices oder CLBs.

---

[168]engl. Consumer Electronic

94

Die Virtex II-Familie ist in den beiden Gehäusearten[169] Wire-bond und Flip-Chip verfügbar. Das größte Gehäuse ist das FF1517 - Flip-chip-Fine-pitch BGA[170] mit einer Pin-Anzahl von 1517 und 1108 I/O-Pins [Xil05a]. Das Gehäuse hat die Abmessungen 38x38 mm bei einem Abstand der Pins von 1 mm. Die Bausteine sind pinkompatibel. Das heißt, es gibt für unterschiedlich komplexe FPGAs im gleichen Gehäusetyp.

Gehäuse

Pinkompatibilität

Merksatz: **Board**
Die Komplexität ganzer Boards wird On-chip in das FPGA verlagert. Die hohe Pin-Anzahl stellt eine Herausforderung an die Leiterplattenfertigung dar.

Die Bausteine werden in einem Speedgrade von -6, -5, -4 angeboten. Speedgrade -6 hat die höchste Leistungsfähigkeit.

Speedgrade

Zur Design-Verifikation stellt Xilinx das In-Circuit-Debugging-Werkzeug Chipscope zur Verfügung. Dieser Logikanalyzer dient zur Überprüfung des Echtzeit Verhaltens [Xil06d].

Debugging

Die Konfigurationsdaten (Bitstream) können aus Datenschutzgründen im Triple-Data-Encryption-Standard verschlüsselt werden ([Xil05a], S. 46).

Datenschutz

Beispiele:

1. 18x18-Multiplizierer (mit Registereingängen)-Baustein XC2V1000 -5: Taktfrequenz 105 MHz

2. 64-Bit-Akkumulator-Baustein XC2V1000 -5: Taktfrequenz 110 MHz ([Xil05a], Modul3, S. 8)

Fragen:

1. Nennen und erläutern Sie drei FPGA-Elemente zur Realisierung von schnellen MAC-Einheiten.

2. Welche Maßnahmen wurden bei der Virtex-II-Familie unternommen, um die Verlustleistung zu reduzieren?

Weiterführende Literatur findet man unter [Sik04c], [Xil06h].

IP-Cores

Die hohen Baustein-Kapazitäten und Taktfrequenzen basieren auf Fortschritten im Fabrikationsprozess und der Baustein-Architekturen. Diese Tatsache führt zum einer

---

[169]engl. Package
[170]Ball Grid Array

Verschiebung der FPGA-Anwendungsgebiete von der traditionellen Logikebene (Glue-Logic[171]) hin zur Systemebene (System Level Integration).

Systemebene

Unter dem Entwurf auf Systemebene versteht man den Einsatz hoch performanter FPGA-Systeme und Subsysteme (siehe Abschnitt 3.6.5). Die Vorteile einer wachsenden FPGA-Kapazität auszunutzen und hierbei trotzdem das Ziel eines schnellen Markteintritts[172] zu erreichen, ist eine Herausforderung. Diese kann nicht immer durch traditionelle Entwurfsmethoden auf Logikebene mit Hardware-Beschreibungssprachen[173] und Synthese erreicht werden (siehe Abschnitt 5.3). Für eine wachsende Anzahl von FPGA-Benutzern sind Intellectual Properties[174] Cores das entscheidende Mittel, um den Anforderungen von höherer Entwurfskomplexität und kürzeren Entwicklungszyklen gerecht zu werden. Tatsächlich ist die Verfügbarkeit von IP-Cores, die für zahlreiche FPGA-Architekturen optimiert sind, ein wichtiges Unterscheidungsmerkmal unter den Herstellern.

Logikebene

HDL

> *Definition:* **IP-Core**
> steht für geistiges Eigentum und bezeichnet in der Halbleiterindustrie, speziell beim Chipentwurf, eine wiederverwendbare Beschreibung eines Halbleiterbauelementes. IPs können z.B. auch Mikroprozessoren als fertige Einheit (quasi Makro) sein. Die eigene Entwicklung (ASIC- oder FPGA-Design) kann hierdurch nach dem Baukastenprinzip erweitert werden. IP-Cores existieren in Form von Quellcode wie VHDL oder als Schaltplan (Netzliste) [Wik07b].

IP-Cores sind komplexe, vorentworfene und wiederverwendbare Funktionsblöcke mit typischerweise hundert bis tausend Gattern. Sie werden als Teil eines größeren Designs eingebunden. IP-Cores können eigenentwickelt oder von einem FPGA oder Third-Party-Hersteller gekauft werden. Um einen möglichst großen Markt anzusprechen, sind IP-Cores typischerweise für Standardfunktionen verfügbar. Die Auswahl an IP-Cores steigt stetig.

> *Beispiel:* IP-Cores sind Busschnittstellen (wie PCI[a], USB[b]) und DSP-Funktionen (wie FIR- und IIR-Filter).
>
> ---
> [a]PCI = Peripheral Component Interconnect
> [b]USB = Universal Serial Bus

Hard Core

IP-Cores sollten für zeitkritische Aufgaben wie PCI- und USB-Busschnittstellen als Hard Cores geliefert werden. Diese beinhalten eingebettete Verdrahtungsinformationen („Routing"), die das Layout der kritischen Pfade spezifizieren.

Soft Core

Soft Cores hingegen können wahlfrei plaziert und verdrahtet („Routing") werden.

Lösungen mit IP-Cores bei FPGAs müssen Kriterien wie schneller Markteintritt und geringes Entwurfs-Risiko berücksichtigen. Idealerweise braucht ein Entwickler wenig

---
[171]engl. „angeklebte" Logik für z.B. Chipselect-Signale
[172]„Time To Market"
[173]HDL = Hardware Description Language *(deutsch: Hardware-Beschreibungssprachen)*
[174]IP = Intellectual Property

Zeit, um ein IP-Core zu erlernen, die Implementierung auf Fläche und Zeit zu optimieren und den IP-Core nach der Implementierung zu verifizieren. Ein generischer, synthetisierbarer IP-Core, der nicht für eine bestimmte FPGA-Architektur entworfen wurde, kann typischerweise diesen Anforderungen nicht gerecht werden. IP-Cores, die für ein bestimmtes Ziel-FPGA optimiert sind, können die Architektureigenschaften, wie On-chip-Speicher, schnelle Carry Pfade usw., optimal ausnutzen. Ein FPGA-Entwickler kann dann den gewählten IP-Core einsetzen und weiß, dass die zeitlichen und funktionalen Anforderungen erreicht werden. Hierdurch kann sich der Nutzer auf den Entwurf auf Systemebene konzentrieren.

Lieferanten von IP-Cores müssen vorentworfene, vorhersagbare und voll verifizierte **Lieferanten** IP-Cores liefern, die für die Architektur des Ziel-FPGAs optimiert sind. IP-Lieferanten und Nutzer müssen hierbei drei Hauptfaktoren für eine vollständige Lösung berücksichtigen: ASIC oder FPGA, Software und Service.

IP-Cores sollten Teil eines kompletten Produktes sein. Sie sollten beinhalten ([TO98], S. 165 ff):

- Dokumentation

- technischen Support

- Testszenarien[175]

- Simulationsmodelle

Abschnitt 8 zeigt den Einsatz von IP-Cores mit Matlab/Simulink und System Generator.

Fragen:

1. Nennen und erläutern Sie Vorteile für den Einsatz von IP-Cores.

2. Was versteht man unter Hard und Soft Cores?

System On Chip

Moderne FPGAs vereinen programmierbare Logik, Speicher, Prozessorkerne und DSP-Funktionalität auf einem Chip (siehe auch Abschnitt 7.4). Es entsteht eine Einchip-Lösung eines kompletten Systems - System On Chip[176]. Hinzu kommt der Einsatz von **SOC** IP-Cores nach dem Baukastenprinzip. Vorteilhaft ist bei diesen Systemen die schnelle Marktreife[177] bei einem hohen Grad an Flexibilität. Diese Systeme verbinden die **Baukasten-** Vorteile beider Rechnerarchitekturen CPU[178] und digitale Schaltungstechnik. **prinzip**

Im Folgenden wird auf einige wichtige Subsysteme im Detail eingegangen.

---

[175] engl. Testbenches
[176] SOC = **S**ystem **O**n **C**hip
[177] Time To Market
[178] CPU = **C**entral **P**rocessing **U**nit *(deutsch: Zentrale Verarbeitungseinheit)*

Eingebettete RAM

Abbildung 3.55 zeigt die verfügbaren Speicher moderner FPGAs. Man unterscheidet je nach Speicherkapazität zwischen:

- Register: einzelne Bits

- verteilter Speicher: einige 10 Bits, typischerweise in Look Up Tables plaziert

- Eingebetteter Speicher: 100 bis 1kB[179] pro Instanz, sogenannte Block-RAMs. Ingesamt stehen zwischen 10kB bis 100kB pro Baustein zur Verfügung.

Auswahlkriterien sind die Speichergröße, Wortbreite und Zugriffszeit.

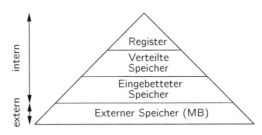

Abbildung 3.55: Interner und externer Speicher

Eingebettete Prozessoren

Beim Hersteller FPGA-Altera stehen die beiden Prozessorfamilien ARM & MIPS und Nios I & II zur Verfügung (siehe Abbildungen 3.56 und 3.57).

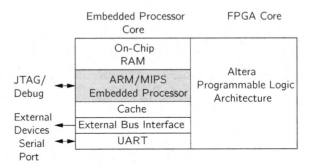

Abbildung 3.56: Eingebetteter Prozessor des FPGA-Herstellers Altera: ARM-& MIPS [Alt06a]

Die ARM-Architektur (siehe Abbildung 3.5.6) ist mit dem Industriestandard ARM922T mit als 32 Bit RISC-Prozessorkern mit bis zu 200 MHz ausgestattet. Ein externes SDRAM mit bis zu 512 MBytes kann mit 133 MHz Datenrate angesprochen werden.

Nios Beim Nios-Kern (siehe Abschnitt 9.4) handelt es sich um eine konfigurierbare

---

[179]kB = kilo Bits

RISC-Architektur (16 oder 32 Bit). Die Mikrocontroller-Architektur hat folgende On-chip[180]-Peripheriemodule: UART, Timer, PIO[181], SRAM, Flash-Speicher und zukünf-tig auch SPI[182], PWM[183], IDE Disk Controller und Ethernet Controller. Mit Hilfe des Altera MegaWizard Inferface wird der Prozessorkern konfiguriert. Der Befehlssatz des Prozessors kann durch eigene Befehle erweitert werden, die zur schnellen Verarbeitung den FPGA-Kern einsetzen.

Xilinx-FPGAs sind mit den Prozessorfamilien Pico-, MicroBlaze- und PowerPC 405-Prozessorkerne ausgestattet. Im ersten Fall handelt es sich um Soft Cores, die mittels **Soft Core** VHDL-Code modelliert und synthetisiert werden. Der Vorteil liegt in der beliebigen „Aufdopplung" der Prozessoren. Der PowerPC ist ein Hard Core, der fest auf dem Chip **Hard Core** verdrahtet ist und somit ein Full Custom Design mit hoher Performance darstellt.

Weiterführende Literatur findet man unter [Wei06a] und [Ste06].

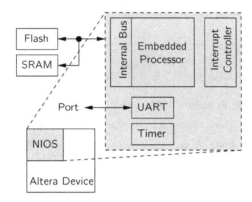

Abbildung 3.57: Eingebetteter Prozessor: Altera Nios [Alt06a]

Eingebettete DSP-Funktionen

Die elementare DSP-Funktion ist die MAC-Funktion[184] (siehe Abbildung 3.58 und **MAC** Abschnitt 3.5.5).

Hieraus ergeben sich folgende Grundelemente:

- Speicher und Verzögerungselemente (Schieberegister)

- Multiplikator

- Addition, Subtraktion, Akkumulation

- Schnittstellen: für Datenaustausch

---

[180]auf dem IC
[181]PIO = Programmed I/O
[182]SPI = Serial Peripherial Interface
[183]PWM = Pulsweitenmodulation
[184]MAC = Multiplication-Accumulation *(deutsch: Multiplikation-Akkumulation)*

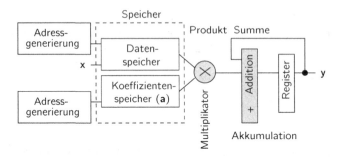

Abbildung 3.58: MAC-Einheit mit Daten- und Koeffizientenspeicher zur Realisierung eines FIR-Filters. **x** sind die Eingangsdaten (Abtastwerte), **a** die Koeffizienten und **y** die Ausgangsdaten.

Beispiele:

1. Xilinx FPGA Virtex II

   - Speicher: Verteiltes[a] RAM und Block-RAM
   - schnelle Carry-Pfade in CLBs: für Addierer, Akkumulatoren
   - schnelle Multiplizierer: Hardware-Multiplizierer 18x18 mit Vorzeichen und einer Taktfrequenz $\approx 105MHz$
   - Schnittstellen: Rocket I/O[b]

2. Das Xilinx FPGA Virtex V3200E rechnet 160 Billionen MACs pro Sekunde. Im Vergleich hierzu erreicht der TI DSP C64x 4,4 Billionen MAC/s.

   ---
   [a] engl. Distributed
   [b] schnelle serielle Verbindung Datenrate $\approx 3,125 GB/s$

3.6.6 Diskussion

Vorteile

Programmierbare Logik ist wesentlich flexibler als Standard-ICs, zudem können Funktionen realisiert werden, die als separate Bausteine nicht verfügbar sind. Die Platinen-Entflechtung wird durch das frei wählbare Pins[185] vereinfacht und somit die Platinengröße reduziert. Ein sehr entscheidender Vorteil ist die Rekonfiguration, sei es aufgrund von Fehlern oder veränderten Systemanforderungen. Somit wird auch die Lagerhaltung deutlich reduziert, da ein Baustein für verschiedene Funktionen eingesetzt werden kann.

Nachteile

Nachteilig sind die relativ hohen Kosten für Designwerkzeuge und die Einarbeitungszeit. Interne logische Funktionen sind schwer zu analysieren. Allerdings kann diese durch geeignete Simulatoren kompensiert werden. Die programmierbaren Bausteine

---
[185] IC-Anschlüsse

haben eine höhere Verlustleistung als Standard-ICs. Die Stromaufnahme ist abhängig von der Bausteinauslastung und der gewählten Geschwindigkeitsklasse. Die Preise sind in der Regel höher als bei Standard-ICs, dies wird aber beispielsweise durch eine höhere Integrationsdichte aufgewogen ([HRS94], S. 62ff).

Beispiel: Ein weiterer umsatzstarker Hersteller von programmierbaren Logikschaltkreisen ist Altera mit den CPLD-Familien MAX7000 und FPGA-Familien FLEX10k, APEX20k, APEX II, Stratix.

Tabelle 3.14 zeigt abschließend einen Vergleich der unterschiedlichen Rechenmaschinen.

	Standard-IC	CPLD, FPGA	Semi Custom ASIC	Full Custom ASIC
IC-Preis	klein	klein	mittel	hoch
Preis/Gatter	gering bis mittel	mittel	mittel	mittel
Entwicklungs-zeit	-	Stunden bis Tage	Wochen	Monate
Fertigungs-zeit	direkt verfügbar	Minuten	Tage bis Wochen	Wochen
NRE-Kosten	-	gering	hoch	sehr hoch
Silizium-ausnutzung	sehr gut	schlecht	schlecht bis gut	sehr gut
Entwurfs-änderung	-	sehr einfach	aufwendig	aufwendig
Lieferanten	viele	viele	>1	einer

Tabelle 3.14: Vergleich der Rechenmaschinen [Rom01]

Einstieg: **Starter Kit**
Spartan-3 FPGA mit VHDL-Entwicklungsumgebung Xilinx ISE WebPack und limitiertem VHDL Simulator Mentor ModelSim [Xil06f].

Zusammenfassung:

1. Der Leser kennt die Ebenen von Rechenmaschinen, bestehend aus Rechnerarchitektur, -baustein und IC-Technologie, und kann diese auf Mikrorprozessoren und FPGAs anwenden.

2. Er kann die verschiedenen Arten von Mikroprozessoren, wie Universalprozessoren, Mikrocontroller und digitale und Signalprozessoren, einordnen und
   kennt deren Einsatzgebiete einrodnen.

3. Der Leser kennt Mechanismen zur Erhöhung des Datendurchsatzes, wie die
   Parallisierung.

4. Er ist mit Rechnerarchitekturen von Mikrorprozessoren: Von-Neumann- und
   Harvard-Architektur, RISC- und CISC-Architektur, Superskalar- und VLIW-
   Architekturen vertraut.

5. Der Leser ist in der Lage, programmierbare Logikschaltkreise einzuordnen
   und kennt deren prinzipielle Funktionsweise.

6. Er kann die Konfiguration von Programmierungen von Rechenmaschinen
   unterscheiden.

7. Der Leser kennt fein- und grobgranulare FPGAs und deren Einsatzgebiete.

8. Der Leser ist mit den Begriffen IP-Cores und System On Chip vertraut und
   kennt Einsatzgebiete, wie die Realiserung von DSP-Funktionen.

4 Software-Entwicklung

von Thomas Mahr

Lernziele:

1. Abgrenzung Software – Hardware

2. Analyse von Anforderungen

3. Entwurf von Software

4. Implementierung von Software: Maschinensprache, Assemblersprache, C, C++, Java

5. Testen von Software

6. Iterativ-inkrementelle Entwicklung

In diesem Kapitel stellen wir die erste der beiden Technologien zur Programmierung von Rechenmaschinen vor: die Software-Entwicklung zur Programmierung von Mikroprozessoren. In Kapitel 5 werden wir uns der zweiten Technologie zuwenden: dem Entwerfen von digitalen Logikschaltungen für FPGAs.

Es ist unmöglich, die gesamte Vielfalt der Software-Technologie weder in einem Kapitel noch in einem Buch auszubreiten. Zu umfangreich ist der Stoff: unterschiedlichste Programmiersprachen, das Konzept der objektorientierten Programmierung, die formale Modellierungssprache UML, verschiedene Vorgehensmodelle zur Software-Entwicklung und Anforderungsverwaltung, modellbasierte automatische Generierung von Quellcode und anderen Dokumenten, Testverfahren und vieles mehr. Zu diesen Themen sind bereits unzählige Bücher erschienen. In diesem Buch wollen wir uns nur auf diejenigen Techniken und Methoden der Software-Entwicklung beschränken, die wir für das Konzept des Hardware-Software-Codesigns benötigen. Wir werden sehen, dass diese notwendigen Techniken und Methoden auch gleichzeitig die wesentlichen sind und dem Leitgedanken der modernen Software-Entwicklung dienen[1]: der Minimierung von gegenseitigen Abhängigkeiten zwischen den einzelnen Bestandteilen eines komplexen Systems.

---

[1]Diesen Leitgedanken können wir ebenfalls beim Entwurf digitaler Schaltungen aufgreifen.

4.1 Was ist Software-Entwicklung?

Jahrelang können Sie in C oder Java erfolgreich programmiert haben, ohne sich dabei jemals die Frage gestellt haben zu müssen, was Software-Entwicklung überhaupt ist. Vielleicht haben aber Ihre Freunde, Eltern oder Großeltern Sie gelegentlich danach gefragt, womit Sie Ihre Zeit am Computer verbringen. Ihre Antworten, „Ich programmiere!", „Ich arbeite an einer Software!" oder „Ich schreibe ein Computerprogramm!", haben dieses Gespräch jäh beendet oder einen Haufen noch kniffligerer Fragen geweckt: „Programmieren? So wie man einen Videorekorder oder eine Waschmaschine programmiert?", „Wie beginnt man ein neues Computerprogramm? Was ist dabei der allererste Tastendruck und Mausklick?".

So vertraut die Software-Entwicklung einem Programmierer erscheint, so fremd ist sie offenbar einem Laien. Woran liegt das?

Es ist also offenbar gar nicht so klar, was Software-Entwicklung ist. Weder für einen Laien noch für einen Software-Entwickler. Erschwerend kommt hinzu, dass auch Begriffe wie *Software*, *Hardware* oder *Design* von verschiedenen Entwicklern je nach deren traditionell bedingtem Software- oder Hardware-Hintergrund unterschiedlich verstanden werden können. Um so wichtiger ist es, zunächst die Begrifflichkeiten festzulegen um uns anschließend der Frage zu widmen, was die Techniken und Methoden der herkömmlichen Software-Entwicklung sind, die wir für das Konzept des Hardware-Software-Codesigns nutzen wollen.

Fragen:

1. Was verstehen Sie unter *Software*, *Hardware* und *Computerprogramm*?

2. Was ist der Unterschied beim *Programmieren eines Videorekorders* (Einstellen von Aufnahmezeit und Sender) und beim *Programmieren eines Mikroprozessors* (z.B. Niederschreiben eines Java-Programms zur Uhrzeitbestimmung)

4.1.1 Begriffsdefinitionen

Kehren wir zu der in der Überschrift des Abschnitts 4.1 gestellten Frage zurück: „Was ist Software-Entwicklung?". Die Antwort „Software-Entwicklung ist die Herstellung von Software" hilft uns kaum. Sie deutet zwar an, dass etwas produziert wird, klärt uns aber nicht auf, *worum* es sich handelt und *wie* das geschieht. Das *Was* wollen wir in diesem Abschnitt definieren, das *Wie* soll in Abschnitt 4.2 folgen.

Duden Informatik

Was also ist Software? Im *Duden Informatik* finden wir folgende Erklärung:

> *Software* ist die Gesamtheit aller *Programme*, die auf einer *Rechenanlage* eingesetzt werden können [Eng93].

Diese Erklärung hilft nur, wenn die in der Definition verwendeten Begriffe *Programm* und *Rechenanlage* bekannt sind. Andernfalls muss man auch hierfür eine Erklärung finden und stößt in derselben Quelle auf Definitionen, die wiederum mittels weiterer Begriffe erklärt werden. Es entsteht ein Abhängigkeitsgeflecht zwischen einzelnen Begriffen. Dieses ist in Abbildung 4.1 dargestellt. Der *Duden Informatik* definiert weitere,

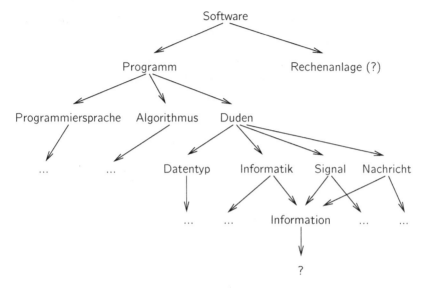

Abbildung 4.1: Die Erklärung des Begriffs *Software* in *Duden Informatik* [Eng93] führt auf weitere Begriffe, die wiederum mittels anderer Begriffe definierten werden. Auf weitere, der Übersichtlichkeit wegen nicht aufgeführte Begriffe wird mit „...." verwiesen. Mit (?) versehene Begriffe werden nicht definiert. Der Begriff *Information* ist nicht präzisiert.

in Abbildung 4.1 gezeigte Begriffe folgendermaßen [Eng93]:

Programm: Formulierung eines Algorithmus und der zugehörigen Datenbereiche in einer Programmiersprache.

Algorithmus: Verarbeitungsvorschrift, die so präzise formuliert ist, dass sie von einem mechanisch oder elektronisch arbeitenden Gerät durchgeführt werden kann.

Datum: Kleinstes unteilbares Element des Wertebereichs eines Datentyps. In der Informatik definiert man den Begriff des Datums häufig sehr viel umfassender als spezielles Signal, bzw. als Nachricht oder Teil einer Nachricht, die so dargestellt ist, dass sie maschinell verarbeitet werden kann.

Informatik: Wissenschaft von der systematischen Verarbeitung von Informationen, besonders der automatischen Verarbeitung mit Hilfe von Digitalrechnern (Computern).

Information: Für die Informatik [...] ist der Begriff „Information" von zentraler Bedeutung; trotzdem ist er bisher kaum präzisiert worden.

Drei Besonderheiten fallen auf:

1. Die Definition des Begriffs *Software* führt zu einer Kaskade von weiteren Begriffsdefinitionen.

2. Hierbei werden nicht erklärte Begriffe verwendet, z.B. *Rechenanlage.*

3. Einige Definitionen beziehen sich auf das unklare Konzept der *Information.*

Taschenbuch der Informatik Ist dies nur eine Besonderheit des *Duden Informatik?* Wie wird Software an anderer Stelle definiert? Die Abbildung 4.2 zeigt das Begriffsgeflecht im *Taschenbuch der Informatik.* Dies sind einige der in Abbildung 4.2 gezeigten Definitionen aus dem

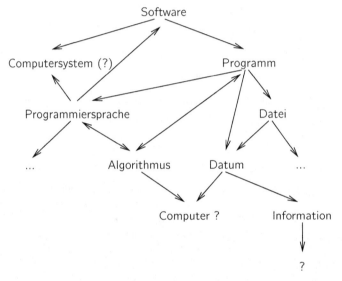

Abbildung 4.2: Die Erklärung des Begriffs *Software* im *Taschenbuch der Informatik* [SW04] führt auf weitere Begriffe, die wiederum mittels anderer Begriffe definierten werden. Auf weitere, der Übersichtlichkeit wegen nicht aufgeführte Begriffe wird mit „...." verwiesen. Mit (?) versehene Begriffe werden nicht definiert. Der Begriff *Information* ist nicht präzisiert.

Taschenbuch der Informatik [SW04]:

Software (Kunstwort als Gegensatz zu Hardware): alle Programme, die auf einem Computersystem eingesetzt werden können ([SW04], S.26).

Ein *Programm* ist eine statische Folge von Anweisungen in einer Programmiersprache unter Nutzung von Daten. Es dient zur Codierung eines Algorithmus und liegt i. Allg. in Form einer Datei vor ([SW04], S.177).

Daten sind Informationen, die im Computer verarbeitet werden und die nach eindeutigen Vorschriften verarbeitungsgerecht formuliert sind ([SW04], S.64).

Algorithmus bezeichnet eine Vorschrift zur Lösung eines Problems, die für eine Realisierung in Form eines Programms auf einem Computer geeignet ist ([SW04], S.210).

Information hat zwei Seiten: (i) Information als Wissen, als Kenntnis über Zustände und Ereignisse in der realen Welt, (ii) Information als Kommunikationsprozess, d.h. Aufklärung, Belehrung oder Unterrichtung vermittels einer Auskunft oder Mitteilung ([SW04], S.25).

Wir stehen mit dem *Taschenbuch der Informatik* vor einer ähnlichen Situation wie mit dem *Duden Informatik*: Kaskaden von Begriffsdefinitionen, undefinierte Begriffe und insbesondere keine Definition der Information, dem zentralen Begriff der gesamten Informationstechnologie. Und auch in anderen Quellen werden wir keine geschlossene Formulierung der Information[2] finden [Bae05], wie es sie für ähnlich abstrakte Konzepte, z.B. das der Energie gibt. Das Konzept der Information unterscheidet sich von dem der Energie darin, dass Energie objektiv messbar ist, während die Information einen subjektiven Charakter besitzt: ein und dieselbe Nachricht, z.B. eine verschlüsselte Botschaft, kann für den einen Empfänger der Nachricht eine wichtige Information bedeuten, für den anderen jedoch völlig unbrauchbar sein ([Bae05], S.24). Ist dies ein Problem? Gemessen an den Erfolgen der Informationstechnologie ist es offenbar kein Problem der Praxis; wir bezeichnen sogar die Epoche, in der wir leben, als Informationszeitalter. Ähnlich verhält es sich streng genommen mit allen anderen Wissenschaften und Technologien (mit Ausnahme der Mathematik); selbst in der Physik sind uns die grundlegenden Gesetze unbekannt. Jedoch ist es im Alltag nicht notwendig, eine Sache vollständig verstanden haben zu müssen, um sie nutzen zu können. So können wir Häuser bauen ohne zu wissen, aus welchen Elementarteilchen[3] die Ziegelsteine bestehen.

Information

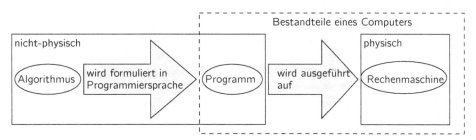

Abbildung 4.3: Ein Algorithmus wird in einer Programmiersprache formuliert. Es entsteht ein Programm. Dieses wird auf einer Rechenmaschine ausgeführt. Im Gegensatz zu einem Algorithmus und einem Programm ist eine Rechenmaschine ein physischer Gegenstand. Programm und Rechenmaschine sind Bestandteile eines Computers.

Wir wollen uns mit den obigen Definitionen von Software nicht begnügen, sondern eine Formulierung suchen, die den besonderen Herausforderungen des Hardware-

---

[2]Die Shannonsche Information ist nur eine neben vielen anderen möglichen Definitionen der Information.
[3]Wir sind bis zu Quarks und Leptonen vorgedrungen, verstehen aber nicht deren Natur.

Algorithmus

Software-Codesigns gerecht wird und es erlaubt, die beiden bisher unabhängigen Entwicklungstechnologien, Software-Entwicklung für Mikroprozessoren und Entwurf von digitalen Logikschaltungen, zusammenzuführen. In beiden Disziplinen geht es letztlich darum, einen Algorithmus in einer geeigneten Sprache zu formulieren und somit ein Programm zu erstellen, das auf einer Rechenmaschine ablaufen kann. Abbildung 4.3 zeigt dieses Prinzip. Der Algorithmus ist dabei eine definierte Abfolge von Anweisungen zur Lösung einer Aufgabe oder eines Problems. Zwei Beispiele sollen dies veranschaulichen:

Beispiele:

1. • Zu lösende Aufgabe: Berechne das kleine Einmaleins!

   • Möglicher Algorithmus zur Lösung der Aufgabe:

   a) Zahl = 1

   b) Quadrat = Zahl mal Zahl

   c) Gebe Zahl und Quadrat aus

   d) Zahl = Zahl + 1

   e) Gehe zu Schritt 7, falls Zahl = 100

   f) Gehe zu Schritt 2

   g) Ende

2. • Zu lösende Aufgabe: Finde bewegte Objekte in Radardaten

   • Möglicher Algorithmus zur Lösung der Aufgabe:

   a) Empfange Radarsignale vom AD-Wandler

   b) Filtere alle Objektsignale von Störsignalen

   c) Prüfe Übereinstimmung der Objektsignale mit bestehenden Objektspuren

   d) Aktualisiere bestehende Objektspuren mit Objektsignalen, die den Spuren zugeordnet werden können

   e) Erzeuge neue Objektspuren für die Objektsignale, die keinen bestehenden Spuren zugeordnet werden können

---

Anhand der Beispiele fällt Folgendes auf:

1. Zur Lösung einer Aufgabe kann es unendlich viele verschiedene Algorithmen geben.

2. Die einzelnen Anweisungen innerhalb eines Algorithmus können wiederum als Aufgabe für einen untergeordneten Algorithmus aufgefasst werden. Beispielsweise kann der dritte Anweisungsschritt „Gebe Zahl und Quadrat aus" des Algorithmus zur Berechnung des kleinen Einmaleins gleichzeitig als eine neue Aufgabe betrachtet werden, die heißt „Gebe Zahl und Quadrat in einer bestimmten Formatierung auf einem Drucker aus".

3. Ein Algorithmus ist nicht physisch, er ist kein Gegenstand. Ein Algorithmus ist weder von seiner Notation noch von einer ausführenden Maschine abhängig:

   a) Unabhängigkeit von der Notation: Sie können den Algorithmus zur Berechnung des kleinen Einmaleins aus dem obigen Beispiel lesen, sich merken und ihn später Ihrem Bekannten aus Madrid in gebrochenem Spanisch erzählen. Ihr Bekannter macht sich ein Bild von dem Algorithmus, und wenn Sie der Meinung sind, dass er ihn richtig verstanden hat, notiert er ihn in perfektem Spanisch auf einem Bierdeckel. Ein und derselbe Algorithmus hat nun mehrfach hintereinander unterschiedliche Formen angenommen: die Beschreibung in diesem Buch, als Gedanke in Ihrem Kopf, als mündliche Beschreibung in gebrochenem Spanisch, als Gedanke im Kopf Ihres Bekannten, in perfektem Spanisch auf einem Bierdeckel.

   b) Unabhängigkeit von einer ausführenden Maschine: Der Algorithmus existiert als geistiges Konstrukt unabhängig davon, ob er im Kopf eines Menschen ausgeführt wird, als Java-Programm in einer auf einem PC laufenden virtuellen Maschine ausgeführt oder auf einem FPGA berechnet wird.

Der Algorithmus selbst kann nicht auf einer Rechenmaschine ausgeführt werden. Er muss zunächst in einer Programmiersprache formuliert werden. Der Algorithmus zur Berechnung des kleinen Einmaleins aus dem obigen Beispiel ist im Code-Beispiel 4.1 in ANSI-C umgesetzt. **Programmier- sprache**

Quellcode 4.1: C-Code zur Berechnung des kleinen Einmaleins

```c
#include <stdio.h>
void main()
{
    int zahl, quadrat;
    for(zahl=1;zahl<=100;zahl=zahl+1)
    {
        quadrat = zahl * zahl;
        printf("%i*%i=%i\n",zahl,zahl,quadrat);
    }
}
```

Dieser Quellcode wird mittels geeigneter automatischer Übersetzungswerkzeuge (Compiler und Linker) in ein Programm übersetzt, das auf der Rechenmaschine ausgeführt wird. Der Algorithmus könnte ebenfalls in VHDL (siehe Kapitel 5) umgesetzt und automatisch in eine Netzliste für einen FPGA übersetzt werden[4]. Sowohl Quellcode als auch Programm sind wie der Algorithmus nicht gegenständlich. Sie lassen sich in Dateien abspeichern, auf Papier niederschreiben oder auswendig lernen. Nur die Rechenmaschine ist ein physischer Körper, ein Gegenstand. Ebenso alle anderen Bauteile eines Computers: Festplatte, Speichermodule, Schnittstellenkarten. Diese physischen, greifbaren, festen Bestandteile werden *Hardware* genannt. Der Begriff stammt aus dem Englischen und bedeutet *(a) Eisenwaren, Haushaltswaren; (b) (Computer) Hardware; (c) (Mil) Wehrmaterial; (d) Schießeisen, Kanone* [TSMB97]. **Programm**

Hardware

Ein Computer besteht sowohl aus physischen als auch aus nicht-physischen Anteilen. Bestünde er nur aus greifbaren Bauteilen, wäre er wertlos, da er ohne Programme

---

[4]Beim FPGA sprechen wir jedoch anstelle von „Programm" von „Konfiguration".

wäre und damit keine Algorithmen ausführen könnte. Ohne definierte Abfolge von Anweisungen könnten wird aber keine Probleme lösen. Der Computer wäre also in der Tat wertlos. Für die physischen Anteile eines Computers benutzen wir den Begriff *Hardware*. Für die nicht-physischen Anteile hat John W. Tuckey 1957 das Kunstwort **Software** *Soft*ware als Ergänzung zu *Hard*ware eingeführt. Wir definieren daher folgendermaßen:

Definition: **Hardware**

Hardware sind alle physischen Anteile eines Computers, z.B. Prozessor und Speicher.

Definition: **Software**

Software sind alle nicht-physischen Anteile eines Computers: Programme (und zugehörige Daten).

Für die korrekte Arbeitsweise der meisten Algorithmen sind Daten notwendig.

Beispiele:

1. In einem Algorithmus zur Berechnung der Fläche eines Kreises ist die Kreiszahl $\pi = 3, 14159\ldots$ notwendig.

2. Ein Wörterbuchprogramm benötigt einen Datensatz der Wörter.

Definition: **Algorithmus**

Ein Algorithmus ist eine definierte Abfolge von Anweisungen zur Lösung eines Problems.

Definition: **Programm**

Ein Programm ist die Formulierung eines Algorithmus in einer Programmiersprache. Ein Programm kann auf einem Computer ausgeführt werden.

Firmware   Vor diesem Hintergrund wird der Begriff *Firmware* unbedeutend. Der englische Ausdruck *firm* lässt sich mit *fest, stabil, beständig, sicher* übersetzen [TSMB97]. Versteht man unter Firmware „Software-Komponenten, die fest in der Hardware eingeschrieben sind" [SW04], so handelt es sich einfach nur um einen Spezialfall von Software. Ein Algorithmus wird in einem Programm formuliert, das auf einer Hardware ausgeführt wird; nur mit dem Unterschied, dass das Programm nicht wieder von der Hardware entfernt werden kann. Auf keinen Fall ist Firmware als dritte *Ware* neben Software und Hardware zu verstehen. Hierfür ist kein Platz in einer vollständigen Betrachtungsweise, die bereits alle – die physischen (Hardware) sowie die nicht-physischen (Software) – Anteile eines Computers abdeckt. Der Begriff Firmware ist nicht nur konzeptionell überflüssig, sondern eröffnet auch eine mögliche Fehlerquelle in der Praxis. Zu leicht könnte man Software-Komponenten durch Umdeklaration in Firmware aus dem Software-Qualitätssicherungsprozess herausnehmen.

4.1.2 Software-Entwicklung und Bergwanderung

Im letzten Abschnitt 4.1.1 haben wir Software definiert. Die Frage, wie Software entwickelt wird, blieb nach wie vor unbeantwortet. Bevor wir uns im nächsten Abschnitt 4.2 ab Seite 114 ausführlich dieser Frage zuwenden, wollen wir den trockenen Begriff *Software-Entwicklung* anhand eines Vergleiches mit einer weniger abstrakten Tätigkeit veranschaulichen. Jemand, der keine Software entwickelt, kann sich nur schlecht in die Rolle eines Software-Entwicklers versetzen. Zu fern ist die Software-Entwicklung von vertrauten, alltäglichen Erfahrungen. Dagegen könnte man sich eine Bergwanderung viel leichter vorstellen, selbst wenn man noch nie eine unternommen hat. Mit Bergen und Wanderungen können die meisten etwas verbinden.

Auf Seite 104 haben wir uns Fragen eines Laien an einen Software-Entwickler ausgemalt, z.B. „Wie beginnt man ein neues Computerprogramm? Was ist dabei der allererste Tastendruck und Mausklick?" Übertragen wir diese Fragen in das Alltagsbeispiel: „Wie beginnt man eine Bergwanderung? Mit welcher Körperbewegung leitet man die Wanderung ein?" Der erste Teil klingt vernünftig, der zweite wirkt weltfremd.

Für jede Bergwanderung und Software-Entwicklung gibt es einen Anlass. Ein Wanderer könnte einen Berg besteigen weil **Anlass**

- er als Bergführer seine Kundschaft auf den Berg führen muss,

- er als Biologe Murmeltiere in freier Wildbahn studieren muss,

- er einen Schulausflug unternehmen muss oder

- er Erholung in der Natur sucht.

Auf ähnliche Weise könnte ein Software-Entwickler eine Software erstellen weil

- er damit sein Einkommen sichert und von einem Kunden beauftragt worden ist,

- er als Wissenschaftler sein Tieftemperatur-Experiment automatisch steuern und auswerten muss,

- er in der Schule ein BASIC-Programm zur Berechnung des Zinseszins programmieren muss oder

- er Freude am Programmieren hat und daher gerne ein 3d-Computerspiel in seiner Freizeit entwickelt.

Ein Bergführer, der eine Gruppe auf einen Berggipfel führen soll, würde sein Ziel **Ziel** verfehlen, brächte er die Gruppe nicht auf den Gipfel sondern grundlos woandershin. Abweichungen vom ursprünglich vereinbarten Ziel wären allerdings gerechtfertigt und auch notwendig, falls sich die Randbedingungen während des Unternehmens geändert haben sollten: plötzlich aufziehendes Unwetter, zu anstrengender Aufstieg oder die Gruppe hat festgestellt, dass sie anstelle der strapaziösen Gipfelbesteigung doch lieber zu einem grandiosen Wasserfall wandern möchte. Ein Bergführer, der seine Kunden ernst nimmt, geht auf diese geänderten Wünsche ein und verfolgt möglichst das neue Ziel. Ein Software-Entwickler, der seinen Lebensunterhalt mit Software verdient, verfolgt ebenfalls bei der Arbeit ein klares Ziel: ein Programm zu liefern, das die mit dem Kunden vereinbarten Leistungsanforderungen erfüllt. Um späteren Ärger zu vermeiden, wird er genau festlegen, was diese Anforderungen sind und wie man deren Nachweis erbringen kann[5]. Bevor er sich gegenüber seinem Kunden verpflichtet, ein Programm zur Webcam-gesteuerten Überwachung von Grundstückseinfahrten zu liefern, wird er klären, unter welchen Bedingungen die Überwachung funktionieren soll (auch bei Nacht und Nebel?), was Überwachung heißt und wie Alarm ausgelöst wird. Er wird also auf intensive Diskussionen mit dem Kunden Wert legen, um dessen Bedürf-

Kundenbedürf-
nis

nisse zu verstehen und eine angemessene Lösung anbieten zu können. Hierbei lernen nicht nur Auftragnehmer sondern auch Auftraggeber den eigentlichen Auftrag kennen. Diese rege Kommunikation zwischen beiden Parteien ist aber nicht selbstverständlich.

Kommunika-
tion

Ein Software-Entwickler, der die Bedürfnisse seines Kunden nicht in den Mittelpunkt seines Handelns stellt, wird seine Kunden kaum zufriedenstellen können. Wenn er sich nicht wirklich für die Kundenbedürfnisse interessiert, ist er in der gleichen Situation wie der Bergführer, dem die Wünsche der Wandergruppe egal sind. Die Wanderer werden beim nächsten mal einen anderen Bergführer wählen. Nur schwer vorstellbar ist ein Bergführer, der seine Kunden gar nicht kennt, der gar nicht weiß, ob ihm eine Gruppe Senioren, eine Schulklasse aus Sizilien oder Reinhold Messner auf den Gletscher folgt. Aber eine vergleichbare Situation ist im IT-Geschäft durchaus möglich. Nicht jeder, der Software für das deutsche Mautsystem Toll-Collect entwickelt, hat Gelegenheit, mit dem Kunden zu sprechen. Wer ist überhaupt der Kunde? Die Bundesrepublik Deutschland? Ein Minister? Die Lkw-Fahrer? Die Spediteure? Die Entwickler sind von den eigentlichen Nutzern der Software weitgehend abgekoppelt. Die Bedürfnisse und Anforderungen des Kunden erreichen den Entwickler nur über ein Geflecht aus unterschiedlichen Verträgen und technischen Spezifikationen auf verschiedenen Hierarchieebenen. Es besteht die Gefahr, dass von den ursprünglichen Kundenbedürfnissen

Stille Post

beim Entwickler genauso viel ankommt wie beim Spiel *Die stille Post*, bei der ein Kind dem nächsten das ins Ohr flüstert, was es vom Kind zuvor verstanden hat. Die Kunst besteht in beiden Fällen darin, möglichst klar und präzise zu formulieren.

Der Bergwanderer ist hoch motiviert. Er hat sein Ziel, den Berg, klar vor Augen.

angemessene
Ausrüstung

Aber ohne *angemessene* Ausrüstung ist das Vorhaben zum Scheitern verurteilt. Einen flachen Grashügel kann man zwar jederzeit in Freizeitkleidung hinauflaufen, beim Matterhorn wäre es aber aussichtslos. Übertrieben wäre es allerdings auch, die Matterhorn-Besteigung nicht ohne Sauerstoffmaske, Expeditionsmannschaft und einem Basislager zu wagen. Es kommt auf eine der Herausforderung angemessene Ausrüstung an! Um eine an der seriellen PC-Schnittstelle angeschlossene Glühlampe blinken zu lassen, benötigt man keinen Supercomputer, keinen Logikanalysator, kein UML-Werkzeug zur Modellierung der Software-Architektur und auch keine mehrköpfige Software-Mannschaft. Falls aber eine Software zeitkritisch mit der Umgebung kommunizieren muss, kann es nützlich sein, den Schnittstellenverkehr mit einem Logikanalysator zu überprüfen. Der am besten ausgestattete Werkzeugkasten nützt allerdings nichts ohne

Erfahrung

Erfahrung im Umgang mit den Werkzeugen. Diese Erfahrung gewinnt man nur durch Übung. Hätte der junge Reinhold Messner nicht die Berge seiner Heimat erklommen, hätte er später nicht alle Achttausender bezwingen können. Kein Studium der Meteo-

---

[5]Bei einer vereinbarten Bergführung auf den Gipfel ist es offensichtlich, wie man die erbrachte Leistung des Bergführers nachweisen kann; z.B. so: Der Gipfel ist genau dann erreicht, wenn man das Gipfelkreuz berühren kann.

rologie, Geologie oder Medizin konnte seine eigenen Erfahrungen ersetzen. Gleiches gilt für die Software-Entwicklung. Ein erfolgreicher Software-Entwickler muss nicht Informatik studiert oder Programmierkurse besucht haben[6]. Viel wertvoller ist die Zeit, die man selbst aktiv mit der Programmierung von Fraktalen, Computeranimationen oder 3d-Spielen verbracht hat. Nur so kann man eine Programmiersprache nicht nur lesen, sondern auch erlernen, damit zu programmieren.

Zurück zum Bergführer: er ist erfahren, verfügt über die richtige Ausrüstung, hat einen Anlass zur Besteigung des Berges und hat den Gipfel fest im Blick. Wie geht er nun vor? Hat er täglich Urlauber auf einen Aussichtspunkt zu führen, werden sich seine Arbeitstage gleichen: dieselben Routen, dieselben Pausen, dieselben Erklärungen. **Vorgehensweise** Eventuell muss er mit der Reisegruppe bei heraufziehendem Regen einen Unterstand aufsuchen oder sich auf die Bedürfnisse einzelner Touristen einstellen. Aber auch für diese Ausnahmen hat er Routine-Lösungen parat. Lösungen, auf die er vielleicht zufällig gestoßen ist, oder die er sich aufwändig erarbeitet hat. Vielleicht hat er auch den einen oder anderen Tipp von einem Kollegen bekommen oder der Literatur entnommen. Alles zusammen, die Wanderungen auf den bekannten Routen, das Rasten an geeigneten Plätzen, die Erklärungen der Naturschauspiele und die Strategien zur Lösung der auftretenden kleinen Probleme sind Teil seiner Vorgehensweise geworden. Eine Hochgebirgsexpedition bedient sich ebenfalls eines Repertoires aus Routineaufgaben und Strategien zur Bewältigung von Ausnahmen. Dieses Repertoire wird sich jedoch von dem eines Bergführers unterscheiden, weil die Randbedingungen in beiden Fällen unterschiedlich sind. Eine universell einsetzbare Vorgehensweise zur „Besteigung von Hügeln und Bergen aller Art unter allen denkbaren Situationen" ist zum Scheitern verurteilt, weil die Wirklichkeit zu vielfältig, zu komplex und zu überraschend ist, als dass man mit einem Regelwerk den gesunden Menschenverstand ersetzen könnte. Wie geht ein Software-Entwickler bei seiner Arbeit vor? Auch hier gibt es zur Routine gewordene Aufgaben, z.B. immer wieder ähnliche Benutzeroberflächen zu erstellen, und unerwartete Situation, in denen seine Kreativität gefragt ist, z.B. einen Fehler in einer Software zu finden, der im Mittel nur alle paar Stunden auftritt. Vielleicht liegt der größte Aufwand eines Software-Projektes in der komplizierten Anforderungsanalyse, der Entwicklung von neuen Algorithmen, der Modellierung der umfassenden Software, dem Entwurf einer Datenbank, der Inbetriebnahme einer Hardware-Schnittstelle oder dem Testen einer sicherheitskritischen Software. Unterschiedliche Anforderungen und Randbedingungen erfordern unterschiedliche Lösungsansätze. Auch verwandte Aufgaben können sich in der Umsetzung stark unterscheiden. Die Entwicklung von Radaren für Boden- und Schiffsanwendungen muss anderen Randbedingungen gerecht werden als die Entwicklung von Radaren für fliegende Systeme. Es gelten z.B. ganz unterschiedliche Anforderungen bezüglich Sicherheit, amtliche Zulassung, Platzbedarf und Leistungsaufnahme des Radars. Hier gilt das gleiche wie oben gesagt: Viel wichtiger als eine Sicherheit und Kontrolle vortäuschende Vorgehensanweisung zur „Entwicklung von Software aller Art" ist:

- Erfahrung,

- gesunder Menschenverstand,

---

[6]Bei einer Bewerbung um eine Anstellung ist ein Leistungsnachweis in Form eines Diploms allerdings wertvoll.

- die Orientierung an den Bedürfnissen des Kunden und

- das Streben nach einer *Minimierung der gegenseitigen Abhängigkeiten in einem komplexen System.*

Der Vergleich zwischen einer Bergtour und der Entwicklung von Software ist in Tabelle 4.1 zusammengefasst.

Bergtour	Software-Entwicklung
Warum auf den Berg steigen?	*Warum ein Programm erstellen?*
Bergführer	Kundenwunsch
Murmeltiere beobachten	Messdatenerfassung
Schulausflug	Aufgabe im Programmierkurs
Entspannung in der Natur	Freude am Programmieren
Was ist das Ziel der Bergtour?	*Was ist das Ziel der Entwicklung?*
Gipfel bezwingen	Programm erstellen
Murmeltiere fotografieren	Experiment ansteuern
Neue Route ausprobieren	externe Bibliothek ausprobieren
Wie stellt man das Erreichen des Ziels fest?	*Wie stellt man das Erreichen des Ziels fest?*
Test: Gipfelkreuz berührt	Test: Programm steuert Experiment
Was muss man mitbringen?	*Was muss man mitbringen?*
angemessene Erfahrung	angemessene Erfahrung
angemessene Ausrüstung	angemessene Werkzeuge
z.B. Wanderstiefel, Kompass	z.B. Compiler, Debugger
Wie besteigt man den Berg?	*Wie erstellt man die Software?*
Spaziergänger: einfach losmarschieren	Freizeitprogrammierer: einfach losprogrammieren
Route in Etappen aufteilen	Programm modularisieren
sich auf Ausweichrouten einstellen	Abhängigkeiten minimieren
keine universelle Vorgehensweise	keine universelle Vorgehensweise

Tabelle 4.1: Vergleich zwischen einer Bergtour und der Entwicklung einer Software anhand einiger Beispiele.

4.2 Die Entwicklung von Software

Im vorangegangenen Abschnitt 4.1 haben wir den Begriff Software definiert und den für den Laien fremdartigen Prozess der Software-Entwicklung anhand eines Vergleichs mit einer vertrauteren Tätigkeit, dem Bergwandern, veranschaulicht. Dabei haben wir herausgestellt, dass es keine allgemeingültige, alle Einzelheiten regelnde Handlungsanweisung zur Entwicklung von Software geben kann. Gibt es aber vielleicht immerwiederkehrende Entwicklungsphasen, bewährte Methoden und leitende Grundsätze? Dieser Frage wollen wir in diesem Abschnitt nachgehen.

Erinnern wir uns an die auf Seite 110 formulierten Definitionen: Als Software bezeichnen wir alle nicht-physischen Anteile eines Computers, Programme und die zugehörigen Daten. Ein Programm entspricht einem in einer Programmiersprache umgesetzten Algorithmus. Und ein Algorithmus ist eine definierte Abfolge von Anweisungen zur Lösung eines Problems. Am Anfang des Software-Entwicklungsprozesses steht also ein Problem und am Ende eine Lösung (siehe Abbildung 4.4). Software-Entwicklung ist die Suche und das Finden dieser Lösung. Davon handeln die folgenden Unterabschnitte.

Abbildung 4.4: Für ein gegebenes Problem wird eine Software zur Lösung des Problems entwickelt.

4.2.1 Das Problem verstehen lernen

Ein Problem ist eine zu lösende Aufgabe, eine offene Frage, die es zu beantworten gilt. Bevor wir jedoch zielgerichtet nach einer Antwort suchen können, müssen wir die Frage verstanden haben. Stellen Sie sich einen mit Koffern beladenen Touristen vor, der Sie in einer Fußgängerzone anspricht: „Wo bitte geht es zum Nohfhab?" Wahrscheinlich werden Sie ihn bitten, die Frage zu wiederholen, denn das würde kurzerhand und frühzeitig Missverständnisse und die daraus folgenden Schwierigkeiten vermeiden helfen. Anstelle zu fragen, könnte man nämlich auch das Ziel des Touristen zu erraten versuchen. Würde man ihn zum Taxistand schicken, obwohl er den Bahnhof gemeint hat, wäre ihm nicht geholfen – im Gegenteil. Oder noch schlimmer: man könnte sich auch als besonders hilfsbereit erweisen und ihm Unterstützung bei der aussichtslosen Suche nach dem nächstgelegenem *Nohfhab* anbieten. Glücklicherweise verhindert dies der gesunde Menschenverstand. Wie steht es aber um das nächste Beispiel?

> Beispiel: Ein Ingenieurbüro wurde mit der Entwicklung einer Software zur automatischen Videoüberwachung einer Hofeinfahrt beauftragt. Die Einzelheiten waren nach einigen wenigen Telefonaten schnell geklärt. Ein halbes Jahr später ist das Überwachungssystem fertiggestellt. Während der Inbetriebnahme beim Kunden treffen sich Auftraggeber und Auftragnehmer zum ersten mal. Das Ingenieurbüro präsentiert die Software und ist besonders stolz auf das künstliche neuronale Netz zur Klassifikation von Pkws und Fußgängern. Allein dessen Entwicklung hat die Hälfte der Mittel verbraucht. Die detektierten Objekte werden mit genauer Uhrzeit in einer Datei protokolliert. Für die Erkennung von Fahrradfahrern und Inline-Skatern reichte das vereinbarte Budget leider nicht mehr aus. Aber in einem Upgrade ... Was, keine Inline-Skater? Aber genau darauf kommt es doch an! Der Kunde will einfach nur wissen, ob sich irgendetwas in seiner Hofeinfahrt bewegt. Dann soll die Software einen Alarm auf seinem Handy auslösen. Er würde rüber in seinen Hof eilen, und falls die Bengel

aus der Nachbarschaft wieder Inline-Hockey in seinem Hof spielen, dann
...

Fragen:

1. Was ist in dem Beispiel des Videoüberwachungs-Projektes schief gelaufen?

2. Trägt das Ingenieurbüro oder der Kunde die Schuld?

Was ist hier schief gelaufen? Kunde und Entwickler hatten offenbar unterschiedliche Vorstellungen vom Leistungsumfang des Softwaresystems, weil sie zu Beginn des Projektes versäumt hatten, klar festzulegen, was die Software für den Benutzer leisten soll und was nicht. Hier hätte das Ingenieurbüro erkennen müssen, dass der Kunde nicht an einer Klassifikation von sich bewegenden Objekten interessiert ist, sondern an einer Benachrichtigung, falls jemand seine Hofeinfahrt betritt. Vielleicht wird das Ingenieurbüro dem Kunden vorwerfen, dass er das ja nie so gesagt hat. Aber hier muss man entgegnen, dass es die Aufgabe des Auftragnehmers ist, genau das herauszufinden, was der Kunde braucht.

Arzt und Patient
Bei einem Arztbesuch würde das keiner in Frage stellen! Der Patient schildert seine Beschwerden, und es ist Aufgabe des Arztes, mit geeigneten Methoden und Mitteln die Ursachen für die Symptome zu finden und das eigentliche Problem des Patienten zu verstehen. Erst dann wird er Maßnahmen einleiten, um eine Lösung für das Problem zu finden, sprich den Patienten zu heilen. Der Arzt ist Experte für Gesundheitsfragen. Das Ingenieurbüro ist Experte in Sachen Software und darf nicht nur irgendeine Lösung liefern, sondern hat sicherzustellen, dass es die Lösung für das tatsächliche Problem des Kunden ist.

Das ist ein hoher Anspruch, denn jetzt wird das Kundenbedürfnis in den Mittelpunkt der Entwicklung gestellt, und die Leistung des Entwicklers wird an der Zufriedenheit des Kunden gemessen. Das Risiko und die Verantwortung liegen beim Entwickler. Für ihn wäre es weniger riskant, bekäme er vom Kunden ein technisches Anforderungsdokument, das den Bildverarbeitungsalgorithmus für das Überwachungssystem festlegt:

1. Aktuelles Bild auslesen,

2. Bild vom zeitlich gemittelten Bild abziehen,

3. Zweidimensionale FFT[7] durchführen,

4. usw.

Das komplexe Problem der Überwachung ist durch eine Sequenz einfacherer Probleme ersetzt worden, für die es zum Teil Standardlösungen gibt, z.B. eine zweidimensionale FFT. Der Leistungsnachweis ist für die reduzierten Aufgaben mit weniger Aufwand zu erbringen, und der Auftragnehmer hat seinen Auftrag erfüllt, wenn er die Funktion

---

[7]Fast Fourier Transformation zur Überführung eines Signals in seine Spektraldarstellung

der einzelnen Verarbeitungsschritte nachweist. Das Risiko liegt jetzt auf der Kundenseite, denn die Summe der Lösungen für die reduzierten Probleme muss nicht notwendigerweise die Lösung für sein eigentliches Problem der Videoüberwachung ergeben. Vielleicht steht eine zu strenge Vorgabe sogar einer besseren Lösung im Wege. Ein Kunde, der für die Spektraluntersuchung eine FFT nur deshalb fordert, weil dieses Verfahren in einer Vorgängersoftware genutzt wurde oder weil ihm kein anderes Verfahren bekannt ist, unterdrückt die Kreativität der Entwickler und verhindert den Einsatz eines möglicherweise leistungsfähigeren Verfahrens.

War das Projekt der Videoüberwachungssoftware aus unserem Beispiel von Anfang an zum Scheitern verurteilt, weil zu Beginn der Leistungsumfang missverstanden wurde? Sicher nicht, denn alle Beteiligten hätten jeden Tag Gelegenheit gehabt, das Missverständnis zu klären. Je eher desto weniger finanzielle Mittel wären in die Entwicklung des überflüssigen Klassifikators geflossen. Das Ingenieurbüro hätte dem Kunden einfach in regelmäßigen Abständen den Fortschritt aufzeigen müssen. In einem **Prototyp** Prototypen einer Eingabemaske wären dem Kunden möglicherweise die Bezeichnungen Fußgänger und Pkw aufgefallen. Vielleicht hätten die Entwickler ihm die Protokolldatei der klassifizierten Objekte gezeigt, und der Kunde hätte nachgefragt, wie der Alarm auf seinem Handy ausgelöst wird. Zur Analyse der Anforderungen hätte man sich verschiedener Techniken bedienen können [Oes98, Rup04], die im Wesentlichen darauf hinauslaufen, mit gesundem Menschenverstand die richtigen Fragen zu stellen:

- *Wer sind die Anwender der Software? Können die Anwender in verschiedene* **Anwender** *Rollen schlüpfen?*
  Auf Nachfrage stellt sich heraus, dass der Kunde Chef eines mittelständischen Sägewerkes ist. Er und der Juniorchef sollen als einzige die Software konfigurieren können. Darüberhinaus gibt es einen erweiterten Personenkreis, der einige Mitarbeiter einschließt, die über eine Bewegung in der Hofeinfahrt informiert werden sollen. Es gibt also zwei Anwenderrollen: Administratoren und normale Nutzer.

- *Was ist das System und was sind dessen Außengrenzen?* **System**
  Das System ist unser Videoüberwachungssystem. Gehört die Videokamera dazu? Wahrscheinlich wird eine Videokamera eingesetzt, deren Betriebsmodus über eine Softwareschnittstelle eingestellt und abgefragt werden kann. Diese Softwareschnittstelle wird vom Kamerahersteller geliefert. Die Kamera ist daher kein Teil unseres Systems. Falls wir sie zu unserem System hinzuzählen würden, müssten wir die Alarm auslösenden Objekte als direkte Nachbarsysteme berücksichtigen, da sie dann unmittelbar mit dem System wechselwirken würden.

- *Gibt es Nachbarsysteme, die mit unserem System in Wechselwirkung treten?* **Nachbarsystem**
  Die Kamera ist ein Nachbarsystem. Vielleicht werden im Laufe der weiteren Analyse noch andere Nachbarsysteme entdeckt, z.B. ein externes System zur Kommunikation zwischen der Software und den Handys.

- *Wie interagieren die Anwender mit dem System? Was möchten die Anwender* **Wechselwir-** *in welchen Situationen mit dem System machen?* **kung**

  - Administratoren konfigurieren das System und die Kamera.

– Normale Nutzer empfangen Alarmnachrichten vom System.

– Die Kamera schickt Videobilder und Statusnachrichten, z.B. Hardwarefehlermeldungen, an das System.

• usw.

Diese relativ unübersichtliche Textdarstellung wollen wir in einer Grafik illustrieren, um auf den ersten Blick erkennen zu können, was das System ist und mit wem es wie wechselwirkt. Grundsätzlich könnte man diese Darstellung völlig frei nach eigenem Geschmack gestalten. Man müsste sich jedoch zuvor überlegen, mit welchen Symbolen (Kästchen, Pfeilen, usw.) man welche Elemente darstellen möchte. Außerdem wäre es nützlich, sich diese Symbole einzuprägen, so dass man auch zukünftige gleiche Abbildungen in einem einheitlichen Stil darstellen könnte. Darüberhinaus müsste man seine Symbole anderen Lesern oder Zuhörern erklären, damit diese die Darstellungen verstehen können. Alles in allem ist das aufwändig und fehleranfällig. Es geht aber auch einfacher! Man muss sich nur einer standardisierten Notation bedienen und beseitigt

UML diese unnötigen Abhängigkeiten und Schwierigkeiten. Diese Notation heißt UML[8]. Die Abkürzung steht für *Unified Modeling Language* und wird von der *Object Management Group* standardisiert[9]. UML bietet eine Sammlung von unterschiedlichen Diagrammen. In der UML Version 2 gibt es 13 Diagramme:

Strukturdiagramm
• Strukturdiagramme:

1. Klassendiagramm: zeigt Schnittstellen, Klassen und deren Beziehungen untereinander

2. Objektdiagramm: zeigt Objekte (Instanzen, konkrete Ausprägungen der Klassen) und deren Beziehungen untereinander

3. Komponentendiagramm: zeigt Komponenten und deren Verbindungen untereinander

4. Paketdiagramm: zeigt die das Modell strukturierenden Pakete und deren Beziehungen untereinander

5. Verteilungsdiagramm: zeigt die Zuordnung von Modellelementen auf Hardware-Komponenten

6. Kompositionsstrukturdiagramm: zeigt die Zusammensetzung und Gruppierung von Schnittstellen von Komponenten

Verhaltensdiagramme
• Verhaltensdiagramme:

1. Anwendungsfalldiagramm: zeigt die Wechselwirkungen eines Systems zu seinen Nachbarsystemen (z.B. Benutzern, Computern, Sensoren)

2. Sequenzdiagramm: zeigt zeitlich geordnet die Kommunikation zwischen Objekten

3. Kommunikationsdiagramm: zeigt topologisch geordnet die Kommunikation zwischen Objekten

---

[8]UML = Unified Modeling Language
[9]http://www.uml.org/

4. Aktivitätsdiagramm: zeigt die Daten- und Kontrollflüsse zwischen Aktivitäten

5. Zustandsdiagramm: zeigt Zustände und Zustandsänderungen von Objekten und stellt einen endlichen Automaten dar

6. Interaktionsübersichtsdiagramm: ist eine Kombination aus Sequenz- und Aktivitätsdiagramm

7. Zeitverlaufsdiagramm: zeigt die Zustände von Objekten als Funktion der Zeit („x-y-Diagramm")

Eine schöne Übersicht über die Benutzung der Diagramme bieten [Amb05] und [PP05]. Für unsere Zwecke wählen wir das in Abbildung 4.5 dargestellte Anwendungs-

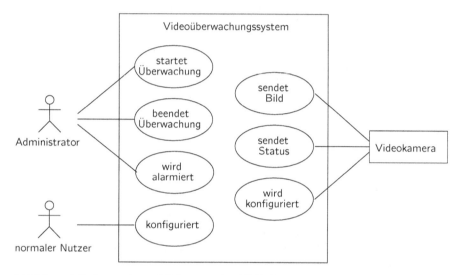

Abbildung 4.5: Anwendungsfalldiagram in UML-Notation: Für das Videoüberwachungs-Beispiel von Seite 115 ist das System (Videoüberwachungssystem), das Nachbarsystem (Kamera), zwei Anwender (Administrator und normaler Nutzer) und die Anwendungsfälle (als Ellipsen) dargestellt.

falldiagram. Dieses Anwendungsfallsdiagramm zeigt das Videoüberwachungssystem, dessen Nachbarsysteme und wie das Videoüberwachungssystem mit seinen Nachbarn wechselwirkt. Das zentrale Rechteck umschließt das System, hier das Videoüberwachungssystem. Außerhalb des Systems sind Nutzer und Nachbarsysteme dargestellt, also alle, die das Videoüberwachungssystem beeinflussen und von ihm beeinflusst werden. Diese werden zusammengefasst als Akteure bezeichnet: Administrator, normaler Nutzer, die Videokamera und die Objekte deren Bewegung einen Alarm auslösen soll. Jeder Akteur ist über eine Linie mit einer Ellipse innerhalb des Systemrechtecks verbunden: dem Anwendungsfall. Auf einen Blick kann man also lesen: „Der Administrator

Anwendungs-falldiagramm

Akteur

Anwendungs-fall

konfiguriert das System" oder „Ein normaler Nutzer wird vom System alarmiert". Dieses Bild ist intuitiv zu verstehen – auch für jemanden, der zuvor noch nie etwas von UML gehört hat. Ein Entwickler könnte es seinem Kunden vorlegen und mit ihm klären, ob es das ist, was sich der Kunde vorgestellt hat.

Angenommen, das Ingenieurbüro hätte alle Anforderungen des Kunden erfasst. Dann wäre die Grundlage geschaffen, das Projekt nicht in einem Unglück enden zu lassen! Aber dennoch wäre das Projekt weiterhin durch Gefahren bedroht, die bereits während der Phase der Anforderungsanalyse verhindert werden müssen. Hier die beiden wichtigsten:

Testfall

1. Wie soll die Anforderung überprüft werden? Welche Szenarien werden hierfür definiert? Stellen Sie sich vor, Sie akzeptieren die Forderung des Kunden, dass das Überwachungssystem bei Bewegung – und nur dann – einen Alarm auslösen soll. Streit wäre vorprogrammiert! Soll auch eine Katze Alarm auslösen? Eine Maus? Eine Wolke am Horizont? Ein sich sehr langsam bewegender Mensch? Ein Luftmolekül? Um Schwierigkeiten aus dem Weg zu gehen, ist ein definierter Testfall empfehlenswert, z.B. so: „Die Forderung nach Alarm bei Bewegung ist erfüllt, wenn sich ein 1,75 m großer Mensch 1 m bis 20 m vom Sensor entfernt mit einer Geschwindigkeit von 0,1 m/s bis 10 m/s bewegt und das Überwachungssystem innerhalb von 2 s Alarm auslöst."

Extrembeding-ung

2. Unter welchen Extrembedingungen soll das Überwachungssystem funktionieren? Bei Nacht, Schneefall, Nebel? In welchem Temperaturbereich? Dürfen sich Sträucher oder Bäume innerhalb des Sichtfeldes befinden?

Die Frage nach den Testbedingungen und Extremsituationen hilft beiden Parteien, Auftragnehmer und Auftraggeber, ein gemeinsames Verständnis für die Aufgabe zu gewinnen.

Kundenkon-takt

Häufige, systematische Diskussionen zwischen Kunde und Entwickler, gesunder Menschenverstand und eine Orientierung des Entwicklers an den Bedürfnissen des Kunden sind von unschätzbarem Wert und ein wichtiger Schritt in Richtung eines erfolgreichen Projektes. Aber wie ist es, wenn nicht alle Entwickler direkt mit dem Kunden sprechen können, weil der Auftrag zu umfangreich und die Zahl der Beteiligten zu groß ist (siehe "Toll Collect" auf Seite 112). Stellen Sie sich vor, eine Werft baut ein U-Boot für die Marine und vergibt die Entwicklung des Sonars als Unterauftrag an Ihre Firma. Ihre Firma schließt also einen Vertrag mit der Werft ab. Damit ist die Werft Ihr Kunde. Sie erörtern also mit Vertretern der Werft die Anforderungen an das Sonar. Woher wissen aber Ihre Gesprächspartner, was das Sonar leisten soll? Wahrscheinlich haben sie sich, aufbauend auf ihren eigenen Erfahrungen und aus den Anforderungen ihres Kunden, der Marine, eine Vorstellung vom Leistungsumfang gebildet. Das eigentliche Problem erfahren Sie also nur über eine Zwischenstufe, in der andere sich zuvor ein Verständnis des Problems erarbeitet und in ihre eigenen Worte gekleidet haben. Dieser Prozess ist fehleranfällig. Informationen können dabei verloren gehen. Unglücklicherweise gibt es nicht nur eine Zwischenstufe, in der das wahre Kundenbedürfnis verschleiert werden kann. Der Vertragspartner der Werft, ein Vertreter der Marine, ist nicht derjenige, der schließlich das Sonar im Einsatz bedienen wird. Möglicherweise sind beide Parteien über mehr als nur eine Zwischenstufe voneinander entkoppelt. Auch seitens Ihrer Firma kommen weitere Zwischenstufen hinzu, falls nicht die gesamte Sonar-Entwicklungsmannschaft Ihrer Firma in direkten Verhandlungen mit der Werft steht. Vielleicht steht nur der Vertrieb und die Projektleitung mit der Werft in Kontakt.

In umfangreichen Projekten werden wir also mit dieser Herausforderung konfrontiert: das ursprüngliche Problem des Kunden (Bediener des Sonars) wird über mehrere Zwischenstufen gefiltert und stellt sich den Entwicklern, die eine Lösung für das Problem suchen, verzerrt dar. Die Entkoppelung von Kunde und Entwickler ist in Abbildung 4.6 gezeigt.

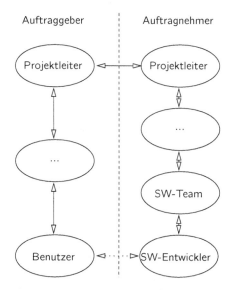

Abbildung 4.6: Der eigentliche Kunde, dessen Problem gelöst werden soll, kann von demjenigen, der das Problem auf Auftragnehmerseite löst, über mehrere Zwischenstufen entkoppelt sein.

Man könnte den Standpunkt vertreten, sich einfach nur auf den jeweiligen direkten Partner in der Informationskette zu konzentrieren: der Unterauftragnehmer hält sich Wort für Wort an den Vertrag mit der Werft und der Entwickler setzt exakt die von seinem Kollegen gelieferte Spezifikation um. Aufwand und Ärger wären im Mittel für jeden einzelnen am geringsten. Der Leidtragende wäre der Nutzer, also der, dessen Problem ursprünglich gelöst werden sollte! Der Bediener des Sonars wird unzufrieden sein und dies seinen Vorgesetzten wissen lassen. Seine Klage wird direkt bis zu den Entwicklern durchschlagen – ebenfalls verzerrt: „Das Sonar funktioniert nicht!"

Wie lassen sich die Informationsverluste in den Zwischenstufen mindern?

1. Anforderungen sorgfältig erfassen und verwalten [Rup04]:

   a) UML-Werkzeuge[10] können hierbei Unterstützung leisten [HR02]. In Ab-

Anforderungen analysieren, verwalten

---

[10]Für eine Übersicht über freie und kommerzielle UML-Werkzeuge siehe http://www.objectsbydesign.com/tools/umltools_byCompany.html und http://www.oose.de/umltools.htm.

bildung 4.5 haben wir ein Anwendungsfalldiagramm zur Beschreibung der Anforderungen verwendet. Wir haben aber nicht nur einfach ein Bild mit einem Zeichenprogramm gemalt, sondern haben ein UML-Werkzeug verwendet, um ein Modell der Anforderungen und Akteure in einer formalen Notation anzulegen: UML. Dieses Diagramm ist nur eine visuelle Darstellung des Modells, betrachtet aus einer bestimmten Perspektive: der des Anwenders des Systems. Verschiedene Perspektiven werden mittels verschiedener Diagramme und Diagrammtypen eingenommen. Dabei sind alle Diagramme über ein konsistentes Modell miteinander verknüpft. Ein und dasselbe Modell kann nun in allen Zwischenstufen von verschiedenen Bearbeitern erweitert und verfeinert werden. Diesen Vorteil kann man aber in der Regel nur innerhalb der eigenen Firma nutzen. Dem Auftraggeber kann man nur schwer den Einsatz eines UML-Werkzeugs und die Lieferung eines UML-Modells vorschreiben.

Anforderungs-management-Werkzeug

b) Anforderungen lassen sich mittels eines Anforderungsmanagement-Werkzeugs[11] verwalten[12] [Rup04]. Die Anforderungen werden dabei in einem Textformat hinterlegt, was jedoch einen ungeübten Nutzer dazu verleiten kann, dieses Werkzeug als reines Textverarbeitungsprogramm einzusetzen.

Kontakt zum Nutzer suchen

2. Kontakt zum wirklichen Nutzer suchen und seine Bedürfnisse kennenlernen: Unter Umständen haben Sie Gelegenheit, auf unbürokratische Weise mit den Menschen zu sprechen, die unmittelbar das Ergebnis Ihrer Arbeit nutzen werden. Stellen Sie sich vor, Sie arbeiten an dem Sichtgerät für das Sonar, welches Ihre Firma als Unterauftragnehmer der Werft entwickelt. Dann sollten Sie Gelegenheiten suchen, mit dem Personenkreis zusammenzutreffen, der später vor dem Sichtgerät sitzen und mit ihm arbeiten wird. Vielleicht rät Ihnen der zukünftige Bediener Ihres Sichtgerätes, bestimmte Farben für die Symbole zu vermeiden, weil das bei der U-Boot-Beleuchtung unangenehm fürs Auge ist. Was an dem bisherigen Sichtgerät schlecht oder verbesserungswürdig ist, können Sie von ihm in einem lockeren Gespräch viel eher erfahren als von offizieller Stelle. Diese Informationen sind Gold wert! Sie helfen Ihnen nicht nur, ein Produkt zu entwickeln, das vom Nutzer gerne angenommen wird, sondern lassen Sie weitere Kundenwünsche erfahren und liefern Ihnen Anregungen für zukünftige Produktentwicklungen.

Falls Sie überhaupt keine Möglichkeit sehen, den Nutzer Ihrer Arbeit kennenzulernen, und Sie das Gefühl haben, außerhalb der Grenzen Ihrer großen Firma hört die Welt für Sie auf, besteht die Gefahr, den eigentlichen Kunden zu vergessen. Dann muss man sich der Existenz dieses Kunden immer wieder erinnern. Wie Abbildung 4.7 zeigt, ist er nämlich − wenn auch nicht unmittelbar − derjenige, der jeden Monat das Geld auf das Gehaltskonto des Entwicklers überweist und dafür eine entsprechende Leistung erwartet.

---

[11] Beispiele für Werkzeuge zum Anforderungsmanagement sind DOORS von Telelogic, CaliberRM von Borland, Rational RequisitePro von IBM oder CARE von Sophist Group. Eine Liste vieler weiterer Werkzeuge findet man unter http://www.paper-review.com/tools/rms/read.php.

[12] Siehe „Home Page of International Requirements Engineering Conference (RE)" unter http://www.requirements-engineering.org/.

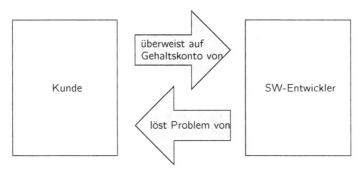

Abbildung 4.7: Der Nutzer der Entwicklungsarbeit ist für die monatliche Gehaltsüberweisung auf das Konto des Entwicklers verantwortlich.

Die Wichtigkeit eines gründlichen Problemverständnisses für das gesamte Software-Projekt veranschaulicht Abbildung 4.8. Eine statistische Erhebung der Standish-Group aus dem Jahr 2001 [SG01] bestätigt frühere Untersuchungen [Boe81], nach denen in der ersten Phase eines Software-Projektes, der Anforderungsanalyse, mehr als die Hälfte der Software-Fehler verursacht werden. Die meisten Fehler werden allerdings erst während des Einsatzes der Software gefunden. Dazu kommt noch eine weitere Schwierigkeit: je später ein Fehler entdeckt wird, desto teurer kommt der Aufwand zu stehen, ihn zu beheben. Es rentiert sich also wirtschaftlich, in die Anforderungsanalyse zu investieren. Wer hier spart, erwacht möglicherweise in der gleichen Notlage wie unser Ingenieurbüro, dessen Versäumnis erst nach der fehlgeschlagenen Einführung des Videoüberwachungssystems zu Tage trat.

4.2.2 Eine Lösung finden – Entwurf der Software

Wir haben das Problem des Nutzers erfasst und kennen unsere Aufgabe. Jetzt wissen wir, wonach wir suchen müssen: nach einer Lösung für dieses Problem! Wo und wie man nach einer Lösung sucht, hängt von der Aufgabe ab. Betrachten wir dazu folgende Beispiele:

Beispiele:

1. Berechne 7 mal 7!

2. Multipliziere zwei beliebige ganze Zahlen!

3. Zerlege eine ganze Zahl in ihre Primfaktoren!

4. Detektiere und klassifiziere bewegte Objekte in einem Videosignal!

5. Lasse Bewusstsein in einer Maschine entstehen!

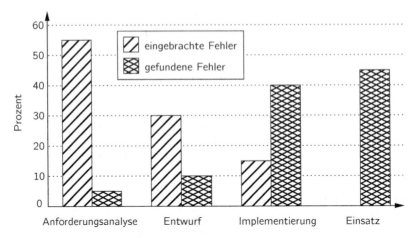

Abbildung 4.8: Statistik über die Anzahl der eingebrachten und gefundenen Fehler während der verschiedenen Phasen von Software-Projekten (Quelle: Studie der Standish-Group 2001 [SG01]).

> *Fragen:*
>
> 1. Wie unterscheiden sich diese Aufgaben?
>
> 2. Für welche Aufgabe wird man am einfachsten ein Programm finden, für welche am schwierigsten?
>
> 3. Auf welcher Rechenmaschine würden Sie das Programm ausführen?
>
> 4. Welches Programm wird sich am aufwändigsten berechnen lassen?

7 mal 7

Die Lösung der ersten Aufgabe, die Berechnung von 7 mal 7, sieht man auf einen Blick: 49. Wir finden die Lösung sofort – ohne besondere Strategie. Wie modelliert man hierfür eine Software-Architektur so, dass ein Programmierer dieses Modell in ein Computerprogramm umsetzen kann? Spontane Antwort: hier gibt es nichts mehr zu modellieren, das Programm liegt ebenso auf der Hand wie die Lösung. Der C-Quellcode für dieses Programm könnte so aussehen:

Quellcode 4.2: C-Code zur Berechnung von 7 mal 7

```
1 #include <stdio.h>
2 void main()
3 {
4     const int zahl = 7;
5     int ergebnis;
6     ergebnis = zahl*zahl;
7     printf("%i*%i=%i\n",zahl,zahl,ergebnis);
8 }
```

Stillschweigend setzen wir voraus, dass das Programm auf einem Computer ausgeführt wird, der die elementare Operation der Multiplikation verarbeiten kann, und wir eine Programmiersprache nutzen, die diese Funktion des Computers unterstützt. Was aber, wenn wir ein Programm entwickeln möchten, das auf einer exotischen Rechenmaschine ausgeführt werden soll, z.B, einem DNS-Computer[13]. Jetzt gibt es keinen C-Compiler, es ist auch gar nicht selbstverständlich, dass der Computer atomare Rechenoperationen wie eine Multiplikation bietet. Wie wird überhaupt eine Zahl mit DNS-Molekülen dargestellt? Plötzlich überlegen wir, was Zahlen, Multiplikationen und Rechenoperationen sind und wie diese untereinander zusammenhängen. D.h. wir erarbeiten ein Modell des Systems „Zahlen und Rechenoperationen".

DNS-Computer

In diesem außergewöhnlichen Fall beeinflusst also die Vorkenntnis über die einzusetzende Hardware und Programmiersprache den Entwurf der Software! In der Regel soll dies aber genau umgekehrt sein: der Software-Entwurf ist unabhängig von der Hardware und die Hardware richtet sich nach dem Software-Entwurf und den auszuführenden Algorithmen.

Modell

Hardware kann Entwurf beeinflussen

Wem die Betrachtung von DNS-Computern zu akademisch ist, der kann sich auch an der zweiten Aufgabe orientieren: der Multiplikation zweier beliebiger ganzer Zahlen. Beliebige Zahlen können beliebig lang sein, länger als die elementaren Datentypen einer Programmiersprache. Um zwei 100-stellige Zahlen in C oder C++ miteinander zu multiplizieren, muss man, wie im Falle des DNS-Computers, ein Modell für Zahlen und Rechenoperationen entwerfen.

Entwurf unabhängig von Hardware

allgemeine Multiplikation

Fragen:

1. Versuchen Sie in Worten zu schildern, was eine Berechnung ist!

2. Welche Substantive haben Sie dabei verwendet?

3. In welchen Beziehungen stehen die Substantive zueinander?

Ein mögliches Modell von Rechenoperationen und Zahlen könnte man so beschreiben:

- Eine Rechenoperation *hat* ein Ergebnis. Dieses Ergebnis ist eine Zahl.

- Es gibt verschiedene Arten von Rechenoperationen: eine Multiplikation *ist* eine Rechenoperation und auch das Ziehen einer Wurzel *ist* eine Rechenoperation.

- Eine Multiplikation *hat* zwei weitere Zahlen (neben dem Ergebnis): die Muliplikanten.

- Das Wurzelziehen *hat* eine weitere Zahl (neben dem Ergebnis): die Zahl aus der die Wurzel gezogen wird.

---

[13]Ein DNS-Computer verwendet Desoxyribonukleinsäure (DNS) zur Speicherung und Verarbeitung von Daten [BPEA+01].

- Zwischen Multiplikation und Wurzelziehen gibt es keine Abhängigkeiten, d.h. die eine Rechenoperation kann ohne die andere existieren.

- Multiplikation ist abhängig von Rechenoperation, da Multiplikation eine Rechenoperation ist. Ohne Rechenoperation gäbe es keine Multiplikation. Analoges gilt für die Beziehung zwischen Wurzelziehen und Rechenoperation.

- Rechenoperation, Multiplikation und Wurzelziehen sind abhängig von Zahlen. Ohne Zahlen gäbe es keine Operanden und Ergebnisse der Rechenoperationen.

- Zahlen gibt es unabhängig von Rechenoperation, Multiplikation und Wurzelziehen[14].

Alleine das Lesen dieser Aufzählung erfordert etwa eine Minute Zeit. Das Modell zu verstehen dauert vielleicht noch länger. Und dieses Modell ist sehr einfach! Wie unverständlich mag erst die wörtliche Beschreibung eines beziehungsreicheren Modells sein! Wir verlangen also eine leichter verständliche Darstellung des Modells, die uns das Wesentliche auf einen Blick vermittelt – keine textuelle Beschreibung, sondern eine Grafik.

Frage: Wie könnte man das in Worten formulierte Modell durch eine Grafik ersetzen?

Eine von vielen Möglichkeiten zur grafischen Darstellung zeigt Abbildung 4.9. Auf

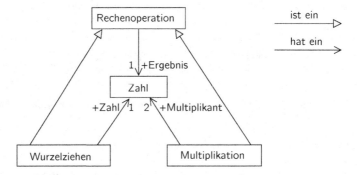

Abbildung 4.9: UML-Klassendiagramm zur Modellierung der Beziehungen zwischen Zahlen und Rechenoperationen.

einen Blick erkennt das Auge:

1. Es gibt 4 durch Kästchen hervorgehobene Begriffe, die

2. untereinander mit 2 verschiedenen Pfeilarten verbunden sind.

---

[14]Man kann Zahlen kennen, ohne Rechnen können zu müssen!

3. Der Pfeil mit dem geschlossenen Kopf steht für eine *ist-ein*-Beziehung zwischen den beiden Kästchen:

   a) die Multiplikation ist eine Rechenoperation,

   b) das Wurzelziehen ist eine Rechenoperation.

4. Der Pfeil mit dem offenen Kopf steht für eine *hat-ein*-Beziehung zwischen den beiden Kästchen:

   a) Eine Rechenoperation *hat eine* Zahl. Diese Zahl nimmt aus Sicht der Rechenoperation die Rolle eines Ergebnisses ein, was durch die Beschriftung *+Ergebnis* am Kopf des Pfeils gekennzeichnet ist. Die Zahl *1* am Kopf des Pfeils gibt an, dass die Rechenoperation *genau 1* Ergebnis hat.

   b) Eine Multiplikation *hat 2* Zahlen: die *Multiplikanten*.

   c) Das Wurzelziehen *hat 1* Zahl: die *Zahl*, aus der die Wurzel gezogen wird.

5. Würde das Kästchen, auf das ein Pfeil zeigt, fehlen, hätte das Kästchen auf der anderen Seite „ein Problem". Die Pfeilrichtung regelt das Abhängigkeitsverhältnis zwischen beiden Kästchen.

6. Zwischen Multiplikation und Wurzelziehen gibt es keine Pfeilverbindung, auch keine indirekte gerichtete Pfeilverbindung über andere Kästchen[15]. Es gibt also keine Abhängigkeitsbeziehung zwischen Multiplikation und Wurzelziehen.

Die übersichtliche Abbildung ersetzt eine schwer zu verstehende Textbeschreibung! Das ist genau so wie beim Anwendungsfalldiagramm in Abbildung 4.5 auf Seite 119. Tatsächlich bedient sich auch Abbildung 4.9 derselben standardisierten Notation: UML. Hier nutzen wir das Klassendiagramm, um eine zuvor unstrukturierte Idee von Zahlen, Rechenoperationen und deren wechselseitiger Beziehungen zu ordnen. Eine zunächst undurchdringliche, verwickelte Aufgabe haben wir mit der Modellierung entflochten und Klarheit geschaffen. Die verbleibenden Teilaufgaben sind von geringerer Komplexität[16], und damit leichter zu bewältigen, als die ursprüngliche Aufgabe.

Klassendiagramm

Komplexität

Mit dieser unter der Bezeichnung *Teile-und-herrsche* bekannten Vorgehensweise lassen sich die allermeisten technischen und naturwissenschaftlichen Fragen angehen und die dort aufkommenden Probleme lösen – so auch in der Software-Entwicklung. Dieser Lösungsansatz beruht auf der Annahme, ein System lässt sich auf Teilsysteme *zurückführen*, und aus dem Verständnis der Teilsysteme ergibt sich unmittelbar das Verständnis des gesamten Systems. Diese Sichtweise wird *Reduktionismus* genannt und hat ihren Nutzen auf eindrucksvolle Weise in der Physik demonstriert: Moleküle

Teile und herrsche!

Reduktionismus

---

[15]Im ganzen Diagramm gibt es keinen Pfad von Multiplikation zu Wurzelziehen (und umgekehrt), der immer in Richtung der Pfeile führt.

[16]Umgangssprachlich werden die Begriffe „komplex" und „kompliziert" manchmal vermischt. Das deutsche Adjektiv „komplex" leitet sich ab vom lateinischen Wort „complexus" = umschlossen, geflochten (Partizip Perfekt des Verbs „complector" = umschlingen, umfassen). Der deutsche Begriff „kompliziert" leitet sich ab vom lateinischen Adjektiv „complicatus" = unklar, verworren (Partizip Perfekt des Verbs „complico" = zusammenfalten, zusammenwickeln) [Men84]. Komplexe Systeme umschließen mehrere gegenseitig abhängige, miteinander verflochtene Teile. Sie können Strukturen und Verhaltensweisen hervorbringen, die über diejenigen der einzelnen Teile hinausgehen. Dies macht komplexe Systeme zum Gegenstand aktueller Forschungen. Je nach Komplexitätsgrad können diese Systeme einem Beobachter als unklar und verworren – als kompliziert! – erscheinen.

setzen sich aus Atomen zusammen, diese wiederum aus Atomkernen und Elektronen; Atomkerne bestehen aus Neutronen und Protonen. Die Zerlegung eines komplizierten Gebildes in seine miteinander wechselwirkenden Bestandteile erlaubt Antworten auf Fragen nach der Stabilität von Molekülen und schafft die Grundlagen für unser modernes Leben: Pharmazie, chemische Industrie, Elektronik, Computer, usw.

Gibt es Grenzen dieses reduktionistischen Ansatzes? Gibt es Probleme, die nicht nach dem Teile-und-Herrsche-Verfahren gelöst werden können? Angenommen, die Aufgabe lautet, eine Bildgenerierungs-Software zu entwickeln, welche Bilder erzeugt, die der Grafik aus Abbildung 4.10(a) ähneln. Wir erkennen sofort: dieses Bild ist

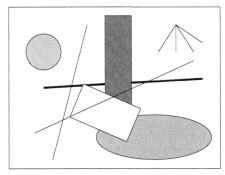 

(a) Geometrische Objekte. (b) Die fraktale Julia-Menge.

Abbildung 4.10: Im Gegensatz zum rechten Bild lässt sich das linke in einfache Bildobjekte zerlegen.

zusammengesetzt aus geometrischen Objekten, die sich verschiedenen geometrischen Klassen zuordnen lassen:

1. ein Kreis,

2. eine Ellipse,

3. zwei Rechtecke und

4. sieben Geradenabschnitte.

Die ursprüngliche Aufgabe reduziert sich auf diese Teilaufgaben:

1. Ellipsen malen (Kreise sind spezielle Ellipsen),

2. Rechtecke malen,

3. Geradenabschnitte malen und

4. die drei Malfunktionen in geeigneter Kombination benutzen.

Der Versuch, das rechte Bild, Abbildung 4.10(b), in gleicher Weise auf elementare Objekte zurückzuführen und die Aufgabe in Teilaufgaben zu zerlegen, schlägt fehl!

Der Grund dafür ist aber nicht die verschlungene Reichhaltigkeit des rechten Bildes, sondern die Geschlossenheit des bilderzeugenden Algorithmus. Dieser Algorithmus ist atomar und nicht aufwändiger als die Algorithmen zum Malen der geometrischen Objekte – und dennoch bringt er eine unerwartete Vielfalt hervor! Dies ist der Algorithmus[17] zur Erzeugung der fraktalen Julia-Menge [PJS98]:

Julia-Menge

1. Fasse alle Bildpunkte (x, y) als komplexe Zahlen[18] auf: $z = x + i \cdot y$.

2. Berechne N mal die Iteration $z \to z^2 + c$.

3. Male an der Stelle (x, y) des Bildes einen schwarzen Punkt, falls der Betrag $|z| < S$, und einen weißen[19] Punkt im anderen Fall.

Ohne Kenntnis über Fraktale und die Julia-Menge ist es nahezu unmöglich, eine Software zur Generierung ähnlicher Bilder zu entwerfen. Aber mit diesem Wissen fällt es mindestens so leicht wie im Falle der geometrischen Bilder. Das Bild des Fraktals ist ein Beispiel für ein emergentes Phänomen. Emergente Systeme [Hol95] lassen sich nicht auf reduktionistische Weise verstehen, da für die wesentlichen Eigenschaften des Systems die reduzierten Komponenten erst durch ihre Wechselwirkung verantwortlich sind: *die Summe ist mehr als ihre Teile.*

Emergenz

Summe ist mehr als die Teile

Die fünfte der auf Seite 123 formulierten Aufgaben, Bewusstsein in einer Maschine entstehen zu lassen, fällt schwer! Vermutlich aus zwei Gründen[20]: Bewusstsein ist ein emergentes Phänomen, und der notwendige Rechenaufwand ist sehr hoch. Allein der Rechenaufwand, aufgrund einer hohen algorithmischen Komplexität[21], kann die Entwicklung einer nützlichen Software verhindern. Für die dritte Aufgabe auf Seite 123, die Darstellung einer Zahl durch ihre Primfaktoren[22], findet man leicht einen Algorithmus, der sich ohne großen Aufwand in ein Computerprogramm umsetzen lässt. Die Schwierigkeiten beginnen erst in der Praxis bei der Zerlegung von sehr großen Zahlen – eine Schwierigkeit, die gängige Kryptografieverfahren ausnutzen und sich darauf verlassen [Sel00]. Eine Maschine zur schnellen Primfaktorzerlegung würde die Verschlüsselung von schützenswerten Daten brechen und über Internet abgewickelte Bankgeschäfte bedrohen.

Algorithmische Komplexität

Primfaktorzerlegung

Fragen:

1. Wie könnte ein Algorithmus zur Zerlegung einer Zahl z in Primzahlen aussehen?

2. Wie groß ist die algorithmische Komplexität des Algorithmus?

---

[17]Die Werte N, c und S sind Konstanten.

[18]Wer nicht mit komplexen Zahlen vertraut ist, kann z behelfsweise einfach als eine gewöhnliche Zahl auffassen.

[19]In Bild 4.10(b) wurden anstelle der weißen Punkte Grauwerte eingetragen. Je heller der Grauwert ist, desto schneller hat der Punkt den Bereich $|z| < s$ verlassen.

[20]Zur Grundsatzfrage, ob Bewusstsein überhaupt algorithmisch zu greifen ist, sei auf [Pen91, Hof92] verwiesen.

[21]Die algorithmische Komplexität eines Algorithmus gibt an, wie sich dessen Rechenaufwand in Abhängigkeit eines Kontrollparameters verhält. Beispiel: Der Rechenaufwand eines Algorithmus zur Berechnung der Summe $S = z_1 + z_2 + \ldots + z_N$ wächst linear mit der Anzahl N der Summanden. Die algorithmische Komplexität ist von der Ordnung $\mathcal{O}(N) = N$.

[22]Beispiele für Primfaktorisierung: $15 = 3 \cdot 5$, $100 = 2 \cdot 2 \cdot 5 \cdot 5$, $123456789 = 3 \cdot 3 \cdot 3607 \cdot 3803$

Bei den meisten tatsächlichen Software-Entwicklungsaufgaben hat man es weder mit emergenten Phänomenen noch mit Algorithmen zu tun, die die Rechenleistung jeder Hardware überfordern, sondern mit komplexen Systemen, die sich in ihre Bestandteile zerlegen lassen. Die vierte Aufgabe auf Seite 123 ist von dieser Art: Detektion und Klassifikation bewegter Objekte in einem Videosignal. Abbildung 4.11 zeigt eine mögliche Zerlegung des Videoüberwachungssystems in seine Bestandteile. Gegenüber Abbildung 4.9 haben wir weitere UML-Elemente genutzt. Das Ent-

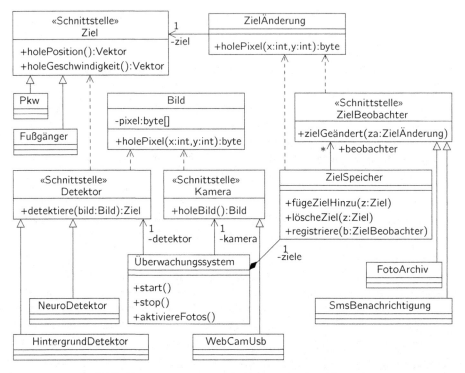

Abbildung 4.11: UML-Klassendiagramm zur Zerlegung des Videoüberwachungssystems in seine Bestandteile.

Entwurfsmuster Schnittstelle

wurfsmuster *Schnittstelle* ermöglicht die Trennung zwischen der Spezifikation einer Funktionalität auf der einen Seite und deren Realisierung auf der anderen. Betrachten Sie die Fernbedienung eines Fernsehgerätes. Sie ist die Benutzerschnittstelle zum Fernsehgerät. Wer die Bedeutung der Knöpfe auf dem Bedienfeld kennt, kann das Fernsehgerät kontrollieren – ohne das elektronische Innenleben des Gerätes kennen zu müssen! Die Schnittstelle erlaubt die Benutzung einer Funktionalität ohne wissen zu müssen, wie die Funktionalität erbracht wird. Oder anders formuliert: der Benutzer ist nur von der Schnittstelle abhängig und nicht von deren Realisierung. Abbildung 4.12 stellt die Schnittstelle und deren Realisierung anhand des Beispiels Fernbedienung und Fernsehgerät gegenüber. In UML wird eine Schnittstelle grafisch als Kreis (hier nicht

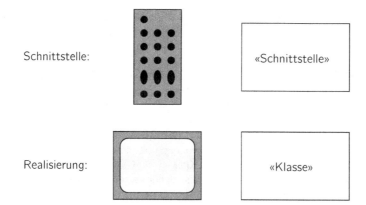

Abbildung 4.12: Die Fernbedienung ist die Benutzerschnittstelle zum Fernsehgerät. Man kann das Fernsehgerät nutzen, ohne Geräteelektronik kennen zu müssen. Auf der rechten Seite wird gezeigt, wie sich in UML die Schnittstelle einer Funktionalität und deren Realisierung durch eine Klasse darstellen lassen.

verwendet) oder als Kästchen mit dem Stereotyp *«Schnittstelle»* oder *«Interface»* dargestellt. Die Schnittstelle wird durch eine Klasse realisiert. Beide werden durch einen Pfeil verbunden, der wie der *ist-ein*-Pfeil zwischen zwei Klassen aussieht; hier ist er aber zu lesen als „die Klasse *realisiert* die Schnittstelle".

Die Schnittstelle ist deshalb so wichtig für den Software-Entwurf eines komplexen Systems, weil deren Verwendung die Abhängigkeiten zwischen den einzelnen Teilen des Systems erheblich reduziert. Und genau darum geht es beim Entwurf einer Software: Minimierung der Abhängigkeiten! **Schnittstelle reduziert Abhängigkeiten**

In Abbildung 4.11 haben wir Schnittstellen genutzt für Ziel, Detektor, Kamera und Zielbeobachter. Die Klasse Überwachungssystem ist unabhängig von dem jeweiligen Detektionsverfahren. Sie muss nur wissen, dass ein Detektor eine Methode zur Detektion zur Verfügung stellt, so wie in der Schnittstelle Detektor beschrieben: detektiere(bild : Bild) : Ziel. Die Methode benötigt ein Bild-Objekt, das hier lokal als bild bezeichnet wird und liefert ein Ziel-Objekt zurück. Bei dem Detektor kann es sich z.B. um die Klasse HintergrundDetektor handeln, die einen einfachen Algorithmus zur Detektion nutzt. Der Detektor könnte aber jederzeit durch aufwändigere Verfahren ersetzt werden, z.B. einem Detektor, der auf neuronalen Netzen beruht. Davon blieben die anderen Software-Anteile unberührt, da sie unabhängig von den Detektor-Klassen sind.

Das Überwachungssystem detektiert ein Ziel und schreibt es in seinen Zielspeicher, ein Objekt ziele der Klasse ZielSpeicher. Zwischen beiden Klassen, Überwachungssystem und Zielspeicher, besteht nicht nur eine einfache *hat-ein*-Beziehung, auch Assoziation genannt, sondern eine gesteigerte *hat-ein*-Beziehung, die zu lesen ist als *besteht-aus*. Diese als Aggregation bezeichnete Beziehung wird durch eine Linie ohne Pfeilkopf, dafür mit einer gefüllten Raute am anderen Ende, dargestellt. **Assoziation**

Aggregation

Der Zielspeicher informiert die bei ihm registrierten ZielBeobachter über seine Zustandsänderungen: Hinzufügen, Entfernen oder Aktualisierung eines Zieles. Die Schnittstelle ZielBeobachter bietet dazu die Methode zielGeändert(za : Ziel-Änderung), deren Argument, za, ein Objekt der Klasse ZielÄnderung ist und die genauen Informationen der Zieländerung trägt. Realisiert eine Klasse die Schnittstelle ZielBeobachter, können deren Objekte beim Zielspeicher angemeldet werden. Sie werden dann über neue, entfernte oder aktualisierte Ziele informiert. Die Klassen FotoArchiv und SmsBenachrichtung realisieren die ZielBeobachter-Schnittstelle, können also auf eine geänderte Zielsituation reagieren: FotoArchiv speichert Zielfotos auf der Festplatte; SmsBenachrichtung teilt die geänderte Zielsituation per Sms-Nachricht dem Nutzer mit. Beide Klassen sind über die Schnittstelle von der Klasse ZielSpeicher entkoppelt. Der Zielspeicher versendet Nachrichten an Objekte der Klassen FotoArchiv und SmsBenachrichtung ohne diese zu kennen! Minimierung der Abhängigkeiten! Diese Art der anonymen Benachrichtigung über eine Schnittstelle ist nicht nur in unserem Projektbeispiel der Videoüberwachung nützlich! Unzählige andere Projekte verwenden dieses Muster ebenfalls in ihren Software-Entwürfen. Daher bezeichnet man es als *Beobachter-Entwurfsmuster*. Es gibt viele weitere Entwurfsmuster; in [GHJV96] werden einige Dutzend beschrieben. Die Klasse Bild veranschaulicht ein wichtiges Merkmal von Klassen: Klassen enthalten Daten und Funktionen. In UML, C++ und Java werden Daten meist als Attribute und Funktionen als Methoden oder Operationen bezeichnet. Die Klasse Bild besitzt das Attribut pixel vom Typ Byte-Vektor. Die Klasse kodiert ein zweidimensionales Videobild als einen linearen Speicherbereich aus Grauwerten. Das Minuszeichen am Anfang von -pixel : byte[] zeigt an, dass das Attribut nur innerhalb der Klasse sichtbar ist und nur von Methoden der Klasse gelesen und geändert werden kann. Eine solche Methode ist +holePixel(x : int, y : int) : byte, die den Grauwert an der Bildschirmstelle (x,y) als Byte zurückliefert. Das Pluszeichen zeigt an, dass die Methode auch außerhalb der Klasse sichtbar ist[23]. Sichtbarkeiten von Attributen, Methoden und Klassen kontrolliert zu beschränken und nur notwendige Rechte zu erteilen, verfolgt wieder den Grundsatz, die Abhängigkeiten zwischen den einzelnen Teilen des Systems auf ein Mindestmaß zu reduzieren!

Das Klassendiagramm aus Abbildung 4.12 erlaubt eine statische Beschreibung eines Systems. Oft ist es aber während des Software-Entwurfs hilfreich, wichtige Abläufe wie Kommunikationsmechanismen oder Initialisierungssequenzen darzustellen. Hierzu dient das Seqenzdiagramm. Für das Überwachungssystem ist ein Sequenzdiagramm in Abbildung 4.13 gezeigt.

Ein Anwender, z.B. ein Akteur aus einem Anwendungsfalldiagramm, möchte Zielfotos auf der Festplatte archivieren. Er ruft die Methode aktiviereFotos() des Objekts sys der Klasse Überwachungssystem auf. Innerhalb dieses Methodenaufrufs meldet sys das Objekt foto aus der Klasse FotoArchiv beim Zielspeicher als Beobachter für Zieländerungen an. Anschließend startet der Anwender die Videoüberwachung durch Aufruf der start()-Methode. Das Überwachungssystem holt ein Bild von der Videokamera, übergibt es dem Detektor und fügt die gefundenen Ziele dem Zielspeicher hinzu. Der Zielspeicher generiert eine Nachricht über eine Zieländerung (nicht in Ab-

Abhängigkeiten minimieren!

Entwurfsmuster

Attribut

Methode

Abhängigkeiten minimieren!

Seqenzdiagramm

---

[23]Neben „+" (sichtbar außerhalb der Klasse) und „-" (unsichtbar außerhalb der Klasse) gibt es noch den dritten Zugriffstypen: „#" (sichtbar innerhalb der Klasse und aller abgeleiteten Klassen).

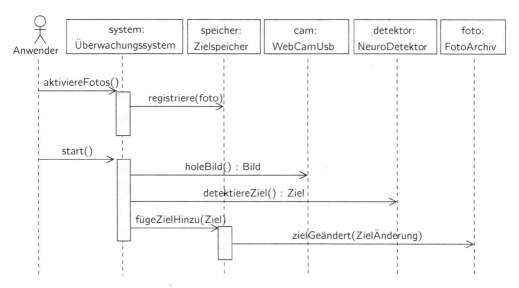

Abbildung 4.13: UML-Sequenzdiagramm zur Beschreibung eines dynamischen Verhaltens.

bildung 4.13 gezeigt) und sendet diese an das Fotoarchiv.

Bis jetzt haben wir drei der 13 UML[24]-Diagramme genutzt: Anwendungsfall-, Klassen- und Sequenzdiagramm. Je nach Situation können wir weitere Diagramme nutzen, um zusätzliche Perspektiven auf ein und dasselbe Modell einzunehmen. Aber niemand ist gezwungen, alle Diagrammarten in einem Projekt zu nutzen! Erfahrungsgemäß kommt man mit drei bis fünf unterschiedlichen Diagrammarten aus; drei wichtige haben wir bereits vorgestellt.

Zum Abschluss dieses Abschnitts 4.2.2 wollen wir uns noch dieser Frage zuwenden: **Objektorientie-** „Was ist Objektorientierung und wem nutzt sie?" Bis zu dieser Textstelle haben wir **rung** den Begriff *Objektorientierung* weder erklärt noch erwähnt – und das obwohl wir bei der Betrachtung der Beispiele jederzeit eine objektorientierte Sichtweise einnahmen: wir sprachen von *Bildobjekten*, *Zielobjekten* und *geometrischen Objekten*! Diese Ausdrücke versteht jeder – auch ohne Definition des Begriffs *Objekt*. Objekte sind Teil unseres Lebens: Stifte, Bananen, Stühle, Bücher, Worte, Sätze, Töne, Lieder, Atome, Menschen, Sterne, Galaxien, Ideen, Gedanken. Ein Lebewesen überlebt nur, wenn es seine Umwelt zu ordnen und die ihn umgebenden Objekte wahrzunehmen und sich an ihnen zu orientieren vermag. Die objektorientierte Sichtweise ist uns angeboren und vertraut. Erst dadurch können wir Probleme in einer Welt aus Objekten erkennen **Die Welt ist** und Strategien zu deren Lösung finden. Wir zerlegen komplizierte Objekte in seine **objektorien-** einfachen Bestandteile: wieder Objekte (Reduktionismus!). Dadurch prägen wir einem **tiert** nem zuvor verschwommenen, undurchsichtigen Ganzen eine Struktur auf. Wir geben einem ungeordneten System Ordnung – unter Aufwand von Energie (hier Zeit und

[24]UML Version 2.0

Geld). Das System ist umso wertvoller und leistungsfähiger, je geordneter es ist; und es ist umso geordneter, je geringer die gegenseitigen Abhängigkeiten zwischen seinen Teilen sind! Objektorientierte Modellierungssprachen, wie UML, und objektorientierte

Nutzen der Objektorientierung

Programmiersprachen, wie Java und C++, bieten einen Werkzeugsatz zum Zerlegen und Ordnen komplexer Systeme. Das ist der Nutzen der Objektorientierung!

4.2.3 Die Lösung umsetzen – Implementierung der Software

In den vorangegangenen Abschnitten 4.2.1 und 4.2.2 haben wir das Ausgangsproblem analysiert, ein komplexes System in einfachere Teilsysteme zerlegt und die Abhängigkeiten zwischen den Teilen minimiert. Übrig bleiben kompakte, übersichtliche Teilprobleme, für die wir Lösungen finden und in einer Programmiersprache beschreiben wollen!

Die resultierenden Teilprobleme können Standardaufgaben sein, für die es Standardlösungen gibt: Sortieren von Listen, Spektralanalyse mittels FFT[25] oder Daten in eine Datei schreiben. Falls die Lösung nicht so offensichtlich ist, führt kein Weg

Aufgabendomäne

daran vorbei, die Lösung in der jeweiligen Aufgabendomäne mit Hilfe der dort verfügbaren Werkzeuge und Methoden zu suchen: Primfaktorzerlegung von großen Zahlen, Spektralanalyse eines unregelmäßig abgetasteten Zeitsignals, Mustererkennung und Klassifikation. Hier hilft kein UML-Diagramm weiter! Die Lösungen findet man durch Studium der domänenspezifischen Fachliteratur, mathematischen Berechnungen mittels Papier und Bleistift oder Auswertungen von experimentell gewonnenen Daten. Im ungünstigsten Fall stellt man jetzt fest, der Erfolg des ganzen Projektes ist durch eine Funktion gefährdet, deren Realisierung ungleich schwieriger als dessen Modellierung in UML ist. Eine Funktion zum „Knacken" verschlüsselter Botschaften ist ohne viel Aufwand in einem Modell deklariert oder in einer Spezifikation gefordert. Zwar sind Algorithmen zur Lösung der Aufgabe bekannt, die Rechenzeit steigt jedoch exponentiell mit der Länge des gesuchten Schlüssels. Es gilt also, frühzeitig solche Projektrisiken zu erkennen und zu beschränken (siehe Abschnitt 4.3.2 ab Seite 162 zur iterativ-inkrementellen Entwicklung).

Für den Rest dieses Abschnitts nehmen wir an, wir können für die oben genannten resultierenden Teilprobleme die Lösung hinreichend klar vor Augen sehen und können die Lösung in einer Programmiersprache formulieren. In den folgenden Unterabschnitten skizzieren wir, wie das mit verschiedenen Programmiersprachen möglich ist: angefangen von Maschinensprache bis hin zu Java.

Maschinensprache

Eigentlich bräuchte man zum Programmieren nicht viel:

- einen Binäreditor

- und die Kenntnis des Befehlssatzes des Mikroprozessors.

Damit könnte man prinzipiell alle nur denkbaren Computerprogramme erstellen: angefangen von einem Programm zur Addition zweier Zahlen, bis hin zu Betriebssystemen

---

[25]FFT = Fast-Fourier-Transformation

und Büroanwendungspaketen. Mit dem Binäreditor würde man eine Datei anlegen und ein Programm in Form einer Binärfolge eintippen:

101010010000000010001010011000111000000010001001110001101000000001
000100111010100100000000100010101110001110000000010001001110001101
000000010001011001110110111100001111111100101111101010101100000000

Tabelle 4.2: Binärfolge.

Auf diese umständliche Weise wurden tatsächlich die Computer der 1940er Jahre programmiert! Die Bedeutung der Zahlenkolonne können wir verstehen, wenn wir die Ziffern in Blöcken zu jeweils 8 Bit gruppieren. Wir erhalten in Tabelle 4.3(a) eine Folge von Bytes[26] in Dualzahldarstellung. Der Wechsel von Dualzahl- in Hexadezimalzahldarstellung schont das Auge (siehe Tabelle 4.3(b)).

Dualzahl

Hexadezimalzahl

(a) Dual.				(b) Hexadezimal.			
10101001	00000001	00010100	11000111	A9	01	14	C7
00000001	00010011	10001101	00000001	01	13	8D	01
00010011	10101001	00000001	00010101	13	A9	01	15
11000111	00000001	00010011	10001101	C7	01	13	8D
00000001	00010110	01110110	11110000	01	16	76	F0
11111111	00101111	10101011	00000000	FF	2F	AB	00

Tabelle 4.3: Byteweise Anordnung der Zahlenkolonne aus Tabelle 4.2 in verschiedenen Zahlensystemen.

Wir können die Bytefolge aus Tabelle 4.3 als ein Maschinenprogramm auffassen, das mit den zugehörigen Daten an die Adresse 0100 (Hexadezimal) des Hauptspeichers eines einfachen Mikroprozessors geladen ist (siehe Abschnitt 3.5.3 auf Seite 50). Tabelle 4.4 zeigt die Belegung des Speichers von Adresse 0100 bis 0117. Die Maschinenbefehle des Mikroprozessors sind in Tabelle 4.5 aufgelistet. Ein Maschinenbefehl

Maschinenbefehl

Adresse	0100	0101	0102	0103	0104	0105	0106	0107
Wert	**A9**	**01**	**14**	**C7**	**01**	**13**	**8D**	**01**
Adresse	0108	0109	010A	010B	010C	010D	010E	010F
Wert	**13**	**A9**	**01**	**15**	**C7**	**01**	**13**	**8D**
Adresse	0110	0111	0112	0113	0114	0115	0116	0117
Wert	**01**	**16**	**76**	**F0**	**FF**	**2F**	**AB**	**00**

Tabelle 4.4: Programm und Daten liegen im Hauptspeicher (in Hexadezimaldarstellung).

wird auch als Operationscode, abgekürzt Opcode, bezeichnet.

Opcode

---
[26] 1 Byte = 8 Bit

Mit Kenntnis der Maschinenbefehle und der Startadresse – dem Wert des Befehlszählers – können wir die Ausführung des Maschinenprogramms auf dem Mikroprozessor

Maschinenbefehl	Bedeutung
A9	Lade ein Byte von Speicherstelle x in AC!
8D	Speichere das Byte von AC in Speicherzelle x!
C7	Subtrahiere von AC das Byte in Speicherzelle x!
C8	Addiere zu AC das Byte in Speicherzelle x!
76	Beende Programm!

Tabelle 4.5: Maschinenbefehle eines exemplarischen Mikroprozessors. AC steht für ein internes Register der CPU.

nachvollziehen. Zuerst holt die CPU das erste Byte A9 vom Speicher in das Steuerwerk der CPU und dekodiert den Maschinenbefehl: „Lade das Byte von Speicherstelle x in das Register AC". Die Speicherstelle x steht in den nächsten beiden Bytes im Speicher: 0114. Der erste Befehl ist also 3 Bytes lang: A9 01 14. Die CPU lädt den Inhalt der Speicherstelle 0114, also FF, in das Register AC. Der erste Befehl ist abgearbeitet und der Befehlszähler wird um die Länge des Befehls erhöht. Der nächste Maschinenbefehl beginnt ab Speicherstelle 0103. Das Programm wird solange ausgeführt, bis es im siebten Schritt auf den Haltebefehl 76 trifft. Die einzelnen ausgeführten Befehle und die Inhalte des Registers und der Speicherstellen sind in Tabelle 4.6 aufgelistet.

Schritt	Befehlszähler	Befehl	Register AC	Speicher			
				0113	0114	0115	0116
0			00	F0	FF	2F	AB
1	0100	A9 01 14	**FF**	F0	FF	2F	AB
2	0103	C7 01 13	**0F**	F0	FF	2F	AB
3	0106	8D 01 13	0F	**0F**	FF	2F	AB
4	0109	A9 01 15	**2F**	0F	FF	2F	AB
5	010C	C7 01 13	**20**	0F	FF	2F	AB
6	010F	8D 01 16	20	0F	FF	2F	**20**
7	0112	76	20	0F	FF	2F	20

Tabelle 4.6: Das Computerprogramm aus Tabelle 4.3(b) wird auf einem Mikroprozessor mit dem Befehlssatz aus Tabelle 4.5 in 7 Schritten ausgeführt. Die fett geschriebenen Zahlen markieren die im jeweiligen Verarbeitungsschritt geänderten Register- und Speicherinhalte.

Frage: Welche Aufgabe hat das Programm erfüllt?

Was hat das Programm nun geleistet? Nicht viel für den ganzen Aufwand, möchte man meinen. Das Programm hat den Inhalt von Speicherstelle 0113 vom Inhalt der Speicherstelle 0114 subtrahiert und die Differenz in Speicherstelle 0113 geschrieben. Anschließend wurde diese Differenz vom Inhalt der Speicherstelle 0115 subtrahiert und das Ergebnis in Speicherstelle 0116 geschrieben. Das Programm hat also diese Berechnung durchgeführt:

$$a_{(0113)} = b_{(0114)} - c_{(0113)}$$
$$d_{(0116)} = e_{(0115)} - a_{(0113)}$$

In Maschinensprache zu programmieren wäre sehr mühsam und fehleranfällig. Für jeden Befehl müsste man sich einen Zahlencode merken. Schlimmer noch: die Zahlencodes hängen von den Operanden des Befehls ab. Eine CPU hat nicht, wie oben vereinfacht angenommen, nur ein Register, sondern viele, acht im Falle einer 8086-CPU. Je nach dem welches Register inkrementiert werden soll, muss ein unterschiedlicher Maschinenbefehl aufgerufen werden, z.B.:

Maschinenbefehl	Bedeutung
40	Inkrementiere Register AX
43	Inkrementiere Register CX
...	...
47	Inkrementiere Register DI

Tabelle 4.7: Drei der acht Inkrementierbefehle einer 8086-CPU.

Jeden Befehl müsste man in einer Tabelle nachschlagen, den richtigen Opcode ablesen und im Editor eintragen. Wollte man sein Programm später lesen und verstehen, müsste man wieder die Übersetzungstabelle bereit halten. Ein solches Vorgehen wäre hinderlich, denn:

1. Manuelle Tätigkeiten sind fehleranfällig. Bei jedem Ablesen und Eintippen der Maschinenbefehle schleicht sich mit einer gewissen Wahrscheinlichkeit ein Fehler ein. Mit zunehmender Größe des Programms wächst die Zahl der enthaltenen Fehler.

2. Das Programm ist vollkommen abhängig von diesem einen Mikroprozessor. Eine andere Mikroprozessorfamilie wird durch völlig andere Maschinenbefehle programmiert. Ein für einen Mikroprozessor geschriebenes Programm oder Programmfragment lässt sich nur unter gewaltigem Aufwand, unter Änderung jeder Programmzeile, auf einen anderen Mikroprozessor portieren.

Überflüssige manuelle Arbeit und überflüssige Abhängigkeiten! Diese Schwächen der Maschinenspracheprogrammierung haben schon die Programmierer der ersten Stunde erkannt – und eine Lösung gefunden: Assembler.

Assemblersprache

Automatisie-
rung und
Minimierung
der Abhängig-
keiten

Mnemonics

Assemblerpro-
gramm

Disassembler

Die geplagten Entwickler der frühen 1950er Jahre haben mit den Schwächen der Programmierung in Maschninensprache aufgeräumt und dabei zwei in der Software-Entwicklung immer wiederkehrende Konzepte genutzt: Automatisierung und Minimierung der Abhängigkeiten! Sie haben jedem Opcode einen leichter zu merkenden Textbefehl zugeordnet. Bei einer 8086-CPU wird der Opcode 40, der für die Inkrementierung des AX Registers steht, durch den Textbefehl „INC AX" ersetzt. „INC CX" ersetzt Opcode 43, den Befehl zur Inkrementierung des CX Registers. Diese vom Programmierer geschriebenen Textbefehle, auch Mnemonics[27] genannt, werden von einem besonderen Maschinenprogramm, dem Assembler[28], in ein Maschinenprogramm übersetzt. Die Mnemonics-Textdatei wird Assemblerprogramm genannt. Die Übersetzung eines Assemblerprogramms in ein Maschinenprogramm ist eindeutig und umkehrbar. Ein Maschinenprogramm kann mittels eines Disassemblers in ein Assemblerprogramm umgewandelt werden.

Wir können die in Tabelle 4.5 aufgeführten Maschinenbefehle unseres Beispielmikroprozessors von Seite 136 um die Mnemonics erweitern und erhalten Tabelle 4.8. Das Maschinenprogramm aus Tabelle 4.3(b) lässt sich als Assemblerprogramm etwas leichter nachvollziehen (siehe Tabelle 4.9).

Maschinenbefehl	Mnemonics	Bedeutung
A9	LDA x	Lade ein Byte von Speicherstelle x in AC
8D	STA x	Speichere das Byte von AC in Speicherzelle x
C7	SUB x	Subtrahiere von AC das Byte in Speicherzelle x
C8	ADD x	Addiere zu AC das Byte in Speicherzelle x
76	HLT	Programmende

Tabelle 4.8: Abbildung der Maschinenbefehle auf Mnemoncs des exemplarischen Mikroprozessors aus Tabelle 4.5.

Ein Assemblerprogramm ist sicher einfacher zu lesen als das entsprechende Maschinenprogramm. Es ist jedoch noch weit von einer dem Menschen vertraut wirkenden Sprache entfernt. Wir möchten gerne Programm schreiben, die sich etwa so lesen lassen: „Berechne die Fakultät[29] einer Zahl x", oder „Berechne $f(x) = x!$". Bei einem x386 Mikroprozessor sieht das in Assemblersprache aber viel umständlicher aus, wie Quellcode 4.3 zeigt:

---

[27]Mnemonics: sprich „Nemonics"

[28]Assembler: engl. to assemble = zusammenbauen

[29]Die Fakultät einer Zahl x ist $f(x) = x! = \prod_{i=1}^{x} i = 1 \cdot 2 \cdot ... \cdot x$.

Schritt	Befehlszähler	Befehl	Register	Speicher			
			AC	0113	0114	0115	0116
0			00	F0	FF	2F	AB
1	0100	LDA 0114	**FF**	F0	FF	2F	AB
2	0103	SUB 0113	**0F**	F0	FF	2F	AB
3	0106	STA 0113	0F	**0F**	FF	2F	AB
4	0109	LDA 0115	**2F**	0F	FF	2F	AB
5	010C	SUB 0113	**20**	0F	FF	2F	AB
6	010F	STA 0116	20	0F	FF	2F	**20**
7	0112	HLT	20	0F	FF	2F	20

Tabelle 4.9: Das Computerprogramm aus Tabelle 4.3(b) wird auf einem Mikroprozessor mit dem Befehlssatz aus Tabelle 4.8 in 7 Schritten ausgeführt. Die fett geschriebenen Zahlen markieren die im jeweiligen Verarbeitungsschritt geänderten Register- und Speicherinhalte.

Quellcode 4.3: Assembler(x386)-Funktion zur Berechnung der Fakultät einer Zahl.

```
 1  berechneFakultaet:
 2          pushl    %ebp
 3          movl     %esp , %ebp
 4          subl     $16, %esp
 5          movl     $1, −4(%ebp)
 6          movl     $1, −8(%ebp)
 7          jmp      .L2
 8  .L3 :
 9          movl     −4(%ebp), %eax
10          imull    −8(%ebp), %eax
11          movl     %eax , −4(%ebp)
12          leal     −8(%ebp), %eax
13          incl     (%eax)
14  .L2 :
15          movl     −8(%ebp), %eax
16          cmpl     8(%ebp), %eax
17          jle      .L3
18          movl     −4(%ebp), %eax
19          leave
20          ret
```

Wir wünschen uns also eine natürlichere, leichter lesbare Programmiersprache als die Assemblersprache. Von diesen höheren Programmiersprachen gibt es Hunderte. Eine weit verbreitete ist die im nächsten Abschnitt vorgestellte Sprache C. **Höhere Programmiersprache**

C-Sprache

Die C-Funktion aus Quellcode 4.4 zur Berechnung der Fakultät einer Zahl sieht viel übersichtlicher aus als die entsprechende Assemblerfunktion (Quellcode 4.3). Man kann leicht das Wesentliche der Berechnung $f(x) = \prod_{i=1}^{x} i$ im Quellcode wiederfinden:

1. Zeile 1: Der Name der Funktion ist `berechneFakultaet`. Die Funktion erhält

eine Ganzzahl x vom Typ Integer, abgekürzt mit int, als Argument und liefert das Ergebnis der Berechnung als Ganzzahl zurück.

2. Zeile 3: Für die Berechnung benötigen wir zwei temporäre ganze Zahlen: einen Schleifenzähler i und das Ergebnis ergebnis.

3. Zeilen 4 bis 8: Hier erfolgt die eigentliche Berechnung $f(x) = \prod_{i=1}^{x} i$. In einer Schleife werden alle Ganzzahlen von 1 bis x aufmultipliziert.

4. Zeile 9: Die Funktion liefert das Ergebnis der Berechnung an den Aufrufer der Funktion zurück.

Quellcode 4.4: C-Funktion zur Berechnung der Fakultät einer Zahl.

```c
int berechneFakultaet(int x)
{
        int i, ergebnis;
        ergebnis = 1;
        for(i=1;i<=x; i++)
        {
                ergebnis = ergebnis * i;
        }
        return ergebnis;
}
```

Diese Funktion erscheint jetzt zwar einem Menschen viel natürlicher als Assembler- oder Maschinensprache. Bevor ein Mikroprozessor damit etwas anfangen kann, muss die C-Funktion erst in eine Maschinenfunktion übersetzt werden. Das ist jetzt nicht mehr so einfach wie bei der eineindeutigen[30] Übersetzung von Assemblersprache in Maschinensprache. Die Übersetzung einer höheren Programmiersprache in Maschinensprache ist nicht mehr eindeutig. Das Übersetzungsprogramm, Kompilierer oder **Compiler** Compiler[31] genannt, hat viele Möglichkeiten, die C-Funktion in Maschinensprache abzubilden: Werden die Daten im Hauptspeicher oder einem internen, schnell zugreifbaren Register des Prozessors abgelegt? Wie werden Schleifen effektiv übersetzt? Welche Vergleichsoperatoren und Sprungbefehle sind geeignet? Sollte eine Schleife bei bekannter Zahl der Schleifendurchläufe durch eine Sequenz gleicher Maschinenbefehle ersetzt werden, um die Ausführungsgeschwindigkeit auf Kosten der Programmgröße zu steigern? Gibt es bei verschachtelten Schleifen Berechnungen in inneren Schleifen, die auch in äußeren Schleifen durchgeführt werden könnten? Diese und viele weitere Fragen hat ein Compiler bei der Suche nach der besten Übersetzung zu beantworten! Aber selbst dann wird die „beste" Übersetzung eine subjektive Bewertung sein. Für den einen Anwender ist eine hohe Ausführungsgeschwindigkeit zur Laufzeit des Programms wichtig, der andere legt Wert auf möglichst kompakte Programme oder

---

[30] Unter Berücksichtigung von in den Quellcode eingefügten Kommentaren ist die Übersetzung nur in eine Richtung eindeutig und deshalb nicht eineindeutig. Die Kommentare des Assemblerprogramms gehen bei der Übersetzung in Maschinensprache verloren und können bei der Disassemblierung nicht wieder rekonstruiert werden.

[31] Compiler kommt vom engl. Verb to compile: erstellen. Den ersten Compiler entwickelte John Backus von 1953 bis 1957 bei IBM, um das wissenschaftliche Arbeiten mit dem Computer zu erleichtern. Er nannte seinen Compiler *Formula Translation System*, abgekürzt FORTRAN (**Fo**rmula **Transl**ation System). Der erste Compiler und die erste Hochsprache waren geboren.

besonders hohe Übersetzungsgeschwindigkeiten. Wer alles will, der wird enttäuscht. Das Ergebnis der Übersetzung ist eine Kompromisslösung.

Quellcode 4.5 zeigt ein etwas längeres Beispiel eines C-Programms. Hier ist ein Teil der in Abbildung 4.11 auf Seite 130 gezeigten Architektur zur Videoüberwachung implementiert.

Quellcode 4.5: Ausschnitt einer C-Implementierung des Entwurfs aus Abbildung 4.11

```
 1  #include <stdio.h>
 2
 3  struct Vektor
 4  {
 5          int x;
 6          int y;
 7  };
 8
 9  struct Pkw
10  {
11          struct Vektor position;
12  };
13
14  /* Schreibe einen Vektor auf die Standardausgabe.
15     v: Vektor */
16  void schreibeVektor(struct Vektor v)
17  {
18          printf("(%i,%i)",v.x,v.y);
19  }
20
21  /* Schreibe einen Pkw auf die Standardausgabe.
22     pkw: Pkw */
23  void schreibePkw(struct Pkw pkw)
24  {
25          printf("Pkw Position=");
26          schreibeVektor(pkw.position);
27  }
28
29  /* Hauptfunktion */
30  int main(int argc, char** argv)
31  {
32          struct Vektor position = {2,3};
33
34          /* Objekt der Klasse Pkw anlegen */
35          struct Pkw pkw;
36          /* und die Position setzen */
37          pkw.position = position;
38          schreibePkw(pkw);
39
40          return 1;
41  }
```

Erklärung des Quellcodes:

- Zeilen 3-7: Hier wird der Datentyp Vektor definiert, der einen zweidimensionalen Vektor repräsentiert. Er enthält zwei Ganzzahlwerte vom Typ int: die x- und y-Komponnte.

- Zeilen 9-12: Hier wird ein Datentyp Pkw angelegt. Ein Pkw hat einen Vektor: seine Position[32].

---

[32] Die Geschwindigkeit ist übersichtlichkeitshalber nicht berücksichtigit.

141

- Zeilen 14-19: Funktion zur formatierten Ausgabe eines Vektors auf der Standardausgabe.

- Zeilen 21-27: Funktion zur formatierten Ausgabe eines Pkws auf der Standardausgabe.

- Zeilen 29-41: Hauptfunktion – diese Funktion wird bei Programmstart ausgeführt.

  - Zeile 32: Position anlegen (x=2, y=3).

  - Zeile 35: Pkw anlegen.

  - Zeile 37: Position des Pkws setzen.

  - Zeile 38: Pkw auf Standardausgabe ausgeben. Ausgabe: `Pkw Position=-(2,3)`

Dieser Code ist nicht objektorientiert! Dennoch zeigt er eine schwache Variante der Datenkapselung: die zusammengehörenden x- und y-Komponenten des Vektors sind in einer Struktur zusammengefasst. Sie sind jedoch nicht zusammen mit der Funktion `schreibeVektor`, die auf die Daten zugreift, in einer Klasse gekapselt und dort vor unerwünschtem Zugriff verborgen. Das in Abbildung 4.11 verwendete Konzept der Schnittstelle ist nur schwer in C darstellbar. Die obige Implementierung bringt die Vorgabe des Entwurfs, dass ein `Pkw` ein `Ziel` ist, nicht zum Ausdruck. Der in Abbildung 4.11 gezeigte `Detektor` kann also nicht über diese Schnittstelle auf Pkws und Fußgänger unabhängig von der jeweiligen Spezialisierung des Ziels zugreifen. Damit verursacht diese nicht-objektorientierte Implementierung überflüssige Abhängigkeiten zwischen den Teilen eines Systems, die im Entwurf nicht enthalten waren. Eine objektorientierte Implementierung würde dem objektorientierten Entwurf gerechter werden (siehe Abschnitt 4.2.3).

Minimierung der Abhängigkeiten

Mit dem Schritt von Assemblersprache zur C-Sprache haben wir dennoch viel gewonnen: Eine dem Menschen näherliegende Beschreibungssprache, welche die Abhängigkeit der Software von der Hardware reduziert. Wieder stellen wir das Streben fest, die Abhängigkeiten zu minimieren. Im Vergleich zum Schritt von Maschinensprache zur Assemblersprache haben wir jetzt aber auch etwas verloren: die vollständige Kontrolle über den Mikroprozessor auf Takt- und Registerebene. Dieser Verlust ist aber zu verschmerzen, denn diese umfassende Kontrolle des Mikroprozessors ist in den allermeisten Fällen eine mühsam zu tragende, nutzlose Last[33]. In der Regel können wir uns darauf verlassen, dass der vom Compiler generierte Maschinencode eines durchschnittlichen C-Programmierers höherwertiger ist als der Code eines durchschnittlichen Assemblerprogrammierers. Falls wir in Ausnahmefällen doch mal gezwungen sein sollten, die Kontrolle über den Maschinencode an uns zu nehmen, dann sicher nicht für

Optimierung in Assemblersprache

die Erstellung einer kompletten Software, sondern nur für einzelne kritische Funktionen oder Code-Anteile tief im Inneren von verschachtelten Schleifen. Und selbst dann ist es ratsam, mit dem vom Compiler generierten Assembler-Zwischencode[34]

---

[33] Es gibt allerdings auch Ausnahmen, z.B. könnte eine taktgenaue Ansteuerung von Peripheriemodulen eines Mikrocontrollers Assemblersprache erfordern.

[34] Z.B. bei dem GNU Compiler gcc mit der Option -S.

zu beginnen und zu versuchen, diesen schrittweise zu verbessern. Jede vermeintliche Verbesserungsmaßnahme müssen wir anhand geeigneter Testdaten überprüfen:

1. Bietet der transformierte Code dieselbe Funktionalität wie zuvor? Liefert die Funktion zur Berechnung der Fakultät nach der Optimierung das richtige Ergebnis?

2. Führt diese Code-Transformation zu einer deutlichen Verbesserung (z.B. einer viel schnelleren Programmausführung)?

Nur falls beide Bedingungen erfüllt wären, wäre die bewusst in Kauf genommene erhöhte Abhängigkeit von der Hardware zu rechtfertigen. Der zu zahlende Preis ist eine geringere Portabilität der Software! Die Assemblerfunktion müsste bei der Portierung der Applikation vom PowerPC zum Pentium-Prozessor neu geschrieben werden, während der C-Code im Allgemeinen einfach nur neu compiliert zu werden bräuchte.

Assemblerprogramm und C-Compiler sind nicht die einzigen Hilfsprogramme, derer sich bereits die frühen Software-Entwickler bedient haben, um immer komplexere Aufgaben auf immer höheren Abstraktionsgrad zu bewältigen. Ein Betriebssystem[35], **Betriebssystem** ein weiteres Stück Software, ist im Grunde eine Sammlung von Hilfsprogrammen, um die Hardware zu steuern, Hardware-Resourcen zu verwalten und Details der Hardware vor dem Programmierer zu verbergen. Will ein Programmierer Datum und Uhrzeit auf bequeme Weise auslesen, ruft er eine Betriebssystemfunktion auf, anstelle einen Zeitgeberbaustein direkt auszulesen. Letzteres setzt detaillierte Kenntnisse der Hardware voraus: Welcher Zeitgeberbaustein? Wie wird er initialisiert? Über welche Hardware-Adressen wird er wie ausgelesen? Wie muss der ausgelesene Wert in Zeit und Datum umgerechnet werden? Um all diese Details bräuchte man sich eigentlich nur einmal zu kümmern und könnte eine komfortable Zeitgeberfunktion allen anderen Programmierern zur Verfügung stellen. Diese Aufgabe, einen sogenannten Gerätetreiber für eine **Treiber** bestimmte Hardware zu entwickeln, der in ein bestimmtes Betriebssystem eingebunden wird, übernehmen in der Regel die Hardware-Hersteller – zumindest für gängige Betriebssysteme, oder die Entwickler von Betriebssystemen. Ein Betriebssystem erlaubt dem Software-Entwickler, sich auf seine eigentliche Aufgabe, die Entwicklung einer Applikation, zu konzentrieren, indem es ihm grundlegende, applikationsübergreifende Funktionen bietet: Uhrzeit lesen, Dateien auf Datenspeicher schreiben und von dort lesen, den Arbeitsspeicher verwalten, Eingabe über Maus und Tastatur, Darstellung über Monitor, Kommunikation im Netzwerk, Steuerung der Programmausführung. Die Vorteile eines Betriebssystems sollen aber nicht darüber hinwegtäuschen, dass der zusätzliche Aufwand eines Betriebssystem nicht unbedingt notwendig ist. Die Abbildung 4.14 zeigt den Zugriff der Software (Treiber, Betriebssystem, Applikation) auf die Hardware (Rechenmaschine):

Gerade schlanke, eingebettete Systeme verzichten häufig auf ein Betriebssystem **eingebettete** und steuern die Hardware direkt oder über Bibliotheksfunktionen an. Falls doch ein **Systeme,** Betriebssystem eingesetzt wird, dann ist es meistens ein Echtzeit-Betriebssystem, **Echtzeit-Be-** z.B. VxWorks. Ein Echtzeit-Betriebssystem erlaubt eine Verarbeitung in Echtzeit. **triebssystem**

---

[35] Eine Liste von über 200 Betriebssystemen (darunter 35 Betriebssysteme für eingebettete Systeme) findet man unter `http://de.wikipedia.org/wiki/Liste_der_Betriebssysteme`.

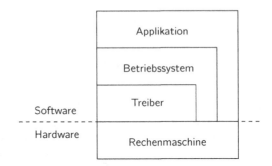

Abbildung 4.14: Zugriff der Software auf die Hardware: Der Gerätetreiber (Treiber) steuert die Rechenmaschine an und bietet dem Betriebssystem und der Applikation einen hardware-unabhängigen Zugriff auf die Hardware-Funktionalitäten. Die Applikation kann z.B. die Systemzeit über eine Betriebssystemfunktion oder auch durch direktes Auslesen eines Hardware-Registers erfragen.

Darunter verstehen wir folgendes[36]:

> *Definition:* **Echtzeit-Verarbeitung**
> Ein System arbeitet in Echtzeit, falls ein Ereignis innerhalb einer fest vorgegebenen, garantierten Zeit verarbeitet wird.

Echtzeit hat nicht unmittelbar etwas mit „schneller" Verarbeitung zu tun, denn je nach System kann diese Zeit im Bereich von Nanosekunden, Sekunden, Minuten oder Jahren liegen. Entscheidend ist die Garantie einer oberen Zeitschranke für die Verarbeitung. Manchmal unterscheidet man noch, ob die Garantie immer eingehalten werden muss oder nicht und spricht dann von harter oder weicher Echtzeit-Verarbeitung:

> *Definition:* **harte Echtzeit-Verarbeitung**
> Die garantierte Verarbeitungszeit gilt immer.

> *Definition:* **weiche Echtzeit-Verarbeitung**
> Die Garantie der Verarbeitungszeit ist nur eine statistische Garantie. Sie darf in einem bestimmten Anteil aller Fälle verletzt werden.

---

[36]In der Literatur findet man eine Vielzahl unterschiedlicher, teils widersprüchlicher Definitionen von Echtzeit (siehe FAQs der Newsgroup comp.realtime, `http://www.faqs.org/faqs/realtime-computing/faq`).

> *Beispiele:*
>
> 1. Drückt ein Fahrer eines Kraftfahrzeugs das Bremspedal, muss dieses Ereignis vom Bremssystem in harter Echtzeit verarbeitet werden – also immer. Müsste das Bremssystem nur 99,99999 % aller Bremskommandos innerhalb einer vorgegebenen Zeitschranke verarbeiten, wäre dies lebensgefährlich!
>
> 2. DVDs werden unter weichen Echtzeitbedingungen in einem PC „gebrannt". In den meisten Fällen funktioniert unter Windows XP oder Ubuntu-Linux die Herstellung einer DVD – manchmal aber auch nicht. Windows XP und Ubuntu Linux sind daher keine (harten) Echtzeit-Betriebssysteme.

Die C-Sprache erlaubt es, komplexere Aufgaben auf einer höheren Abstraktionsebene anzugehen als die Assemblersprache. Die Details auf Maschinenebene treten dabei in den Hintergrund und ermöglichen eine freie Sicht auf das Wesentliche, auf die eigentliche Aufgabe, z.B. ein komplettes Betriebssystem wie UNIX zu entwickeln. Erst durch die Betrachtung auf der angemessenen Größenordnung nimmt man den Wald und nicht die Bäume wahr! Dieser Gedanke lässt sich fortführen: Gibt es komplexe Aufgaben, für die die C-Sprache eher ungeeignet ist? Diese gibt es tatsächlich: Aufgaben, deren Ursprung in einer objektorientierten Welt liegt, also die allermeisten Aufgaben unserer Welt, bei der Objekte in Wechselwirkung treten: Moleküle, Menschen, Bestandteile komplexer Systeme. Lösung für diese objektorientierten Aufgaben lassen sich besser in einer objektorientierten als in einer prozeduralen Sprache wie C beschreiben. Das heißt nicht, es wäre unmöglich. Tatsächlich könnte ein überirdisches Wesen, dessen Verstand den menschlichen übertrifft, zur Lösung der kompliziertesten Aufgaben Programme in Maschinensprache formulieren oder Turing-Maschinen[37] konstruieren. Objektorientierte Systeme in C zu formulieren ist mühsam – wenn auch nicht unmöglich [Dra99]. C-Programme beschreiben im Wesentlichen Ansammlungen von Daten und Funktionen (auch Prozeduren genannt), mit denen die Daten verarbeitet werden. Der C-Sprachstandard ANSI C[38] bietet nur wenig Möglichkeiten die Beziehungen zwischen Daten und Funktionen zweckmäßig zu strukturieren, d.h. alle überflüssigen Abhängigkeiten zwischen Daten und Funktionen zu verhindern. Und überflüssige Abhängigkeiten sind das Gift der Software-Entwicklung! Die Beziehungen zwischen Daten und Funktionen in einem C-Programm kann man sich vorstellen wie die Beziehung zwischen Bauklötzen (Daten) und spielenden Kindern (Funktionen) in einem Kindergarten (C-Programm). Jedes Kind kann alle Bauklötze erreichen und benutzen. Selbst die Bauklötze, die ein anderes Kind in seinem Rennwagen als Lenkrad verbaut hat. Aber ohne Lenkrad ist der Rennwagen kein Rennwagen mehr und der Rennfahrer kein Rennfahrer mehr. Ärger ist vorprogrammiert!

Angemessene Größenordnung

Etwas Beständiges, Verlässliches kann auf dieser Grundlage nicht erwachsen. In vielen Fällen sollte es das aber! Wer ein für den Straßenverkehr zugelassenes Auto bauen will, muss sich an bestimmte Regeln halten und potentielle Risiken weitgehend minimieren. Den vorderen linken Kotflügel dürfen die Monteure nur an genau einer

---

[37] siehe Abschnitt 3.1 auf 15.
[38] Unter ANSI C versteht man den Standard ANSI X3.159-1989 Programming Language C

Stelle der Karosserie anschrauben. Der zuständige Monteur macht nichts anderes als exakt das. Ein Fließband fährt die Karosserie von der rechten Seite kommend an den Arbeitsplatz heran. Der Monteur greift aus einer Kiste einen linken Kotflügel – die Kiste mit den rechten Kotflügeln steht für ihn unerreichbar weit weg – und schraubt ihn vorne links an den Rahmen der Karosserie. Das Fließband trägt die Karosserie nach links davon. Fertig! Der Monteur hat die Eingangsdaten (Karosserie und linker Kotflügel) korrekt zu Ausgangsdaten (um den linken Kotflügel erweiterte Karosserie) verarbeitet. Andere in der Fabrikhalle gelagerte Objekte (rechte Kotflügel, Türen, ...)

Minimierung der Abhängigkeiten

hat er dabei nicht zu Gesicht bekommen. Diese anderen Objekte werden auf ihre Weise, mit den für sie zur Verfügung stehenden Methoden verarbeitet.

Der kleine Schritt aus dem Kindergarten in die Autofabrik war ein großer Schritt für die Software-Entwicklung: weg von der prozeduralen, hin zur objektorientierten Sichtweise. Da dieser Wechsel von vielen Software-Entwicklern als so bedeutungsvoll empfunden wurde, bezeichneten sie ihn nicht mehr einfach als Sichtweisenwechsel,

Paradigmenwechsel

sondern von nun an viel erhabener als Paradigmenwechsel[39].

C++

Ein sehr sorfältiger SW-Entwickler kann auch mit C zu einem gewissen Grad objektorientiert programmieren[40]. Aber: dies ist aufwändig und fehleranfällig! Es ist fast so, als würde eine Kindergärtnerin aus unserem obigen Beispiel ständig durch die Spielräume patroullieren, um sicherzustellen, dass alle Kinder ausschließlich mit den ihnen zugewiesenen Bauklötzen spielen.

Die Mühe auf sich zu nehmen, mit C objektorientiert zu programmieren, ist jedoch in den meisten Fällen überflüssig. Denn das hat breits Bjarne Stroustrup während der Entwicklung von C++ Mitte der 1980er Jahre für uns erledigt [Str92]. Er prägte der Sprache C objektorientierte Züge auf und erweiterte sie um zusätliche Sprachelemente, die eine bequeme objektorientierte Programmierung erlauben. Jetzt muss sich nicht mehr ausschließlich der Programmierer um die Einhaltung der objektorientierten Regeln (z.B. Kapselung der Daten und Methoden) kümmern, sondern lässt sich dabei vom Compiler unterstützen. Würde man versuchen, auf verborgene Daten eines Objektes zuzugreifen, würde der Compiler einen Fehler an der entsprechenden Stelle des C++-Programms melden. Stroustrup hat jedoch C nicht ersetzt, sondern die Sprache C als Untermenge in der Sprache C++ belassen. C++ ist also vom Sprachstandard her keine rein objektorientierte Sprache wie Smalltalk oder Java. Vielmehr liegt es im Ermessen (und an den Fähigkeiten) des Programmierers, wieviele prozedurale und objektorientierte Anteile die Software enthält. Mit einem C++-Compiler lässt sich sowohl rein prozeduraler als auch rein objektorientierter Code übersetzen[41]

---

[39]Paradigma: gr.-lat. Beispiel, Muster; hier: die Gesamtheit der in einer Zeit als gesichert erachteten Erkenntnisse

[40]Dazu fasst der Programmierer diejenigen Daten, die den inneren Zustand eines Objektes beschreiben, in C-Strukturen zusammen. Den Strukturen fügt er außerdem Zeiger auf Funktionen hinzu, die den inneren Zustand des Objektes ändern [Dra99]. Diese Vorgehensweise findet in manchen sicherheitskritischen Applikationen Anwendung, bei denen unter Umständen C++ (vielleicht nur aus Unwissenheit der Verantwortlichen in der Entwicklung und Behörden) untersagt ist. Strenggenommen ist dies ein Rückschritt, denn jetzt können sich während der Programmierung all die Laufzeitfehler einschleichen, die ein C++-Compiler bereits während der Übersetzung abgefangen hätte.

[41]Auch mit Java könnte man rein prozedural programmieren, indem man alle Methoden (Funktionen) und Attribute (Daten) in einer einzigen Klasse anhäuft.

Wie sieht nun ein Ausschnitt der C++-Implementierung des in Abbildung 4.11 auf Seite 130 gezeigten UML-Entwurfs des Videoüberwachungsprojektes aus? Im Vergleich zur knappen C-Version 4.5 auf Seite 141 ist der C++-Code jetzt länger und verteilt sich auf 4 Dateien:

1. Eine Klasse für Vektoren (Code 4.6).

2. Eine Schnittstelle für Ziele (Code 4.7).

3. Eine Klasse für Pkws (Code 4.8).

4. Die Datei mit dem Hauptprogramm (Code 4.9).

Quellcode 4.6: Vektor-Klasse.

```
1  #ifndef __VEKTOR_H
2  #define __VEKTOR_H
3  #include <ostream>
4
5  class Vektor
6  {
7  public:
8          // Standard Konstruktur.
9          Vektor()
10         {
11                 x = 0;
12                 y = 0;
13         }
14
15         // Spezifischer Konstruktur.
16         // x: x-Komponente
17         // y: y-Komponente
18         Vektor(const int x, const int y)
19         {
20                 this->x = x;
21                 this->y = y;
22         }
23
24         // Destruktur
25         virtual ~Vektor() {}
26
27         // Setze die x-Komponente des Vektors
28         // x: x-Komponente
29         void setzeKomponenteX(const int x) { this->x = x; }
30
31         // Setze die y-Komponente des Vektors
32         // y: y-Komponente
33         void setzeKomponenteY(const int y) { this->y = y; }
34
35         // Hole die x-Komponente des Vektors
36         // Rueckgabewert: x-Komponente
37         const int holeKomponenteX() const { return x; }
38
39         // Hole die y-Komponente des Vektors
40         // Rueckgabewert: y-Komponente
41         const int holeKomponenteY() const { return y; }
42
43         // Schreibe den Vektor in einen Text-Datenstrom.
44         // text: Text-Datenstrom
45         void schreibeInTextStrom(std::ostream& text) const
46         {
```

```
47                    text << "(" << x << "," << y << ")";
48              }
49
50  private:
51              int x;
52              int y;
53  };
54  #endif
```

Erläuterung der Vektor-Klasse:

- Zeile 5 markiert den Beginn der Klasse.

- Zeile 7: Das Schlüsselwort `public` markiert die folgenden Codezeilen als öffent-lich, d.h. sie können von klassenfremden Methoden erreicht werden.

Konstruktor

- Zeilen 8-13: Dies ist eine spezielle Methode: der Konstruktor. Er wird dann auf-gerufen, wenn eine Instanz der Klasse angelegt wird. Der Name des Konstruktors ist gleich dem Namen der Klasse. In diesem Konstruktor werden die in den Zeilen 51 und 52 definierten Attribute der Klasse, die x- und y-Komponente mit Null vorinitialisiert.

- Zeilen 15-22: Dies ist ein weiterer Konstruktor, der die Klassenattribute mit speziellen, per Argument übergebenen, Werten vorinitialisiert.

Destruktor

- Zeilen 24-25: Dies ist das Gegenstück zum Konstruktor: der Destruktor. Er wird beim Löschen des Objektes ausgeführt.

- Zeilen 27-41: Dies sind vier Methoden, um auf die Attribute zuzugreifen. Die ersten beiden schreiben die x- und y-Komponente. Die letzen beiden lesen sie aus.

- Zeilen 43-48: Diese Methode schreibt den Vektor formatiert in einen Textstrom, z.B. auf die Konsole oder in eine Datei.

- Zeile 50: Das Schlüsselwort `private` markiert die folgenden Codezeilen als ge-schützt, d.h. sie können von klassenfremden Methoden nicht mehr erreicht wer-den.

- Zeilen 51-52: Hier werden die Attribute der Klasse definiert: die x- und y-Komponente. Da die Attribute geschützt sind (`private`), können sie nur von den Methoden der Klasse gelesen und geschrieben werden.

Im Gegensatz zum C-Code 4.5 sind die für den Umgang mit Vektoren notwendigen Da-ten und Funktionen als zusammengehörende Attribute und Methoden in einer Klasse gekapselt.

Quellcode 4.7: C++-Schnittstelle für Ziele.

```
1  #ifndef __ZIEL_H
2  #define __ZIEL_H
3  #include <ostream>
4  class Vektor;
5
```

```
 6  class Ziel
 7  {
 8  public:
 9          // Hole die Position des Ziels.
10          // Rueckgabewert: Position des Ziels
11          virtual const Vektor holePosition() const = 0;
12
13          // Schreibe das Ziel in einen Text-Datenstrom.
14          // text: Text-Datenstrom
15          virtual void schreibeInTextStrom(std::ostream& text)
16          const = 0;
17  };
18  #endif
```

Erläuterung der Ziel-Schnittstelle:

- Zeile 6: In C++ dient das Schlüsselwort `class` leider nicht nur zur Deklaration von Klassen, sondern auch von Schnittstellen.

- Zeilen 9-11: Deklaration einer Methode zum Auslesen der Position des Ziels. Die Methode ist durch die Notation `virtual ... = 0;` als abstrakt markiert. Eine abstrakte Methode wird nur deklariert und nicht implementiert.

- Zeilen 13-15: Deklaration einer weiteren abstrakten Methode zum Schreiben eines Zieles in einen Datenstrom, z.B. in eine Datei oder auf die Konsole.

Schnittstellen werden in C++ als Klassen dargestellt, die ausschließlich abstrakte Methoden besitzen. Sobald nur eine Methode implementiert wird, wandelt sich die Schnittstelle in eine Klasse. Diese – verglichen mit Java – unübersichtliche Notation einer Schnittstelle unterstützt leider keine klare schnittstellen-orientierte Software-Entwicklung (siehe Diskussion in Abschnitt 4.2.3).

Quellcode 4.8: C++-Pkw-Klasse.

```
 1  #ifndef __Pkw_H
 2  #define __Pkw_H
 3  #include <ostream>
 4  #include "Ziel.h"
 5
 6  class Pkw : public Ziel
 7  {
 8  public:
 9          // Standardkonstruktur
10          Pkw() : Ziel() {}
11
12          // Destruktur
13          virtual ~Pkw() {}
14
15          // Hole die Position des Pkws.
16          // Rueckgabewert: Position des Pkws
17          virtual const Vektor holePosition() const
18          { return pos; }
19
20          // Setze die Position des Pkws.
21          // p: Position des Pkws
22          virtual void setzePosition(const Vektor p)
23          {
24                  pos.setzeKomponenteX(p.holeKomponenteX());
25                  pos.setzeKomponenteY(p.holeKomponenteY());
26          }
```

```
27
28          // Schreibe den Pkw in einen Text-Datenstrom.
29          // text: Text-Datenstrom
30          virtual void schreibeInTextStrom(std::ostream& text)
31          const
32          {
33                  text << "Pkw␣Position=";
34                  pos.schreibeInTextStrom(text);
35          }
36
37  private:
38          Vektor pos;
39  };
40  #endif
```

Erläuterung der Pkw-Klasse:

- Zeile 6: Die Pkw-Klasse realisiert die Ziel-Schnittstelle.

- Zeilen 15-18 und 28-34: Die beiden in der Schnittstelle deklarierten Methoden werden implementiert.

- Zeilen 20-26: Zusätzlich wird eine Methode zum Schreiben der Zielposition definiert. Diese Methode ist nicht in der Schnittstelle enthalten. Ein Nutzer des Ziels kann die Position des Ziels daher nur auslesen und nicht schreiben. Die Zielposition kann nur der schreiben, der Zugriff auf das Pkw-Objekt hat. Das Entwurfsmuster der Schnittstelle wird hier also zur Zugriffssteuerung eingesetzt.

- Zeile 37: Hier wird ein Attribut zum Speichern der Position des Ziels definiert.

Quellcode 4.9: C++-Hauptprogramm.

```
1  #include <iostream>
2  #include "Vektor.h"
3  #include "Ziel.h"
4  #include "Pkw.h"
5
6  int main(int argc, char** argv)
7  {
8          // Objekt der Klasse Pkw anlegen
9          Pkw pkw;
10          // und die Position setzen
11          pkw.setzePosition(Vektor(2,3));
12
13          // Referenz des Typs Ziel auf das Pkw Objekt setzen
14          Ziel& ziel = pkw;
15          // und Ziel ueber die Standardausgabe ausgeben
16          ziel.schreibeInTextStrom(std::cout);
17
18          return 1;
19  }
```

Erläuterung des Hauptprogramms:

- Zeile 6: Beginn der Hauptfunktion. Diese Funktion wird bei Programmstart als erstes ausgeführt.

- Zeilen 8-9: Ein Pkw-Objekt mit Namen pkw wird angelegt.

- Zeilen 10-11: Die Position des Pkws wird gesetzt.

- Zeilen 13-14: Das Pkw-Objekt wird über die Variable `ziel` als Ziel referenziert. Es existiert nach wie vor nur ein Pkw-Objekt im Speicher, auf das jetzt über die zwei Variablen `pkw` und `ziel` zugegriffen werden kann. Über die Referenz `ziel` kann man jedoch nur auf die in der Schnittstelle `Ziel` deklarierten Methoden des Objekts zugreifen. Ein Zugriff auf die Methode `schreibePosition` ist somit unmöglich.

- Zeilen 15-16: Über die Referenz `ziel` wird die Methode `schreibeInTextStrom` der Pkw-Klasse aufgerufen und der Pkw formatiert auf der Konsole ausgegeben: `Pkw Position=(2,3)`.

Wir haben einen kurzen Blick auf eine weitverbreitete, mächtige Sprache geworfen, über die Hunderte von Büchern geschrieben wurden. Der interessierte Einsteiger in C++ mag vielleicht einen Blick in die kostenlos erhältlichen Bücher von Bruce Eckel werfen [Eck00, Eck03]. Dem erfahrenen C++-Programmierer seien die beiden Bücher von Scott Meyers ans Herz gelegt [Mey98a, Mey98b].

In diesem und den letzten Abschnitten haben wir ein Prinzip der Software-Entwicklung immer wieder betont, das vielleicht in einem tausendseitigem C++-Buch durch die vielfältigen Einzelheiten der Sprache dem Leser verborgen bleibt: die Abhängigkeiten zwischen den Teilen eines komplexen Systems zu reduzieren und fehleranfällige manuelle Routinearbeiten durch automatische Prozesse zu ersetzen. Das Streben nach diesem Prinzip führt uns fort von C++ hin zu einer weiteren Programmiersprache, die wir im nächsten Abschnitt vorstellen wollen: Java.

Java

Obwohl ein C++-Programmierer viel weniger vom Mikroprozessor verstehen muss als ein Assemblersprache-Programmierer, ist er bei seiner Arbeit dennoch auf Kenntnisse der zugrundeliegenden Hardware, des Betriebssystems, des Compilers und der C++ Bibliothek STL[42]angewiesen. Beispielsweise ist eine Ganzzahl des Datentyps `int` je nach Umgebung mal 16, 32 oder 64 Bits groß. Mal werden die Bits eines Bytes von links nach rechts oder von rechts nach links gelesen[43]. Unterschiede in der Implementierung der STL sorgen für zusätzliche Unsicherheiten und Abhängigkeiten.

Java, eine syntaktisch sehr eng mit C++ verwandte Programmiersprache, ist viel klarer und strenger spezifiziert und umgesetzt. Ein Java-Programm ist unabhängig von der Hardware und dem Betriebssystem und läuft auf allen Plattformen, für die eine Java Virtuelle Maschine (JVM[44]) vorhanden ist. Ein Java-Programmierer muss nur die Spezifikation dieser virtuellen Maschine kennen. Ein wertvoller Gewinn an Unabhängigkeit!

Plattformun-abhängigkeit

Virtuelle Maschine

Java bietet außerdem eine automatische Speicherverwaltung: ein „Garbage Collector[45]" löscht Objekte, die nicht mehr referenziert, d.h. benutzt werden. In C++ muss der Programmierer diese Objekte manuell löschen[46], um keinen Speicherplatz zu ver-

Automatische Speicherver-waltung

---

[42]STL (Standard Template Library)
[43]Big Endian und Little Endian
[44]JVM = Java Virtual Machine *(deutsch: Java Virtuelle Maschine)*
[45]Garbage Collector(engl.): Müllmann
[46]„für jedes `new` ein `delete`" und „für jedes `new[]` ein `delete[]`"

schwenden – ein häufiger Fehler von Einsteigern in C/C++! Java eleminiert diese potentielle Gefahr, indem die JVM das Löschen der unbenutzten Objekte automatisiert. Leider erkauft man sich diesen Komfort mit einer erhöhten Unbestimmtheit während der Laufzeit: der Programmierer hat bei einer Standard-JVM keinen Einfluss darauf, wann die automatische Speicherverwaltung ein Objekt löscht. Im ungünstigsten Fall unterbricht die Speicherverwaltung die Ausführung einer zeitkritischen Funktion und verursacht einen Fehler, z.B. schlägt das Brennen einer DVD fehl. In solchen Fällen sollte man besser die automatische Speicherverwaltung unterdrücken, indem man die Objekte nur in einer Initialisierungsphase über den new-Operator anlegt und in der operationellen Phase die Objekte über einen Objekt-Pool[47] verwaltet.

Echtzeit-System

Echtzeit-Java

Diese Methode ist insbesondere für Echtzeit-Systeme nützlich. Zwar bieten Echtzeit-JVMs eigene deterministische Speicherverwaltungen, jedoch sind diese nicht in der Spezifikation für Echtzeit-Java, der RTSJ[48], definiert [GB00, BBD+05]. Die Verwendung einer herstellerspezifischen Speicherverwaltungen würde in eine zusätzliche Abhängigkeit führen: die Abhängigkeit der Java-Applikation von der JVM eines ganz bestimmten Herstellers. Diese Abhängigkeit widerstrebt nicht nur dem Java-Grundgedanken der Plattformunabhängigkeit sondern auch unserem Prinzip der Minimierung der Abhängigkeiten. Diese Abhängigkeit lässt sich durch Verwendung von Objekt-

sicherheitskritisch

Pools vermeiden [FMS06]. Für sicherheitskritische Systeme wurde Mitte 2006 eine Java-Spezifikation im Rahmen des Java Community Process (JCP[49]) als Java Specification Request (JSR[50]) 302[51] eingereicht. Es gilt als ziemlich sicher, dass diese Spezifikation eine automatische Speicherverwaltung unterbinden wird.

Häufig hört man, die Ausführung von Java-Programmen sei viel langsamer als die von C- und C++-Programmen und Java sei ungeeignet für Echtzeitverarbeitung und eingebettete Systeme. Dies sind eindeutig Vorurteile, deren Wurzeln in der Vergangenheit von Java liegen. Es stimmt, dass Java Mitte der 1990er Jahre von C++ hinsichtlich Ausführungsgeschwindigkeit klar geschlagen wurde. Das lag aber daran, dass die Entwickler von Java bei Sun zunächst Wert auf die Funktionalität von Java gelegt haben und nicht auf dessen Geschwindigkeit. Damals wurden Java-Programme von der virtuellen Maschine interpretiert, d.h. von einer zwischengeschalteten Software eingelesen und ausgeführt. Mit Erscheinen der Java Version 1.3 und 1.4 hat Java deutlich an Geschwindigkeit gewonnen und liegt in derselben Größenordnung wie die von C++. Jetzt ist eher das Können der Programmierer entscheidend für die Ausführungsgeschwindigkeit und nicht mehr die Sprache. Außerdem ist eine Sprache alleine nicht ausschlaggebend für die Ausführungsgeschwindigkeit des Programms, sondern der Compiler. Im Falle der JamaicaVM, einer Echtzeit-Java VM der Karlsruher Firma aicas, wird der Java-Bytecode[52] zusammen mit der kompletten virtuellen Maschine in C-Code transformiert, der dann mit dem C-Compiler gcc in ein optimiertes Maschinenspracheprogramm übersetzt wird.

Das US-Militär hat längst erkannt, dass Java zu mehr als nur zu Browser-Applets

---

[47]z.B. Apache Jakarta Pools: http://jakarta.apache.org/
[48]RTSJ = Real-Time Specification for Java
[49]JCP = Java Community Process
[50]JSR = Java Specification Request
[51]http://jcp.org/en/jsr/detail?id=302
[52]Aus Java-Quellcode erhält man mittels eines Java-Compilers Java-Bytecode, der von einer virtuellen Maschine ausgeführt werden kann.

taugt. Tausende Java-Programmierer arbeiten an militärischen Echtzeitsystemen, wie der Drohne X-45C (Joint Unmanned Combat Air Systems Program) [Chi06b, Chi06a, Chi06c]. Der Standard NOACE (Navy Open Architecture Computing Environment) für alle zukünftigen Software-Systeme der US-Navy Kriegsschiffe empfiehlt Java oder C++ für Waffen- und Avioniksysteme.

Bevor wir zum Abschluss dieses Abschnitts in Tabelle 4.10 die Sprachen Java und C++ gegenüberstellen, möchten wir aus der riesigen Zahl der auf dem Markt erhältlichen Java-Bücher zwei empfehlen: für den Einsteiger das neben einer Druckversion auch in einer kostenlosen digitalen Form erhältliche Buch von Ullenboom [Ull05a, Ull05b], für den erfahrenen Java-Programmierer das Buch von Bloch[53] [Blo01].

Java	C++
plattform-unabhängig Die virtuelle Maschine entkoppelt das Java-Programm von Betriebssystem und Hardware.	*plattform-abhängig* Ein C/C++-Programm ist abhängig von Hardware, Betriebssystem, Compiler, STL.
hohe Portabilität Die virtuelle Maschine garantiert eine hohe Portabilität zwischen verschiedenen Verarbeitungsplattformen.	*geringe Portabilität* Die Einhaltung von Programmierrichtlinien erlaubt ein geringes Maß an Portabilität.
viel Standardfunktionalitäten Die Java SDK (Standard Entwicklungsplattform) bietet einen reichhaltigen Satz an Paketen für Netzwerkkommunikation, I/O (Datenein- und ausgabe), Datenkomprimierung, XML, Benutzeroberflächen, Protokollierung, usw.	*wenig Standardfunktionalitäten* Die in der Java Spezifikation definierten Standardfunktionalitäten müssen in C/C++ selbst entwickelt werden.
Einfluß auf Java Spezifikation Der Java Community Process erlaubt es, Einfluß auf die Java Sprache und die Java Standards zu nehmen.	*kein Einfluß auf C/C++-Spezifikation* Es gibt keine vergleichbaren Einflußmöglichkeiten.
leichter zu verstehen Java ist einfacher zu verstehen, da es auf die fehleranfälligen Sprachelemente von C/C++ verzichtet und sich ausschließlich auf objektorientierte Konzepte bezieht.	*schwieriger zu verstehen* Die Verwendung von Präprozessordirektiven (Makros), Mehrfachvererbung von Klassen, Überladen von Operatoren kann zu einem schwer lesbaren C++-Programm führen.
sicherer Java ist aufgrund der leichteren Verständlichkeit, des Konzepts zur Ausnahmebehandlung, der starken Typprüfung, der reinen Objektorientierung und der automatischen Speicherverwaltung weniger fehleranfällig.	*unsicherer* C++ ist aufgrund der schwierigeren Verständlichkeit, des schwächeren Konzepts zur Ausnahmebehandlung, der manuellen Speicherverwaltung und der prozeduralen C-Sprache als Untermenge fehleranfälliger.

(Fortsetzung auf nächster Seite)

---

[53]vergleichbar den C++ Büchern von Meyers [Mey98a, Mey98b]

153

Java	C++
viele kostenlose Bibliotheken und Entwicklungswerkzeuge Java wird durch eine große Entwicklergemeinde mit kostenlosen und leistungsfähigen Bibliotheken und Werkzeugen unterstützt.	*weniger kostenlose Bibliotheken und Entwicklungswerkzeuge* C/C++ wird von einer kleineren Entwicklergemeinde unterstützt.
erzwungene Ausnahmebehandlung möglich In Java kann man erzwingen, dass eine Ausnahme behandelt werden muss.	*keine erzwungene Ausnahmebehandlung möglich* In C++ gibt es keinen Mechanismus, um die Behandlung von Ausnahmen zu erzwingen.
höhere Produktivität Die oben aufgeführten Vorteile von Java, insbesondere die reichhaltigen Bibliotheken, leistungsfähigen Werkzeuge, höhere Sicherheit vor Fehlern und der eindeutigen Spezifikation, führen zu einer hohen Produktivität.	*geringere Produktivität* C/C++ bietet im Vergleich zu Java eine geringere Produktivität.
Echtzeitspezifikation Standard Java ist nicht echtzeitfähig. Aber die Echtzeitspezifikation für Java – RTSJ – definiert ein Paket von Klassen zur Steuerung von Systemen unter Echtzeitbedingungen.	*keine Echtzeitspezifikation* Für C/C++ gibt es keinen plattformübergreifenden Standard zur Steuerung von Echtzeitsystemen.
Spezifikation für sicherheitskritische Systeme Mitte 2006 wurde die Spezifikation JSR 302 für sicherheitskritische Systeme im Rahmen des Java Community Process vorgeschlagen. Eine Bewährung des Einsatzes von Java bei sicherheitskritischen Systemen steht noch aus.	*keine Spezifikation für sicherheitskritische Systeme* Für C/C++ gibt es keinen plattformübergreifenden Standard für sicherheitskritische Systeme. C-Applikationen haben sich jedoch bereits im sicherheitskritischen Einsatz bewährt.
keine Zeiger vorhanden Java unterstützt keine Zeiger und erlaubt daher keine schnelle Zeigerarithmetik zur Manipulation des Speichers, verhindet dadurch aber auch „wilde Zeiger", die Speicher an unerwarteter Stelle beschädigen können.	*Zeiger vorhanden* C und C++ unterstützen Zeiger und erlauben eine schnelle Zeigerarithmetik zur Manipulation des Speichers.

(Fortsetzung auf nächster Seite)

Java	C++
Referenzen vorhanden Java unterstützt Referenzen auf Objekte.	*Referenzen nur in C++ vorhanden* C++ unterstützt Referenzen auf Objekte, nicht jedoch C.
Entwurfsmuster Schnittstelle Im Sprachstandard ist das Entwurfsmuster der Schnittstelle enthalten.	*kein Entwurfsmuster Schnittstelle* Im Sprachstandard ist das Entwurfsmuster der Schnittstelle nicht enthalten.
Entwurfsmuster Paket Im Sprachstandard ist das Entwurfsmuster des Pakets enthalten.	*Entwurfsmuster Paket* Im Sprachstandard von C++ lässt sich das Entwurfsmuster des Pakets über Namensräume nachbilden. In C gibt es keine Pakete.
automatische Speicherverwaltung Standard-Java bietet eine automatische Speicherverwaltung. In der Echtzeit-Spezifikation RTSJ ist die automatische Speicherverwaltung nicht definiert. Die Spezifikation für sicherheitskritisches Java wird die automatische Speicherverwaltung vorraussichtlich untersagen.	*keine automatische Speicherverwaltung* C/C++ bietet keine automatische Speicherverwaltung.

Tabelle 4.10: Vergleich zwischen Java und C++.

Programmiersprachen im Vergleich – Komplexität und Abstraktion

In den vorangegangenen Abschnitten sind wir den Weg von der hardwarenahen Maschinensprache zur plattformunabhängigen Sprache Java gegangen. Maschinensprache und Assemblersprache bieten die vollständige Kontrolle über die Hardware, sind dadurch aber auch stark von der jeweiligen Hardware abhängig – Maschinensprache sogar in einem noch stärkeren Maß als Assemblersprache, da man mit den Maschinenopcodes anstelle der Mnemonics auskommen muss.

Java bietet die größte Unabhängigkeit der hier verglichenen Sprachen: Unabhängigkeit von der Hardware, des Betriebssystems, des Compilers und der Implementierung der Standard-Bibliotheken. Die verschiedenen Sprachen – Maschinensprache, Assemblersprache, C, C++ und Java – sind in Abbildung 4.15 hinsichtlich deren Kontrollmöglichkeiten der Hardware und deren Unabhängigkeit von der Entwicklungs- und Laufzeitumgebung dargestellt.

Wie in Abschnitt 4.2.3 bereits bemerkt, könnte man jede Software als Turing-Maschine formulieren oder in Maschinensprache implementieren. Praktisch übersteigt diese Aufgabe jedoch das Fassungsvermögen des menschlichen Verstandes. Es wäre fast so, als würde man versuchen die Alltagswelt durch ein Mikroskop zu erfassen. Die unzähligen Details würden den Blick auf das Wesentliche versperren!

In Assemblersprache könnte man leicht eine LED-Lampe über die serielle Schnitt-

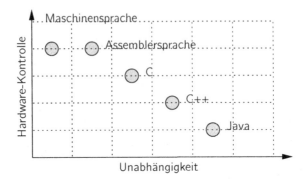

Abbildung 4.15: Vergleich von Maschinensprache, Assemblersprache, C, C++ und Java hinsichtlich der Kontrolle über die Hardware und die Unabhängigkeit von Hardware, Betriebssystem, Werkzeugen (z.B. Compiler),
Standards.

stelle eines PCs ansteuern. Ein komplettes Büropaket mit Texteditor, Tabellenkal-
kulation, Grafik- und Präsentationsprogramm in Assembler zu entwickeln, wäre eine
hoffnungslose Plage ohne Nutzen. Denn wem würde es nutzen, die Hardware takt-
genau und bitgenau zu kontrollieren? Wem würde eine Steigerung der Programmaus-
führungszeit im einstelligen Prozentbereich dienen – falls die Assemblerprogrammierer
tatsächlich besseren Code als optimierende Compiler generieren würden? Könnten die
Entwickler die Software überhaupt noch kontrollieren oder würden sie das Projekt
nicht früher oder später aufgeben müssen, weil jede Änderung der Software aufgrund
deren Unübersichtlichkeit mit einem zu hohen Risiko verbunden ist, an anderer Stelle
einen Fehler zu verursachen? Der geringe Nutzen und das hohe Risiko verbieten es,
ein Büropaket in Assemblersprache zu entwickeln!

Genaugenommen verbietet diese Nutzen-Risiken-Abwägung die Entwicklung einer
Software auf einem Abstraktionsniveau, das der Komplexität der Aufgabe nicht ange-
messen ist! Das Abstraktionsniveau wird bestimmt durch die Techniken und Werkzeuge,
die während der einzelnen Phasen der Software-Entwicklung genutzt werden. Für die
Phase der Implementierung sind dies die Programmiersprache, die Programmiertechnik
und das Entwicklungswerkzeug. Die in Abschnitt 4.2.3 behandelten Programmiersprachen sind entsprechend deren Abstraktionsniveau und Eignung für komplexe Aufgaben
in Abbildung 4.16 dargestellt.

4.2.4 Die Lösung testen

Erinnern wir uns: wir haben eine Software entwickelt, um ein bestimmtes Problem zu
lösen, z.B. in einem Videofilm automatisch Fußgänger und Fahrradfahrer zu erkennen.
Wir können testen, ob die Software die gestellte Aufgabe löst, indem wir zuerst einen
Fußgänger und anschließend einen Fahrradfahrer durch das Bild bewegen lassen und
prüfen, ob die Software die Objekte erkennt.

Während der Anforderungsanalyse (Abschnitt 4.2.1) ist all das, was die Software

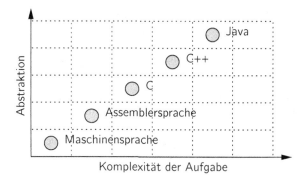

Abbildung 4.16: Die Programmiersprache muss einen der Komplexität der Aufgabe angemessenen Abstraktionsgrad bieten.

leisten soll, mit dem Anwender der Software vereinbart worden. Idealerweise wurden in dieser Phase die einzelnen Testfälle für die Anforderungen festgelegt, und wir wissen **Testfall** jetzt, mit welcher Häufigkeit ein definierter Fußgänger (Größe, Geschwindigkeit, ...) unter bestimmten Randbedingungen (Wetter, Tageszeit, Hintergrundumgebung, ...) erkannt werden muss, damit die Anforderung als erfüllt gilt.

Während der in Abschnitt 4.2.2 beschriebenen Entwurfsphase haben wir das ursprüngliche, komplexe Problem in eine Vielzahl von einzelnen, einfacheren Problemen zerlegt, für die wir während des Entwurfs und der Implementierung (Abschnitt 4.2.3) Lösungen entwickelt haben. Ob es sich tatsächlich um eine Lösung handelt, zeigt natürlich ein Test, den man während der Entwicklung durchgeführt hat. Wer eine Funktion zum Sortieren von Zahlen entwickelt hat, wird während oder spätestens am Ende der Entwicklung dieser Funktion ein Testprogramm geschrieben haben, mit dem sich überprüfen lässt, ob ein Satz von Testdaten richtig sortiert wird. Niemand programmiert tagelang, ohne sich zwischendurch immer wieder anhand von Tests von der Funktion des programmierten Codes zu überzeugen. Ein Test ist wie ein in den Fels geschlagener Sicherungshaken beim Bergsteigen. Je kürzer die Abstände zwischen den Sicherungen sind, desto leichter lässt sich ein Fehltritt verschmerzen. Tritt ein Fehler in der Software auf, genügt es in vielen Fällen, die seit dem letzten Test durchgeführten Änderungen zu überprüfen, um den Fehler zu finden.

Im Laufe der Software-Entwicklung entstehen auf diese Weise unzählige Tests – und vergehen leider oft wieder! Häufig wird das Testprogramm modifiziert, um die nächste Funktion zu überprüfen. Der vorherige Test geht somit verloren. Dabei sind gerade diese Tests wertvolle Sicherungshaken im Fels, auf die wir – wenn nicht jetzt, so doch vielleicht später – wieder zugreifen müssen. In jeden Test haben wir Entwicklungsarbeit investiert, um bestimmte Funktionalitäten der Software abzusichern. Jeder Test ist ein Wächter über diese Funktionalität. Er alarmiert, falls eine einmal verwirklichte Funktionalität im Rahmen von Software-Änderungen beschädigt wird. Denn jede **Fehler durch** Änderung der Software an einer Stelle – sowohl das Einbringen neuer Funktionen als **Software-** auch die Beseitigung eines Fehlers – birgt das Risiko, an anderer (oder derselben) **Änderung** Stelle einen Fehler zu verursachen. Dieser Fehler bleibt zunächst unbemerkt, weil er

157

sich in einem Teil des Programms auswirkt, das der Software-Entwickler gerade nicht im Blick hat, d.h. weil es eine unübersichtliche Abhängigkeit zwischen diesem Teil und dem gerade bearbeiteten gibt. Selbst wenn die fehlerhafte Stelle bereits früher getestet wurde, bleibt der Fehler jetzt unbemerkt, da es den Test gar nicht mehr gibt – das Testprogramm wurde ja für andere Tests modifiziert. Hier schafft nur dies Abhilfe:

Abhängigkeiten minimieren

1. Abhängigkeiten zwischen den einzelnen Teilen der Software minimieren: Die Komplexität der Lösung muss der Komplexität der Aufgabe entsprechen, darf also nicht durch unnötige Abhängigkeiten aufgebläht sein. Jede Abhängigkeit in der Software kann dazu führen, dass über einen Pfad von Abhängigkeiten an einer Stelle des Programms Fehler auftreten, deren Ursache an ganz anderer Stelle liegen. Da ein Mensch diese Abhängigkeiten nur in den allerwenigsten Fällen überblicken kann, müssen die Abhängigkeiten auf das notwendige Maß reduziert werden.

Automatische Tests

2. Automatische Tests: Jeder Test muss archiviert werden, und alle Tests müssen regelmäßig automatisch ausgeführt werden! Die Tests sind die Wächter, die uns vor Fehlern schützen, die im Rahmen der Software-Änderungen eingebracht werden. Je mehr Wächter, desto besser! Gegen jeden einmal gefundenen Fehler muss die Software durch einen Testfall immunisiert werden, um zu verhinden, dass dieser Fehler sich später unbemerkt wieder einschleichen kann! Dieses Immunsystem aus automatischen Testfällen überprüft jede Nacht den Gesundheitszustand der Software und teilt den Entwicklern am Morgen die Diagnose mit, z.B.: alle Testfälle bestanden oder Test auf Richtigkeit der Softierfunktion nicht bestanden, da die Folge der Testzahlen nicht in aufsteigender Reihenfolge sortiert wurde.

Die Entwicklung von automatischen Tests fällt leicht, wenn sie durch Hilfsprogramme zur automatischen Generierung und deren automatischen Ausführung unterstützt **JUnit** wird. In Java ist die kostenlose Bibliothek JUnit[54] zur Verwaltung und Ausführung der Tests verbreitet. JUnit lässt sich bequem in leistungsfähige Entwicklungswerkzeuge wie Eclipse[55] oder Netbeans[56] integrieren, innerhalb derer sich Rahmen für Testklassen automatisch generieren lassen. Die eigentlichen Tests muss der Entwickler natürlich selbst formulieren. Für C/C++ gibt es eine zu JUnit vergleichbare kostenlose **CppUnit** Bibliothek: CppUnit[57].

Extreme Programming

Vertreter des radikalen Entwicklungsprozesses „Extreme Programming" (XP) steigern alle Methoden, die nach deren Ansicht gut fürs Programmieren sind, ins Extreme [Bec00]. Und Testen ist gut! So fordern sie, *vor* der Implementierung einer jeden Funktion einen Testfall zu entwickeln, mit dem die Funktion geprüft werden kann. Dieser Ansatz hat den Vorteil, die Unbefangenheit des Entwicklers zu bewahren. Denn wenn er erst einmal eine Funktion implementiert hat, steht er dem Test dieser Funktion nicht mehr objektiv gegenüber und unterliegt möglicherweise bei der Entwicklung des Testfalls derselben irrigen Betrachtungsweise, die bereits zu einem Fehler während der Entwicklung der Funktion geführt hat.

---

[54]http://www.junit.org
[55]http://www.eclipse.org
[56]http://www.netbeans.org
[57]http://cppunit.sourceforge.net

In diesem Abschnitt haben wir die Bedeutung von Tests für den Prozess der Software-Entwicklung hervorgehoben. Die vielfältigen Techniken und Konzepte werden ausführlich in der Literatur ausgebreitet [SL05, Bin99, GG93].

4.3 Vorgehensmodelle

Die Ausgangsfrage des letzten Abschnitts 4.2, wie wir für ein gegebenes Problem eine Lösung in Form einer Software suchen und finden können, haben wir mit Abbildung 4.4 auf Seite 115 veranschaulicht. Dieses Bild können wir nun um die im letzten Abschnitt gewonnenen Antworten ergänzen. Der Weg vom Problem zur Lösung führt über die Phasen

1. Problemanalyse (Abschnitt 4.2.1)

2. Entwurf der Software (Abschnitt 4.2.2)

3. Implementierung der Software (Abschnitt 4.2.3)

4. Testen der Software (Abschnitt 4.2.4)

und ist in Abbildung 4.17 dargestellt:

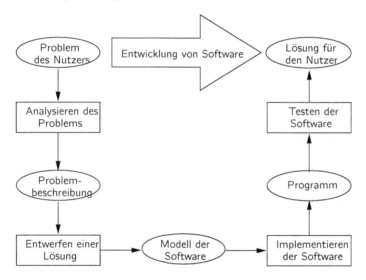

Abbildung 4.17: Überblick über die Aktivitäten der Software-Entwicklung. Die Aktivitäten sind als Rechtecke dargestellt. Die Ellipsen stehen für die Ergebnisse der Aktivitäten.

Dieser oder ähnlicher Darstellungen der einzelnen Phasen der Software-Entwicklung begegnet man häufig in Büchern und Seminaren über Projektmanagement und Software-Entwicklung. Die Abbildung ist einprägsam, klingt plausibel und wird oft so verstanden:

> *Man muss nur gründlich genug die Anforderungen analysieren – gerade wegen des bekannten exponentiellen Zusammenhangs zwischen den Änderungskosten und den Projektphasen (siehe Abbildung 4.8 und [Boe81]) – und die Software so genau spezifizieren und entwerfen, dass die vollständige und fehlerfreie Spezifikation nur noch von den Programmierern in ein Programm übersetzt zu werden braucht. Anschließend wird die Software getestet (falls noch Geld und Zeit übrig ist) und an die Nutzer übergeben. Fertig!*

V-Modell 97

Jeder, der schon mal selbst Software entwickelt hat, weiß, dieses Bild ist vollkommen wirklichkeitsfremd[58]. Für die anderen aber ist die Vorstellung einer mechanischen Entwicklung von Software einfach zu verlockend, um nicht ihre Planungen und ihr Vorgehen daran auszurichten. Sogar das V-Modell 97, das Vorgehensmodell des Bundes, suggeriert dieses unrealistische Bild [IAB06a]. Wie konnte es soweit kommen?

4.3.1 Das Wasserfall-Modell – ein historisches Missverständnis

Wasserfall-Modell

Zwei Iterationen

Eigentlich war alles nur ein historisches Missverständnis – mit fatalen Auswirkungen bis heute. Winston Royce schlug 1970 eine Vorgehensweise zur Entwicklung von Software vor, die heute als das Wasserfall-Modell bekannt wurde [Roy70]. In diesem Modell werden die Phasen der Anforderungsanalyse, des Entwurfs und der Implementierung in zwei Iterationen[59] durchlaufen. Durch die zwei Iterationen soll den während des Projektverlaufs gewonnenen neuartigen Erkenntnissen und bisher unbekannten Einflussfaktoren Rechnung getragen werden. Für ein 30 Monate andauerndes Projekt schlug Royce eine 10 monatige Pilotphase vor. Unglücklicherweise ist dieser iterative Schritt, in dem die Rückmeldungen aus der Umwelt verarbeitet werden, in den meisten Beschreibungen seines Vorschlags verloren gegangen. Walker Royce, der Sohn von Winston Royce und Mitentwickler des Rational Unified Process, sagte später über seinen Vater [LB03]:

> Er war immer ein Befürworter einer iterativen, inkrementellen, evolutionären Entwicklung. Seine Veröffentlichung beschrieb den Wasserfall als die einfachste Vorgehensweise, die allerdings nur für die allereinfachsten Projekte funktionieren würde.

DoD-Std-2167

Bedauerlicherweise hat auch David Mairbor [Oes05], der Hauptverfasser des Entwicklungsstandards DoD-Std-2167 des US-Verteidigungsministeriums, den iterativen Ansatz des Vorgehensmodells von Winston Royce übersehen. Später bedauerte jener Verfasser, den strengen Wasserfall-basierten Standard geschaffen zu haben. Er sagte, zur damaligen Zeit kannte er nur das Wasserfall-Modell, und sowohl die Literatur, die er geprüft hatte, als auch diejenigen, deren Rat er einholte, bestätigten ihm, dass es ausgezeichnet sei. Von einer iterativen Entwicklung habe er damals nichts gehört. Im Nachhinein hätte er lieber eine starke Empfehlung für eine iterativ-inkrementelle Entwicklung als für das Wasserfall-Modell gegeben [LB03].

---

[58]So auch Gerald M. Weinberg, der 1958 am Mercury Projekt mitgearbeitet hat, aus dem dann später IBM hervorgegangen ist: „Alle von uns [...] dachten, ein Projekt nach dem Wasserfall-Verfahren zu bearbeiten sei ziemlich dumm, oder zumindest wirklichkeitsfremd."[LB03]

[59]Iteration: Wiederholung

Da war das Kind jedoch bereits in den Brunnen gefallen und die Idee der wasserfallartigen Software-Entwicklung verankerte sich tief in den Vorstellungen der Mitarbeiter von Behörden, Organisationen und Unternehmen. Auch das deutsche V-Modell 97 ist leider von DoD-Std-2167 geprägt. In den späten 1980er Jahren hat das US-Verteidigungsministerium die signifikanten Fehlschläge von Software erkannt, deren Entwicklung auf dem Wasserfall-Modell beruhen. Eine Auswertung dieser Projekte[60] hatte 1999 gezeigt, dass 75% der Projekte fehlschlugen oder niemals genutzt wurden und nur 2% ohne größere Modifikationen genutzt werden konnten. Der neue Standard DoD-Std-2167A aus dem Jahr 1987 sollte daher die Wasserfall-Entwicklung durch eine iterative Entwicklung ersetzen [LB03]: **DoD-Std-2167A**

> [...] es ist am einfachsten, am sichersten und sogar am schnellsten, ein komplexes System zu entwickeln, indem man eine minimale Version erstellt, diese in Gebrauch nimmt und dann Funktionalitäten gemäß den Prioritäten, die sich aus dem Gebrauch ergeben, hinzufügt. [...] Evolutionäre Entwicklung ist die beste Technik und spart Zeit und Geld.

Diese Abkehr vom Wasserfall-Modell war offenbar noch nicht deutlich genug, denn nach wie vor waren viele Fehlschläge zu verbuchen, deren Ursache auf die Vorstellung einer wasserfallartigen Entwicklung zurückzuführen war. 1994 wurde daher DoD-Std-2167A durch den neuen Standard Mil-Std-498 ersetzt, der sich wie folgt liest [LB03]: **Mil-Std-498**

> Wenn ein System in vielen Schritten entwickelt wird, brauchen dessen Anforderungen bis zum letzten Schritt nicht vollständig erfüllt sein.

Auch das half nichts. Die Standish Group wertete 1998 23.000 Projekte aus und fand, dass die Hauptgründe für Fehlschläge im Zusammenhang mit dem Wasserfall-Modell stehen. Wieder wurde ein Standard durch den nächsten ersetzt. Aus Mil-Std-498 wurde jetzt DoD 5000.2, in dem ein evolutionärer Ansatz empfohlen wird. **DoD 5000.2**

Weshalb ist die Entwicklung von Software nach dem Wasserfall-Modell zum Scheitern verurteilt? Parnas und Clements haben 1986 eine prägnante Begründung geliefert [PC86]:

1. In den meisten Fällen wissen Leute, die ein [...] System in Auftrag geben, nicht genau, was sie wollen und sind nicht in der Lage zu erzählen, was sie wissen.

2. Selbst wenn wir alle Anforderungen kennen würden, gäbe es viele andere Tatsachen, die wir zum Entwurf der Software wissen müssten. Viele Einzelheiten erfahren wir erst, wenn wir in der Umsetzung voranschreiten. [...]

3. Selbst wenn wir alle relevanten Details kennen würden, bevor wir beginnen, zeigt die Erfahrung, dass Menschen nicht in der Lage sind, die Fülle der Einzelheiten zu erfassen, die berücksichtigt werden müssen, um ein korrektes System zu entwerfen und zu realisieren.

4. Selbst wenn wir alle benötigten Einzelheiten erfassen könnten, sind alle Projekte, außer den allereinfachsten, Änderungen unterworfen, die durch externe Einflüsse verursacht werden.

---

[60]Die untersuchten Projekte hatten ein Gesamtvolumen von $37 Milliarden.

Das Wasserfall-Modell könnte nur unter diesen Vorraussetzungen funktioneren:

1. Falls wir die Anwenderforderungen auf die in [Rup04] geforderte Weise erfassen könnten: vollständig, korrekt, eindeutig, konsistent, prüfbar, verfolgbar, verstehbar und realisierbar.

2. Falls wir die Anforderungen während der Projektlaufzeit stabil halten könnten.

3. Falls wir mechanisch aus den Anforderungen ein System entwickeln könnten – ähnlich der Ableitung eines mathematischen Beweises aus den Axiomen.

Das sind tatsächlich sehr unrealistische Annahmen!

4.3.2 Iterativ-inkrementelle Entwicklung

Welche Alternative gibt es zum Wasserfall-Modell? Wie könnte man sein Ziel sicherer und einfacher erreichen als es aus der Ferne undeutlich erkennbar anzupeilen und mit geschlossenen Augen so lange in die geschätzte Richtung zu laufen, bis man glaubt, das Ziel erreicht zu haben. Niemand würde auf diese Weise durch den Wald spazieren – oder besser gesagt straucheln. Enttäuschungen wären unvermeidlich: im Weg stehende Bäume, zuvor nicht erkennbare Wurzeln und Gräben. Und alles nur, weil man die vorhandenen Rückmeldungen aus der Umgebung nicht oder zu spät wahrgenommen hat. Wie man es besser machen kann, weiß jeder: die Umwelt ständig wahrnehmen und sich alle paar Schritte neu orientieren.

Iteration

Inkrement

Agile Entwicklung

V-Modell XT

Nach diesem Prinzip der Rückkopplung entstehen komplexe Systeme in einem andauernden evolutionären Voranschreiten seit einer Milliarde Jahren auf der Erde. Und nach diesem Prinzip können auch Menschen komplexe Systeme entwerfen – ohne zuvor eine vollständige Blaupause auf dem Reißbrett entworfen zu haben. In einer Folge von gleichartigen Schritten (Iterationen) wächst das System Stück für Stück (Inkrement) weiter heran. Das weiß man nicht erst, seitdem im Jahr 2001 die „Agile Alliance[61]" dieser iterativ-inkrementellen Entwicklungsweise den klingenden Namen „agile Entwicklung" verliehen hat, sondern bereits seit den Verbesserungsvorschlägen zur Qualitätssicherung von Walter Shewhart von den Bell Labs in den 30er Jahren des letzten Jahrhunderts [She39]. Eine Vielzahl von iterativ-inkrementell entwickelten Projekten folgte[62], z.B. das X-15 Überschalldüsenflugzeug in den 1950er Jahren oder das primäre Avionik Software System des NASA Space Shuttles in den 1970er Jahren. Gegenwärtig wird sogar das am Wasserfall-Modell angelehnte Entwicklungsmodell des Bundes, das V-Modell 97, von einem agilen Nachfolger abgelöst: dem V-Modell XT [IAB06b].

Das Plädoyer für iterativ-inkrementelle Software-Entwicklung wollen wir mit zwei Zitaten von Tom Gilb und Tom DeMarco abschließen:

> Ein komplexes System wird am erfolgreichsten, wenn es in kleinen Schritten entwickelt wird. Jeder Schritt kann durch seine erfolgreichen Verbesserungen bemessen werden. Im Fehlerfall gibt es Rückzugsmöglichkeiten zu einer vorangegangenen stabilen Version. Man erhält frühzeitig Feedback

---

[61]http://www.agilealliance.org
[62]für eine Geschichte der iterativ-inkrementellen Entwickeln siehe Referenz [LB03]

von der realen Welt und man kann frühzeitig Entwurfsfehler korrigieren. *(Tom Gilb in seinem 1976 erschienenem Buch über evolutionäres Projektmanagement [Gil76])*

In den 90er Jahren begannen wir, unsere Vorgehensmodelle zu perfektionieren. Wir wollten nicht nur jeden einzelnen Schritt perfekt machen, sondern auch noch den Gesamtablauf genau vorhersagen können. [...] Das ist das Vorgehen in der Tradition von CMM[63] und ISO-9000[64]. Einige Firmen waren erfolgreicher als andere in der Perfektionierung ihrer Vorgehensmodelle. Aber eigenartigerweise waren die Firmen, die es am besten schafften, nicht immer die erfolgreichsten am Markt. In unseren turbulenten Zeiten wurden meist nicht die Firmen belohnt, die ihre Vorgehensweise perfektioniert haben, sondern die, die sich am schnellsten anpassen konnten. *(Tom DeMarco im Vorwort des Buches von Hruschka und Rupp über agile Software-Entwicklung [HR02])*

Zum Schluss dieses Abschnitts bleibt uns, die Darstellung aus Abbildung 4.17 hinsichtlich des iterativen Charakters zu verdeutlichen. Dies geschieht mit Abbildung

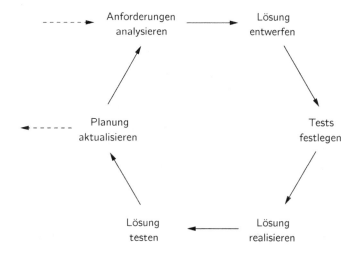

Abbildung 4.18: Eine Iteration der iterativ-inkrementellen Software-Entwicklung.

4.18. Die erste Iteration beginnt mit der Phase der *Anforderungsanalyse*. Diese und die anderen drei Phasen, *Lösung entwerfen*, *Lösung realisieren* und *Lösung testen* haben wir ausführlich diskutiert. Die zusätzliche Phase, *Tests festlegen*, haben wir vor der Phase, Lösung realisieren, eingeschoben und damit die nützliche Idee, Tests vor der Implementierung festzulegen, aus dem Gedankengut des Extreme Programming aufgegriffen (siehe Seite 158). Nach der Testphase folgt eine *Orientierungsphase*, in

---

[63]Capability Maturity Model zur Beurteilung der Qualität des Softwareprozesses
[64]Die ISO-9000 Normenreihe (EN ISO 9000, 9001, 9004 und 19011) definiert Maßnahmen zum Qualitätsmanagement.

der die in der vorangegangenen Iteration gewonnenen Erfahrungen und Rückmeldungen verarbeitet werden und als Grundlage einer Planung der folgenden Iteration oder einer Anpassung der Projektplanung dienen. Gegebenenfalls wird in dieser Phase die letzte Iteration und damit die Entwicklung der Software abgeschlossen.

Abbildung 4.19 veranschaulicht das Vorgehen der iterativ-inkrementellen Entwicklung anhand der ersten drei Iterationen:

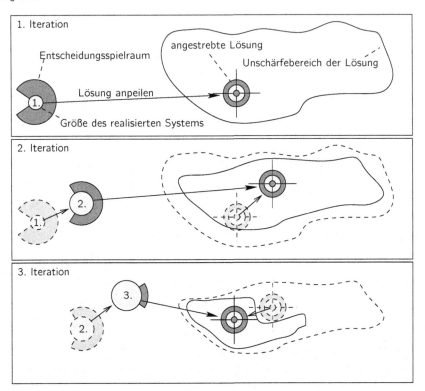

Abbildung 4.19: Drei Iterationen der iterativ-inkrementellen Entwicklung.

1. Iteration Der Kreis in der linken unteren Ecke des oberen Bildes symbolisiert das Projekt zu Beginn der Entwicklung. Die angestrebte Lösung, durch ein Fadenkreuz markiert, lässt sich noch nicht genau erkennen, sondern liegt in einem unscharfen Bereich, den die geschlossene Kurve um die angestrebte Lösung herum andeutet. Zu Beginn der Entwicklung hat das Projekt den größten Entscheidungsspielraum, dargestellt durch das 300°-Kreissegment um den Projektkreis herum. Das Projekt besitzt eine geringe „träge Masse" und kann sich in viele Richtungen bewegen.

2. Iteration Das mittlere Bild zeigt, wie sich das Projekt entwickelt hat. Der vergangene Zustand ist in gestrichelten Linien und grauer Farbfüllung eingezeichnet.

Aus der Darstellung erkennt man dies:

- Das Projekt hat an Größe zugenommen, was durch die größere Kreisfläche symbolisiert ist.

- Der Entscheidungsspielraum des Projektes hat sich reduziert. Das Projekt hat an Trägheit gewonnen und lässt sich nicht mehr in so viele Richtungen bewegen.

- Die angestrebte Lösung ist gewandert. Die zwischendurch gemachten Erfahrungen haben das Ziel deutlicher erkennen lassen.

- In der Orientierungsphase der letzten Iteration wurde das Projekt neu auf das Ziel ausgerichtet, was durch eine geänderte Steigung des Pfeils zwischen Projekt und Ziel angedeutet wird.

- Die Fläche des unscharfen Bereichs der Lösung ist kleiner geworden. Die gewonnenen Erkenntnisse haben die Unsicherheiten reduziert.

- Das Projekt hat sich dem Ziel angenähert.

3. Iteration Im unteren Bild erkennt man die Änderungen der dritten Iteration:

- Das Projekt hat weiter an Größe gewonnen.

- Der Entscheidungsspielraum des Projektes hat sich noch weiter verkleinert.

- Die angestrebte Lösung hat sich wieder ein Stück bewegt – jetzt allerdings weniger als im letzten Schritt.

- Das Projekt wurde wieder neu auf das Ziel ausgerichtet.

- Die Unsicherheit des Zielbereichs hat sich noch mal verkleinert.

- Das Projekt hat sich seinem Ziel weiter angenähert. Allmählich wird aus einem rudimentären Prototypen das fertige System.

Auf natürliche Weise nähert sich das Projekt in kleinen Schritten der angestrebten Lösung an und reagiert dabei auf sich ändernde Randbedingungen, neu gewonnene Erkenntnisse, Rückmeldungen der Nutzer bezüglich deren Erfahrungen mit dem enstehenden System, geänderte Markt- und Konkurrenzsituation. Aus dem Entwicklungssystem wird schrittweise das fertige System. Auf diese Weise kann das Risiko reduziert werden, in eine so fatale Situation zu geraten, wie sie Abbildung 4.20 zeigt. Das Projekt ist so schwerfällig geworden und verfügt über so wenig Entscheidungsspielraum, dass das Ziel nicht mehr erreicht werden kann.

Die rege Kommunikation zwischen allen Projektbeteiligten, insbesondere der Anwender, eine am Ziel orientierte Vorgehensweise, die der Komplexität der Aufgabe gerecht wird und das Eingeständnis, in einer Welt mit nichtlinearen Wechselwirkungen zu leben, die zu überraschendem bis hin zu chaotischem Verhalten führen kann, sind die Grundlage für eine erfolgreiche (Software-)Entwicklung. Ähnlich sieht es auch Donald Knuth, der Autor des Standardwerkes „The Art of Computer Programming":

> Die User wissen nicht immer was sie wollen. Aber der schlimmste Fehler ist, dass eine Person das System spezifiziert, ein anderer es implementiert und ein dritter es dann benutzen soll, aber diese Leute sich niemals treffen.

[...] Aber eine solche Separation macht die Manager glücklich, denn dann wissen sie wie sie die Dinge managen sollen. [Sti05]

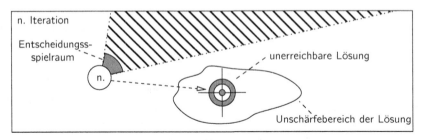

Abbildung 4.20: Ein Projekt in der Sackgasse. Es gibt keine Möglichkeit mehr, das Entwicklungssystem in Richtung der angestrebten Lösung zu bewegen.

Zusammenfassung:

1. Software sind alle nicht-physischen Anteile eines Computers, und Hardware sind alle physischen Anteile eines Computers.

2. Im Zentrum der Entwicklung sollte der zukünftige Nutzer der Software stehen.

3. Dazu sollte man eine intensive Diskussion mit dem zukünftigen Nutzer der Software anstreben.

4. Zweckmäßige Techniken zur Software-Entwicklung müssen einem fundamentalem Prinzip dienen: der Minimierung von Abhängigkeiten und damit der Eliminierung aller unnötigen Abhängigkeiten!

5. Objektorientierte Techniken bieten nützliche Werkzeuge zum Zerlegen und Ordnen komplexer Systeme.

6. Software-Entwicklung sollte in den allermeisten Fällen ein iterativ-inkrementeller Prozess sein.

7. Der Mikrozyklus dieses Prozesses besteht aus den einzelnen Phasen: Analyse der Anforderungen, Entwurf der Software, Implementierung der Software, Testen der Software, Anpassung der Projektziele an die gewonnenen Erfahrungen und geänderten Randbedingungen.

5 Digitale Schaltungstechnik

von Ralf Gessler

Das Kapitel beschreibt den Entwurf und die Implementierung von digitalen Schaltungen für die in Abschnitt 3.6 dargestellten Rechenmaschinen.

Lernziele:

1. Was versteht man unter digitalen Systemen?

2. Wie kann man Sie entwerfen?
   - welche Entwurfsebenen gibt es?

3. Was ist kombinatorische und sequentielle Logik?

4. Was ist ein rechnergestützter Schaltungsentwurf?
   - wie kann man digitale Schaltungen mit FPGAs entwerfen?

5. Was sind Hardware-Beschreibungssprachen?
   - wie kann man digitale Schaltungen mit VHDL entwerfen?

5.1 Begriffsbestimmung

Die folgenden Begriffserklärungen sind wichtig für ein besseres Verständnis des Kapitels.

Signal   Ein Signal ist eine physikalisch messbare Größe (Amplitude). Die zeitlichen Signaländerungen enthalten die Nutzinformationen. Elektrische Signale sind Spannungs- oder Stromwerte. In der Technik wird zwischen analogen und digitalen Signalen unterschieden.

analog   **digital**   Analoge Signale sind wert- und zeitkontinuierlich. Digitale Signalen entstehen aus anlogen durch Abtastung (Zeitdiskretisierung) und Quantisierung (Wertdiskretisierung). Hierbei wird die Amplitude durch endlich viele Stufen dargestellt (siehe Abschnitt 3.5.5). Digitale Signale sind wert- und zeitdiskret.

Operationen   Der Entwickler ist mit einer Vielzahl von Signalverarbeitungsoperationen konfrontiert. Die Signale können verstärkt, gedämpft, moduliert, gleichgerichtet, gespeichert, übertragen, gemessen, gesteuert, verformt, rechnerisch verarbeitet und erzeugt werden.

System   Ein System[1] bezeichnet ein Gebilde, dessen wesentliche Elemente (Teile) so aufeinander bezogen sind und in einer Weise in Wechselwirkung stehen, dass sie (aus einer übergeordneten Sicht heraus) als aufgaben-, sinn- oder zweckgebundene Einheit (d.h. als Ganzes) angesehen werden (können) und sich in dieser Hinsicht gegenüber der sie umgebenden Umwelt auch abgrenzen [Wik07d]. Signale stehen in engem Zusammenhang zu Systemen (siehe Abbildung 5.1).

Analoge und digitale Schaltungen sind Systeme. Trotz eines deutlichen Trends hin zur Digitaltechnik, hervorgerufen durch Fortschritte bei den digitalen ICs, behalten **analoge** analoge Schaltungen auch in Zukunft ihren Stellenwert. Viele Operationen, wie die **Schaltungen** Verstärkung kleiner Signale, die Frequenzumsetzung und die Spannungsversorgung (Regler), lassen sich digital nicht oder nicht wirtschaftlich lösen. Aktive Bauelemente der analogen Schaltungstechnik sind Transistoren und integrierte Analogschaltkreise, wie Operationsverstärker.

Der Aufbau und die Verarbeitung digitaler Systeme lassen sich verallgemeinern (siehe Abbildung 5.1). Der Informationsverarbeitungteil kann ein FPGA oder ein Mikroprozessor sein. Signaleingabe/-ausgabe können mechanisch über Kontakte oder kontaktlos (optisch, induktiv, kapazitiv) ausgeführt werden.

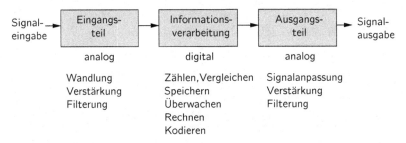

Abbildung 5.1: Prinzipieller Aufbau digitaler Systeme mit den Subsystemen Signal-Ein-/Ausgabe und Informationsverarbeitung [Sei90]

Viele Sensoren wandeln die zu messende Größe in ein elektrisches Analogsignal um. Auch digitale Systeme wie Mikrocomputer benötigen analoge Einheiten zur Verarbeitung von Analogsignalen ([Sei94], S. 19 ff; [Mül05], S. 101).

Beispiel: Operationsverstärker als invertierender Verstärker kann zur Strom-/Spannungswandlung eingesetzt werden:
$$-U_a \approx I_e \cdot R_1 \approx U_e \cdot \frac{R_1}{R_2}$$

digitale Mit digitalen Schaltungen können vielfältige Aufgaben aus dem Bereich der Infor-
Schaltungen mationstechnologie, -gewinnung, -übertragung und -speicherung realisiert werden.

---

[1]griech. systema, „das Gebilde, Zusammengestellte, Verbundene"

Definition: **Digitale Schaltungstechnik**

Technische Realisierung elektrischer Schaltungen mittels digitaler Einheiten. Die Realisierung umfasst hier: Entwurfsverfahren, kombinatorische und sequentielle Schaltungen und Beschreibungssprachen.

Beispiele:

1. Anwendungsgebiete für digitale Schaltungen sind: Eingebettete Systeme, industrielle Steuerungen, digitale Messwerterfassung, Digitalrechner usw.

2. Digitale Steuerung: Speicherprogrammierbare Steuerungen[a] bestehen aus einem Informationsverarbeitungsteil (Mikroprozessor/-controller) und Ein-/Ausgangsteil zur Ansteuerung der Leistungselektronik [Wik07d].

3. Mobilfunkgerät: siehe Abbildung 3.37

4. serielle Übertragung (RS232): Die Informationsverarbeitung (Mikrorprozessor) steuert parallel (Signalpegel 3-5V) das Ausgangsteil (UART[b]-Baustein) an. Er nimmt die serielle Umsetzung vor. Es folgt ein Treiberbaustein zur Pegelanpassung (Signalpegel +/-15V) [Dem01].

---

[a]SPS = Speicherprogrammierbare Steurung
[b]UART = Universal Asynchron Receiver Transmitter

5.2 Entwurf digitaler Schaltungen

Der Entwurf digitaler Schaltungen verläuft auf verschiedenen Ebenen.

5.2.1 Ebenen

Lösung finden

Der Entwurf digitaler Systeme schließt an die Überlegungen aus den Abschnitten 4.2 und 4.3 an. Mit dem Entwurf einer digitalen Schaltung wird eine Lösung für die gegebene Aufgabe unter den gegebenen Randbedingungen gefunden.

Beim Entwurf digitaler Schaltungen wird zwischen den folgenden Ebenen der Software-Architektur unterschieden: Systemebene, Algorithmenebene, Register-Transferebene, Logikebene (siehe Abbildung 5.2).

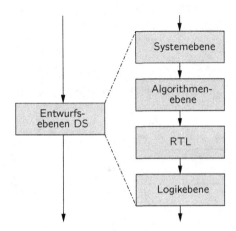

Abbildung 5.2: Ebenen der Software-Architektur beim Entwurf von digitalen Schaltungen

Die Entwurfsebenen bauen auf den Ebenen der IC-Technologie auf (siehe Abschnitt 3.2). Die Funktionen der einzelnen Ebenen sind:

Systemebene

- Systemebene: Beschreibung der Software-Architektur mittels Subsystemen und Modulen.

**Algorithmen-
ebene**

- Algorithmenebene: Beschreibung durch eine Rechenvorschrift.

RTL

- Register-Transfer-Ebene[2]: Beschreibung des zeitlichen Ablaufs der Registerwerte und -änderungen

Logikebene

- Logikebene: Beschreibung durch Gatter und Flip-Flops.

makroskopisch

Die Ebenen System-, Algorithmen-, Register- und Logikebene stellen die makroskopischen Schichten dar. Der Abstraktionsgrad nimmt ausgehend von der Logik- hin zur

---

[2]RTL = Register Transfer Level *(deutsch: Register Transfer Ebene)*

Systemebene zu. Die einzelnen Ebenen müssen für die Lösung nicht zwingend besetzt sein.

Hingegen bilden Schaltungs-, Bauelemente- und Layoutebene der IC-Technologie (siehe Abbildung 3.3) die mikroskopischen Schichten.

mikroskopisch

Frage: Beschreiben Sie eine ALU auf den verschiedenen Entwurfsebenen.

Aufgrund der wachsenden IC-Komplexität erfolgt der Entwurf digitaler Schaltungen hauptsächlich auf den makroskopischen Ebenen: System-, Algorithmen-, Register-Transfer-Ebene. Abschnitt 5.4 auf Seite 189 vertieft den Schaltungsentwurf auf diesen Ebenen ([Vor01], S. 57 ff).

Definition: **Entwurf digitaler Systeme**
Der Entwurf einer digitalen Schaltung bzw. eines digitalen Systems ist die Umsetzung einer Produktidee in eine produktionsfähige Beschreibung.

Hierbei kommen auf den jeweiligen Abstraktionsebenen verschiedene Modelle zum Einsatz.

Definition: **Modelle**
dienen dem Verständnis bzw. der Analyse von Problemen. Modelle können auf verschiedenen Ebenen im Form von linguistischen oder grafischen Darstellungen implementiert werden. Dabei ist ein Modell als eine idealisierte Abbildung einer (Teil-) schaltung aufzufassen. Die Genauigkeit des Modells im Hinblick auf Vollständigkeit und Detailierungsgrad hängt vom zu untersuchenden Problem, dem Wissensstand oder der Modellumgebung ab ([SS03], S. 140).

5.2.2 System-, Algorithmen- und Register-Transfer-Ebene

Der Entwurf auf diesen Ebenen erfolgt heute vorzugsweise rechnergestützt mit Beschreibungssprachen (siehe Abschnitt 5.3, 5.4).

Systemebene
Die Systemebene beschreibt die Software-Architektur der Lösung auf oberster Hierarchieebene. Hierbei werden die Systemschnittstellen und Subsysteme bzw. Module festgelegt. Ein Modell auf dieser Ebene ist das Blockdiagramm.

Block-diagramm

Beispiel: Auf Systemebene besteht ein Mikroprozessor aus den Subsystemen: ALU, Steuerwerk, Speicher, Bus usw.

Die Systemebene beschreibt im Rahmen des Hardware-Software-Codesign die Aufteilung von CPU und digitalen Schaltungen auf der Basis eines „System On Chip"

171

(siehe Abschnitt 3.6.5 und 7.4).

Algorithmenebene

Die Ebene beschreibt den Algorithmus[3] mittels Operationen wie Addition, Multiplikation, Boole'scher Ausdrücke und bedingten Zuweisungen (if-then-else-Konstrukten) und Speicherfunktionen. Diese Ebene weist aber noch keine Reihenfolge der Verarbeitung und Schaltungselemente (Addierer, Speicher usw.) zu. Modelle auf dieser Ebene:

- Verhaltensbeschreibung

- Flussdiagramme und Struktogramme

- Datenflussdiagramm (siehe Abbildung 7.9 und [SS03], S. 308)

Die Verhaltensbeschreibung ist Hochsprachen wie C sehr ähnlich.

Die Schaltungs- und Algorithmenebene kann von den in Abschnitt 4 dargestellten Modellen profitieren. UML kann hierbei auch den Entwurf von digitalen Schaltungen unterstützen (siehe Abschnitt 4).

Register-Transfer-Ebene

Die Ebene stellt zum gewünschten Verhalten der Algorithmenebene einen Taktbezug her - RTL weist den Operationen einen Taktzyklus zu. Die Register-Transfer-Ebene baut auf die sequentielle Logik auf. Die Schaltungsmodellierung erfolgt mittels kombinatorischer Logik und Registern. Das taktsynchrone Modell wird häufig in einen Daten- und Steuerpfad unterteilt.

> *Beispiel:* Mikroprozessor: Die ALU kann als Datenpfad angesehen werden. Das Steuerwerk stellt den Steuerpfad dar.

Weiterführende Literatur zum Thema findet man unter ([Jan01], S. 34 ff).

5.2.3 Logikebene

Die Logikebene wird durch kombinatorische und sequentielle Schaltungen dargestellt.

Kombinatorische Schaltungen (Schaltnetze)

In der Digitaltechnik wird zwischen kombinatorischer und sequentieller Logik unterschieden. Aus den kombinatorischen Grundfunktionen UND, ODER und NICHT[4] lassen sich alle weiteren Funktionen: NOR[5], NAND, XOR[6], XNOR erzeugen. In ICs werden bevorzugt NAND oder NOR-Gatter (siehe Abbildung 3.11) eingesetzt. Aus diesen beiden Gattern können die Grundfunktionen abgeleitet werden.

Zeitparameter   Das zeitliche Verhalten wird durch T_{pd}[7] beschrieben.

---

[3] Rechenvorschrift
[4] Negation
[5] Negiertes OR
[6] eXclusives OR
[7] T_{pd} = Propagation Delay Time

Frage: Stellen Sie ein AND-Gatter aus NAND-Gattern dar.

Kombinatorische Logik ist speicherfrei (ohne Gedächtnis). Der zu einem bestimmten Zeitpunkt t_n auftretende Ausgangsvektor Y ist eindeutig dem Eingangsvektor X zum selben Zeitpunkt t_n zugeordnet (zeitunabhängige Schaltung). Somit gilt für ein allgemeines kombinatorisches System $Y = f(X)$. Die logische Funktion f(X) kombinatorischer Systeme kann mittels folgender Modelle:

speicherfrei

zeitunabhängig

- Schaltfunktionen

- Schaltungsbelegungstabelle[8]

- Karnaugh-Tabellen.

beschrieben werden. Die beiden wichtigsten Formen der Schaltfunktionen sind:

Schaltfunktion

- Disjunktive Normalform[9]: Boole'sche Gleichungen mit UND-Terme, die ODER verknüpft sind.

DNF

- Konjunktive Normalform[10]: Boole'sche Gleichungen mit ODER-Terme, die UND verknüpft sind.

KNF

Hierbei stellt „$\vee$" eine ODER-, „$\wedge$" eine UND-Verknüpfung und $\overline{X}$ eine Negation dar.

Beispiel: DNF: $Y = \overline{X_1} \wedge X_0 \vee \overline{X_0} \wedge X_1$

Die Schaltungsbelegungstabelle beinhaltet die Antworten des Ausgangsvektors auf alle Kombinationen des Eingangsvektors.

SBT

Tabelle 5.1 zeigt eine Schaltungsbelegungstabelle für das obige Beispiel:

Eingang X_1	Eingang X_0	Ausgang Y
0	0	0
0	1	1
1	0	1
1	1	0

Tabelle 5.1: Schaltungsbelegungstabelle

Das Karnaugh-Diagramm ist die Abbildung der Schaltungsbelegungstabelle. Die Information ist lediglich in einer anderen Form, die der SBT sehr ähnelt, dargestellt.

Karnaugh-Diagramm

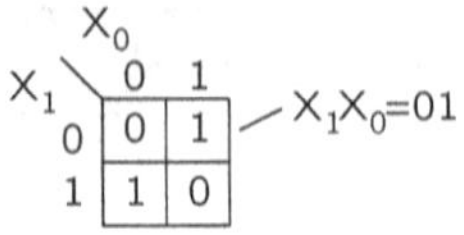

$$
\begin{array}{c|c|c|}
 & X_0 & \\
X_1 & 0 & 1 \\
\hline
0 & 0 & 1 \\
\hline
1 & 1 & 0 \\
\hline
\end{array}
\quad X_1 X_0 = 01
$$

Abbildung 5.3: Karnaugh-Diagramm

Realisierung

Nicht zu berücksichtigende Felder[11] werden „X" markiert. Abbildung 5.3 zeigt das Karnaugh-Diagramm für das obige Beispiel.

Zur Realisierung der Kombinatorischen Schaltung stehen:

- verknüpfende Elemente: Gatter oder PLD und FPGAs

- adressierende Elemente: Multiplexer oder Festwertspeicher (ROM, EPROM)

zur Verfügung.

Verknüpfende Elemente stellen die direkte Umsetzung mittels Gatter dar. Hingegen arbeiten adressierende Elemente indirekt mit Adressen. Hierbei wird der Ausgangsvektor durch die Adresse, die aus dem Eingangsvektor gebildet wird, erzeugt

Weiterführende Literatur zum Thema findet man unter ([Sei90], S. 544 ff; [HRS94], S. 6 ff).

Sequentielle Schaltungen (Schaltwerke)

Speicher-
elemente

zeitabhängig

Flip-Flops

Im Gegensatz zur Kombinatorik, die logische Verknüpfungen aufweist, verfügt die sequentielle Logik über Speicherelemente. Der Wert am Ausgang wird solange gespeichert, wie sich das Eingangssignal in Abhängigkeit eines Steuersignals (meistens das Takt-Signal) nicht ändert. Hierdurch können Schaltungen mit zeitabhängigem Verhalten realisiert werden.

Speicherelemente sind die Flip-Flops[12]. Man unterscheidet Arten zwischen:

- D-Flip-Flop: Übernahme der Daten vom Eingang D bei aktivem Taktsignal.

- RS-Flip-Flop: Übernahme bei Änderung der Eingangspegel Reset, Set (R, S). Der Zustand S=R=1 ist nicht erlaubt!

- JK-Flip-Flop: Funktion wie RS-Flip-Flop. Der Eingang J entspricht S. J=K=1 ist erlaubt (Toogle-Funktion)

synchron

Synchrone Flip-Flops verfügen über einen zusätzlichen Takteingang[13] und schalten nur bei einem aktiven Taktsignal. Man unterscheidet hierbei zwischen taktzustands- und taktflankengesteuerten Flip-Flops.

Latches sind taktzustandsgesteuerte Flip-Flops.

---

[8]SBT = Schaltungsbelegungstabelle
[9]DNF = Disjunktive Normalform
[10]KNF = Konjunktive Normalform
[11]engl. Don't Care
[12]bistabile Kippstufe
[13]Clk = Clock

Ein taktflankengesteuertes Flip-Flop entsteht durch Reihenschaltung zweier takt-zustandsgesteuerten Flip-Flops mit einer invertierten Takt-Ansteuerung. Es entsteht ein Master-Slave-Flip-Flop. Die zweite Stufe als Slave kann nur die Daten der ersten Stufe (Master) übernehmen.

Beispiele:

1. D-Flip-Flop: entsteht aus einem RS-Latch durch invertierende Ansteuerung von Reset und Set-Eingang (Abbildung 3.12 zeigt ein taktzustandsgesteuertes D-Flip-Flop)

2. Sequentielle Schaltungen: Register, Zähler, Zustandsmaschinen usw.

Meistens sind auf den integrierten Schaltungen nur D-Flip-Flops, die restlichen Flip-Flops werden emuliert. Weitere Steuersignale sind: Setzen[14], Rücksetzen[15] und Frei-schalten[16].

Flip-Flops haben folgendes Zeitverhalten[17]:   **Zeitverhalten**

- Setup Time[18]: gibt an, wie lange sich das Eingangssignal vor der Clock-Flanke nicht verändern darf.

- Hold Time[19]: gibt an wie, lange das Eingangssignal nach der Clock-Flanke sich nicht verändern darf.

- Pulse Width Time[20]: bestimmt minimale Breite des Rechteck-Impulses für asyn-chronen Preset, Reset oder Clock-Signal.

- Propagation Delay Time Clock to Output[21]: gibt Verzögerung der Ausgangsän-derung bezüglich Clock-Flanke an.

Die aufgeführten Zeiten sind wichtig für eine Timing-Analyse beim FPGA-Entwurf.   **Timing-Analyse**

Synchron und asynchron

Sequentielle digitale Systeme werden in einem zeitlichen Bezug betrieben. Hierbei stehen meist ein oder mehrere Taktsignale als Zeitbasis zur Verfügung. Von einem synchronen Entwurf spricht man, wenn alle sequentiellen Einheiten aus einem einzigen **synchron** Takt ohne kombinatorische Verknüpfung angesteuert werden. Die Bestimmung der Taktfrequenz erfolgt aus der Ermittlung der maximalen Laufzeit des kritischen Pfades **kritischer Pfad** zwischen zwei Registern.

---

[14] PS = Preset
[15] RS = Reset
[16] EN = Enable
[17] engl. Timing
[18] T_{su} = Setup Time
[19] T_{hd} = Hold Time
[20] T_{pwidth} = Pulse Width Time
[21] T_{pdclk} = Propagation Delay Time Clock to Output

> *Beispiel:* Die Taktfrequenz f aus Abbildung 5.4 wird wie folgt ermittelt: $f = 1/T_{clk}$
>
> $T_{clk} = T_{pdclk} + T_{pd1} + T_{pd2} + \ldots + T_{pdn} + T_{su}$

asynchron
Meistens sind die Eingangssignale eines Systems asynchron. Sie müssen dann auf den internen Takt beispielsweise mittels eines Flip-Flops synchronisiert werden. Hingegen wird bei asynchronen Einheiten der Takt selbst aus Eingangssignalen erzeugt ([HRS94], S.14 ff).

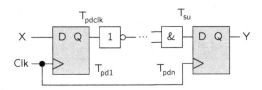

Abbildung 5.4: Beispiel für eine synchrone Schaltung aus kombinatorischer Logik und D-Flip-Flops ([HRS94], S. 14 ff)

Digitale Systeme werden vorzugsweise als synchrone Schaltungen entworfen. Diese sind leichter zu entwerfen und zu prüfen. Bei asynchronen Schaltungen besteht die Gefahr, dass infolge unterschiedlicher Gatterlaufzeiten ungewollte Signalsprünge auftreten, die sich in der Entwurfsphase nur schwer vorhersehen lassen ([Sei90], S. 27).
Störungen
Man unterscheidet hierbei zwei Arten von Störungen:

- Hazards: sind kurzzeitig auftretende fehlerhafte Logiksignale aufgrund unterschiedlicher Gatterlaufzeiten

- Races[22]: diese Störungen treten bei Rückkopplungen der Ausgangssignale logischer Schaltungen auf die Eingänge von Flip-Flops, Zählern, Schieberegistern usw. auf.

Zustandsautomaten
Sequentielle Schaltungen werden durch die Überführungsfunktion f wie folgt beschrieben: $Z(t_{n+1}) = f(Z(t_n, X)$.
Der aktuelle Zustandsvektor $Z(t_n)$ geht in Abhängigkeit des Eingangsvektors X in
FSM
den neuen Zustandsvektor $Z(t_{n+1})$ über. Zustandsautomaten[23] sind synchrone Schaltwerke und beschreiben zeitliche Abläufe (Ablaufsteuerungen).
Man unterscheidet zwischen drei unterschiedlichen Grundformen (siehe Abbildung 5.5):

- Medvedev-Automat

- Moore-Automat

- Mealy-Automat.

---

[22]Wettlauferscheinungen
[23]FSM = Finite State Machine

Ein Automat besteht ein aus einem kombinatorischen Block und einem Registerblock[24] mit festem Zeitbezug (t_n).

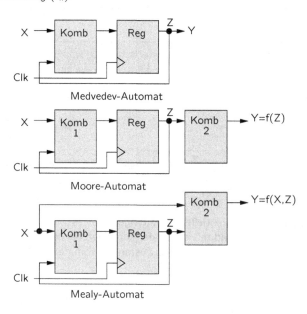

Abbildung 5.5: Grundformen von Automaten. Abkürzungen: Kombinatorik (Komb), Register(Reg). Beim Moore-Automaten ist $Y=f(Z)$ und beim Mealy-Automaten gilt $Y=f(X,Z)$([HRS94], S. 262 ff).

Medvedev-Automat

Der Medvedev-Automat besteht aus kombinatorischer Logik, Registerblock und dem Eingangs- X, Ausgangs- Y und Zustandsvektor Z. Der Ausgangsvektor Z wird über kombinatorische Logik auf den Eingang zurückgekoppelt. Der Ausgangsvektor lässt sich zur Steuerung auswerten. Somit entsteht ein komplexes Ablaufschema beispielsweise zur Steuerung einer Waschmaschine.

Frage: Beschreiben Sie einen Zähler als Medvedev-Automaten.

Moore-Automat

Der Moore-Automat arbeitet im Prinzip wie der Medvedev-Automat. Es erfolgt lediglich eine Umcodierung der Zustandsvariablen Z durch eine nachgeschaltete Kombinatorik auf den Ausgang Y. Somit können die Zustände frei gewählt werden.

Dies kann zu einer verbesserten Maschine mit geringem Flächenverbrauch führen. Es hat aber auch eine zusätzliche Verzögerung durch die weitere Kombinatorik zur Folge.

Der Mealy-Automat unterscheidet sich vom Moore-Automaten dadurch, dass der

Mealy-Automat

[24]Register besteht aus einem oder mehreren Flip-Flops

177

Ausgangsvektor jetzt auch vom aktuellen Eingangsvektor X abhängt (asynchroner Pfad) ([HRS94], S. 262 ff).

Das Einsatzgebiet des jeweiligen Automaten hängt von der Applikation ab.

Frage: Was versteht man unter kombinatorischer und was unter sequentieller Logik? Orden Sie die Grundelemente eines Mikroprozessors zu: Steuer-, Rechenwerk, Register, Busse.

Beispiel: Automaten kommen bei Mikroprozessoren zur Steuerung des Befehlsablaufs zum Einsatz.

Für den Entwurf von sequentiellen Schaltungen gibt es Methoden zur systematischen Modellierung. Diese sind mit denen der kombinatorischen vergleichbar.

Häufig verwendete Entwurfsmodelle für Zustandsautomaten sind:

- Zustandsgraph

- Zustandstabelle

- Petri-Netze

Zustandsgraph
Eine häufige Darstellungsart des Ablaufs ist der Zustandsgraph[25]. Er besteht aus Knoten und Kanten. Die Knoten stellen die Zustände[26] dar. Jede Kante beschreibt den Übergang zwischen zwei aufeinander folgenden Zuständen. Die Kanten werden mit den Eingangskombinationen beschriftet, die das Schaltwerk in den folgenden Zustand
kontrollfluss-orientiert
überführen (kontrollflussorientiert). Der Takteingang zählt hierbei nicht als Informationseingang.

Beispiel: Abbildung 5.6 zeigt ein JK-Flip-Flop als Mealy-Automaten modelliert mit Zustandsgraph und Zustandstabelle.

Zustands-tabelle
Die enthaltene Information des Zustandsgraphes lässt sich auch in Form einer Tabelle, der Zustandstabelle, darstellen. Diese Tabelle ist mit der Schaltungsbelegungstabelle zur Modellierung von kombinatorischen Schaltungen vergleichbar.

Petri-Netze stellen eine Erweiterung der Zustandsgraphen dar. Beim Zustandsgraphen ist zu einem Zeitpunkt immer nur ein aktiver Zustand zulässig. Bei Petri-Netzen
Petri-Netze
hingegen können auch mehrere Zustände gleichzeitig aktiv sein ([SS03], S. 114 ff).

Realisierung
Die Realisierung sequentieller Schaltungen erfolgt prinzipiell mit den Grundelementen (siehe Abbildung 5.5):

---

[25] State diagram
[26] $Z_n \equiv Z(t_n)$

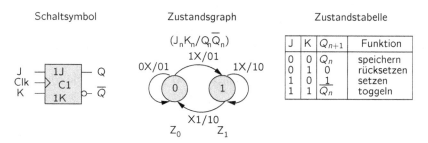

Abbildung 5.6: Zustandsgraph eines JK-Flip-Flops. Der Zustand Z_n entspricht dem Flip-Flop-Ausgang Q_n.

- Gatter (Kombinatorik) und Flip-Flops

- Multiplexer (Kombinatorik) und Zähler.

Hierzu stehen folgende Rechenmaschinen zur Verfügung:

- PROM (Kombinatorik) und Register

- PLDs und FPGAs

- Mikroprozessoren

Weiterführende Literatur zum Thema findet man unter ([Sei90], S. 561 ff).

5.2.4 Generelles

Der Abschnitt beschreibt einige generelle Punkte, die beim Entwurf von digitalen Schaltungen beachtet werden sollten.

Y-Diagramm

Das Y-Diagramm nach Gajski et al. [GDWL92] ist eine Erweiterung der bislang vereinfacht dargestellten Modelle: Entwurfsmodell (System- bis Logikebene) und Modell der IC-Technolgie (Schaltungs- bis Layoutebene). Im Y-Diagramm wird besonders auf die Wechselwirkung der einzelnen Ebenen untereinander Wert gelegt.

Wechsel-wirkung

Das Y-Diagramm verwendet zur Darstellung einer IC-Entwicklung die drei Sichtweisen:

Sichtweisen

- Verhalten

- Struktur

- Geometrie

Die Bedeutung der drei Achsen kann mit den Antworten auf die Fragen Was?, Wie? und Wo? beschrieben werden (siehe Abbildung 5.7). Das Verhalten sagt aus, was die Rechenmaschine macht. Die Struktur stellt dar, wie dieses Verhalten durch Funktionselemente aufgebaut wird. Die Geometrie gibt Auskunft über den physikalischen Ort auf der Rechenmaschine ([Jan01], S. 36 ff).

Start & Ziel

Die Lokalisierung des Starts und Ziels im Y-Diagramm geschieht wie folgt: Der Startpunkt einer Entwicklung ist die Systemebene, die aus der Spezififikation oder dem Pflichtenheft entstanden ist. Der Endpunkt liegt im Zentrum. Bei FPGAs ist ein Ende erreicht, wenn die Konfigurationsdatei vorliegt.

Handhabung der Komplexität

Methoden zur Handhabung der Komplexität aus Verhaltenssicht sind:

Verhalten

- Abstraktion – „so einfach wie möglich und so genau wie nötig"[27]

  - Gliederung in überschaubare Entwurfsschritte

  - Schaltung so beschreiben, dass nur für momentanen Entwurfsschritt relevante Information vollständig vorhanden ist sonst keine!

- Hierarchie – „Teile und herrsche"[28]:

Top-Down

  - Zerlege den Gesamtentwurf in Teilaufgaben („Top-Down-Entwurf")

  - Beschreibe Teilaufgabe in einem Konkretisierungsschritt unter Berücksichtigung ihrer Abhängigkeit zum Gesamtsystem ([SS03], S. 135 ff).

Der umgekehrte Prozess zum „Top-Down-Entwurf" ist der „Bottom-Up-Entwurf". Eine Konkretisierung erfolgt hin zum Ursprung und eine Abstraktion in Richtung der Pfeilspitzen.

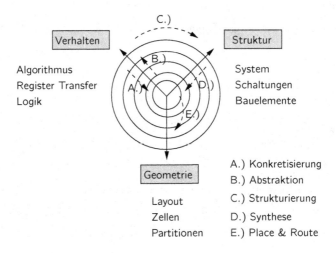

Abbildung 5.7: Y-Diagramm

Struktur

Der Wechsel vom Verhalten zur Struktur geschieht durch Strukturierung.

Methoden zur Handhabung der Komplexität aus struktureller und geometrischer Sicht sind:

---

[27] engl. „Make it as simple as possible, but not simpler"
[28] engl. „Divide and conquer"

- Synthese: Übergang der strukturellen in eine untergeordnete Strukturbeschreibung.

- Platzierung und Verdrahtung (Place & Route) Strukturbeschreibung durch geometrische Anordnung (Gatter/Flip-Flops) und Verdrahtung versetzt.

Geometrie

Bei der Verfeinerung müssen verschiedene technische Randbedingungen an:

Randbedingungen

- Gatteranzahl (Chipfläche)

- Datenrate

- Verlustleistung

- Testbarkeit

Die Hierarchien der verschiedenen Sichtweisen werden ebenfalls mit Y-Diagramm beschrieben. Konzentrische Ringe stellen hierbei die Abstraktionsebenen dar. Somit kann eine Abstraktionsebene unter verschiedenen Sichtweisen betrachtet werden.

Es besteht eine gewisse Freiheit, welcher Weg zwischen Start und Ziel eingeschlagen wird. Die Verwendung von EDA[29]-Werkzeugen hat zum Ziel, untere Ebene automatisch, zu erzeugen.

EDA

Hardwarebeschreibungssprachen wie VHDL oder Verilog ermöglichen eine rechnergestützte Synthese und Platzieren & Verdrahten von digitalen Schaltungen (siehe Abschnitte 5.4, 5.3).

Frage: Beschreiben Sie einen 4-Bit-Addierer aus Verhaltens-, Struktur-, und Geometrischer Sichtweise.

Datendurchsatz versus Gatteranzahl

Im folgenden werden zwei Methoden zur Erhöhung des Datendurchsatzes erläutert: Pipelining und Nebenläufigkeit. Die Methode des Pipelinings teilt große, komplexe Einheiten in kleine und somit schnelle Modulen auf. Die Zwischenergebnisse der Module werden von Registern gespeichert. Weitere Register werden zum Ausgleich von Laufzeitunterschieden der einzelnen Module benötigt. Durch den Registereinsatz steigen die Latenzzeit und der Schaltungsaufwand (Registeranzahl). Unter Latenz versteht man die notwendige Zeit, bis das Ergebnis am Ausgang vorliegt.

Pipelining

Latenzzeit

Bei der Methode der Nebenläufigkeit werden logische Funktionen so realisiert, dass sie parallel abgearbeitet werden.

Nebenläufigkeit

Fragen:

1. Vergleichen Sie die Methoden zur Erhöhung des Datendurchsatzes aus Abschnitt 3.5.3 mit den hier vorgestellten.

2. Wie kann der Datendurchsatz eines Addierers erhöht werden?

---

[29]EDA = Electronic Design Automation

Der Forderung nach einem höheren Datendurchsatz (Reduzierung der Gatterlauf-zeit[30]) steht eine höhere Gatteranzahl (Verbrauch an Chipfläche) gegenüber (siehe Abbildung 5.8).

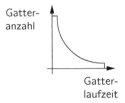

Abbildung 5.8: Gatteranzahl versus Gatterlaufzeit: Gatterlaufzeit kann durch Vergrö-ßerung der Gatteranzahl erhöht werden. Dies geht auf Kosten einer höheren Gatteranzahl (größere Chipfläche) ([HRS94], S. 19 ff).

Einstieg:
Eine Checkliste für einen guten Stil beim Entwurf von digitalen Schaltungen findet man unter ([HRS94], S. 35).

Beispiel: Der Datendurchsatz kann durch Pipelining erhöht werden. Abbildung 5.9 zeigt einen 8-Bit-Addierer bestehend aus zwei 4-Bit-Addierern.

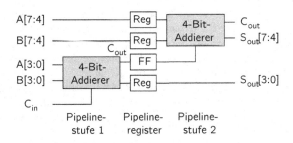

Abbildung 5.9: 8-Bit-Addierer mit zwei Pipelinestufen ([HRS94], S. 21)

Testbarkeit

Die Simulation prüft die Schaltungsfunktion. Ein Test hingegen erfolgt mittels der realen Hardware. Ein unvollständiger Test kann hohe Folgekosten verursachen. Es gilt im allgemeinen die „Zehner-Regel". Die Kosten für die Fehlerbeseitigung wächst

---

[30] $\sum T_{pd}$

um den Faktor 10 in Abhängigkeit davon in welcher Phase ein Fehler entdeckt wird: Chipfertigung Faktor 1, Verpackt Faktor 10, Platine Faktor 100, System Faktor 1000, Feld Faktor 10000 ([HRS94], S. 28 ff).

Teststrukturen erleichtern die Steuer- und Beobachtbarkeit[31]. Hierunter versteht man das Einspeisen von Testmustern und die Überprüfung der Antworten des Schaltkreises auf Richtigkeit. **DFT**

Eine Automatisierung der Testmustererzeugung kann mittels Scan-Paths erfolgen. Hierdurch können durch Flip-Flops am Eingang der Kombinatorik Testdaten seriell geschrieben und die Ausgangs- Ergebnisse durch die entsprechenden Register gelesen werden. Durch diese Maßnahme sind die internen Knoten einfach steuer- und beobachtbar. **Scan-Path**

Boundary-Scan stellt eine Methode auf Platinenebene dar. Hierbei werden die Baustein-Pads mit einem Schieberegister verbunden. Der Boundary-Scan unterstützt ein spezielles Busprotokoll, das im JTAG[32]-Standard definiert ist. Hierzu gehört auch die Boundary-Scan Description Language[33]([HRS94], S. 28 ff). **Boundary-Scan**

JTAG

Boundary-Scan ist heute synonym für JTAG. JTAG wurde für den Test von Printed Circuit Boards[34] konzipiert. Heute dient die JTAG-Schnittstelle vorzugsweise zur Überprüfung von Sub-Blöcken in ICs. JTAG wird ebenfalls in Eingebetteten Systemen zur Fehlersuche eingesetzt. In Verbindung mit einem In-Circuit-Emulator können z.B. CPU-Register abgefragt und die Software getestet werden [Wik07d].

Die JTAG-Schnittstelle besteht aus den Anschlüssen:

Test Data In[35], Test Data Out[36], Test CK[37], Test Mode Select[38] und Test ReSeT[39].

Die Taktfrequenz (TCK) beträgt typischerweise 10-100 MHz. Viele Mikroprozessoren- und FPGA-Hersteller verwenden JTAG zum Laden der Daten. **Daten-**

Weiterführende Literatur findet man unter [Has05, Sai05]. **Download**

---

[31]DFT = **D**esign **F**or **T**estability
[32]JTAG = **J**oint **T**est **A**ction **G**roup
[33]BSDL = Boundary-Scan Description Language
[34]PCB = **P**rinted **C**ircuit **B**oard *(deutsch: Leiterkarte)*
[35]TDI = Test Data In
[36]TDO = Test Data On
[37]TCK = Test CK
[38]TMS = Test Mode Select
[39]TRST = Test ReSeT

5.3 Rechnergestützter Schaltungsentwurf und -implementierung

In der Implementierungsphase wird die gefundene Lösung (siehe Abschnitt 5.2) umsetzt. Aufgrund der hohen Komplexität der Rechenmaschinen erfolgt die Umsetzung eines digitalen Systems heute überlicherweise mit EDA-Werkzeugen auf RTL[40] bis Systemebene. Ein typischer Electronic Design Automation[41] Designflow[42] besteht aus den folgenden Schritten:

EDA

1. HDL Beschreibung: textbasierte oder grafische Schaltplan-Eingabe[43]

2. RTL-Simulation

3. RTL-Synthese

4. Funktionale Gate-Level-Simulation: funktionale Simulation auf Gatterebene

5. Platzierung und Verdrahten[44]

6. Post Layout Timing-Simulation: Nachsimulation mit Gatter- und Verbindungszeiten

7. Konfiguration

8. Dokumentation

EDA-Werkzeuge können hierbei ebenfalls den Entwurf von digitalen Schaltungen unterstützen. Abbildung 5.10 zeigt den Implementierungsprozess.

HDL

Die Umsetzung der Spezifikation erfolgt durch eine HDL[45]-Beschreibung. Die Schaltungsbeschreibung erfolgt in der Regel auf Register-Transfer-Ebene. Bei hierarchischen Designs ist ein Schematic Entry hilfreich.

RTL
Simulation

Nach einer syntaktischen Überprüfung folgt die funktionale RTL-Simulation ohne Zeitangaben der Gatter und Verbindungen (Zeitverhalten[46]).

RTL Synthese

Unter Synthese versteht man eine automatische Methode zur Konvertierung einer Beschreibung auf höherer Abstraktionsebene in eine tiefere Ebene. Aktuell verfügbare Synthesewerkzeuge überführen RTL-Beschreibungen in eine Netzliste mit Makrozellen auf Logikebene. Bibliotheken beinhalten Modelle der Zellen für die unterstützte Technologie. Die Synthese beinhaltet die folgenden Schritte:

1. Übersetzung[47]

2. Optimierung: Strukturierung[48], „Flattening"[49], Redundanz- und Ressourcen-Optimierung

---

[40]RTL = **R**egister **T**ransfer **L**evel *(deutsch: Register Transfer Ebene)*
[41]EDA = **E**lectronic **D**esign **A**utomation
[42]Entwurfsprozess
[43]engl. Schematic Entry
[44]engl. Place & Route
[45]HDL = **H**ardware **D**escription **L**anguage *(deutsch: Hardware-Beschreibungssprachen)*
[46]Timing
[47]engl. Translate
[48]engl. Structuring
[49]engl. To Flat, flach oder eben machen

3. Abbildung auf Gatter

Zuerst wird die RTL-Beschreibung in eine nicht optimierte boole'sche Darstellung aus einfachen UND-, ODER-Gattern, Flip-Flops oder Latches überführt (Übersetzung). Es folgt die Optimierung mittels „Flattening" und Strukturierung.

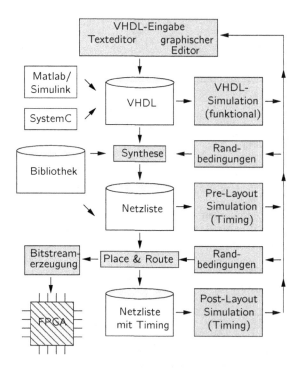

Abbildung 5.10: Rechnergestützter Implementierungsprozess für digitale Schaltungen

„Flattening" erzeugt eine „flache" Schaltungsdarstellung aus einer UND und ODER- **„Flattening"** Schicht. Auf dieser Darstellung können Optimierungsalgorithmen besser angewandt werden.

Beispiel: „Flattening":
a = b and c
b = x or (y and z)
c = q and w
→ a = (x and q) or (q and y and z) or (w and x) or (w and y and z)

Strukturierung

Ziel der Entwicklung sind schnelle digitale Schaltungen mit geringer Chipfläche[50]. Um den Fanout[51] zu reduzieren, werden Bereiche mehrfach genutzt[52]; diesen Vorgang nennt man Strukturierung. Strukturierung ist das Gegenstück zum „Flattening".

Beispiel: Strukturierung:

x = a and b or a and d

y = z or b or d

→ x = a and q

y = z or q

q = b or d

Optimierung

Die Redundanz-Optimierung entfernt unnötige Teile der logischen Gleichungen. Ressourcen-Optimierung bedeutet ein Mehrfachnutzen der Ressourcen zur verbesserten Gatterausnutzung.

Beispiele:

1. Redundanz-Optimierung:

$$Y = A \wedge B \wedge C \vee \overline{A} \wedge B \wedge C$$
$$\rightarrow Y = B \wedge C$$

2. Ressourcen-Mehrfachnutzung:

$$Y_1 = A_1 + B_1; Y_2 = A_2 + B_2 \text{ (2x Addierer)}$$
$$\rightarrow \text{(1x Addierer + 2x Multiplexer)}.$$

Contraints

Es folgt die Abbildung auf die Makrozellen (Gatter) mittels einer Technologie-Bibliothek. Somit entsteht als Ergebnis eine Netzliste, die den Randbedingungen[53] des Entwicklers Rechnung trägt. Randbedingungen werden gestellt an den Datendurchsatz (Timing) und an die Gatteranzahl (Area).

Gate Level Simulation

Einige Entwickler verwenden die funktionale Simulation auf Logikebene zur schnellen Überprüfung der Syntheseergebnisse.

Place&Route

EDIF

Beim Platzieren und Verdrahten wird die Netzliste auf einen bestimmten Baustein abgebildet. Hierbei werden die Makrozellen („Primitives") der Netzliste auf den Chip platziert und anschließend verdrahtet. Ein typisches Netzlistenformat ist EDIF. Das Werkzeug versucht hierbei die Vorteile der Baustein-Architektur auszunutzen, um die geforderten Beschränkungen einzuhalten. Hierbei versucht das Werkzeug versucht lange Verbindungen zu minimieren (Laufzeitverzögerungen). Die Platzierung kann bei

Konfigurationsdatei

größeren Schaltungen mittels des „Floorplanning"[54] vorgenommen werden. Das Er-

---

[50]engl. Area
[51]Treiberfähigkeit eines Ausgangs
[52]engl. Sharing
[53]engl. Constraints=Beschränkungen
[54]Einteilung des ICs

gebnis des Place & Route-Werkzeugs ist eine Konfigurationsdatei.

Das Platzieren und Verdrahten erzeugt zwei Dateien für die Post Layout Timing-Simulation. Zum einen eine VHDL-Netzliste und zum anderen eine SDF[55]-Datei mit den zeitlichen Informationen. Diese Dateien und eine VITAL-Bibliothek werden für den VITAL-Simulator benötigt. Der Grund für die Entwicklung von VITAL war, VHDL verfügt über keine standardisierte Methode, um zeitliches Verhalten zu beschreiben.

Post Layout Simulation

SDF

VITAL

Eine statische Zeitanalyse[56] stellt eine Alternative zur Post Layout Timing-Simulation dar. Sie wird bei großen Designs (>100.000 Gatter), oder wenn keine Testmuster zur Verfügung stehen, eingesetzt. Das Analyse-Werkzeug überprüft alle Pfade in Abhängigkeit der Taktflanken und der Eingangssignale. Die ermittelten Daten werden dann in einem Bericht dokumentiert und geben Auskunft über den längsten bzw. kritischen Pfad (siehe Abbildung 5.4) ([Per02], S. 283 ff, 250 ff, 396 ff).

kritischer Pfad

> *Beispiel:* Abbildung 5.11 zeigt den Entwurfsprozess für Mikroprozessoren im Vergleich zu FPGAs.

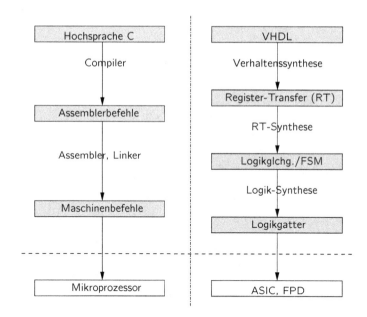

Abbildung 5.11: Software-Entwicklung im Vergleich mit der Schicht IC-Technologie. Als Beispiel wird die Programmiersprache C und die Hardware-Schreibungsprache VHDL verwendet.

---

[55]SDF = Standard Delay Format
[56]Static Timing Analyse

Merksatz:
In Analogie zum FPGA ist das Platzieren und Verdrahten (Place&Route) beim Entwurf von Platinen zu nennen. Der Hauptunterschied liegt darin, dass die gesamte Funktionalität ins IC wandert und rekonfigurierbar ist. ([Per02], S. 200) zeigt die Analogie zum Boarddesign.

Der dargestellte Entwurfsprozess gilt für FPGAs und ASICs.

Fragen:

1. Vergleichen Sie den Entwurfsprozess für FPGAs mit dem für Mikroprozessoren.

2. Vergleichen Sie technische Randbedingungen an beiden Rechenmaschinen.

Weiterführende Literatur findet man unter [Jan01].

5.4 Beschreibungssprachen

Aufgrund der wachsenden Komplexität der FPGAs ist ein Paradigmenwechsel notwendig. Die Implementierung komplexer digitaler Schaltungen kann nicht mehr manuell erfolgen. Es ist der Einsatz von Beschreibungssprachen auf höherem Abstraktionsniveau in Verbindung mit EDA-Werkzeugen notwendig. Man spricht von einem"High Level"- bzw. „System Level"-Design.

Beschreibungssprache

High Level

> *Definition:* **Beschreibungssprachen**
> dienen zur Modellierung eines Systems mittels Sprachkonstrukten.

Betrachten wir zunächst die verschiedenen Abtraktionsebenen einer digitalen Schaltung oder eines Systems. (siehe Abbildung 5.12)

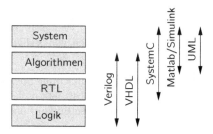

Abbildung 5.12: Beschreibungssprachen der verschiedenen Entwurfsebenen. SystemC steht für eine ganze Gruppe C-basierter Sprachen.

Beschreibungssprachen können durch die folgenden Eigenschaften charakterisiert werden [Ruf03]:

Eigenschaften

- Modularisierung: Systeme bestehen aus zahlreichen Teilkomponenten

- Struktur (Hierarchie): ... die strukturell angeordnet sind, ...

- Parallelität: ... die parallel arbeiten, ...

- Zeitmodell: ... die Zeit verbrauchen, ...

- Kommunikation: ... und die miteinander kommunizieren.

Abschnitt 4 stellt UML[57] vor.
  SystemC und Matlab/Simulink beschreibt Abschnitt 6.
  Die folgenden Abschnitte beschreiben VHDL und Verilog.

---

[57]UML = Unified Modeling Language

189

5.4.1 VHDL

Very High Speed Integrated Circuit Hardware Description Language[58] ist eine Hardwarebeschreibungssprache. Sie hat ihren Ursprung in der klassischen Programmiersprache ADA, die um zusätzliche Eigenschaften zur Hardware-Beschreibung ergänzt wurde. Diese Eigenschaften sind: Beschreibung von Hardwaretypen (Signale, Bitketten); Beschreibung von nebenläufigen Aktionen; Beschreibung von Zeitverhalten; datengetriebene Kontrollstrukturen.

VHDL ist ein Produkt des VHSIC[59]-Programmes des amerikanischen Verteidigungsministeriums in den 70er und 80er Jahren. Anfänglich war das Ziel VHDL zur Dokumentation komplexer Schaltungen und als Modellierungssprache zur rechnergestützten Simulation[60] einzusetzen. Der Zweck war, die Kommunikation zwischen Eintwicklern und Werkzeugen[61] zu verbessern, eine ausführbare Spezifikation und eine formale Dokumentation zu erhalten. 1987 wurde VHDL zum IEEE-1076-Standard. 1993 wurde der IEEE-1076-Standard aktualisiert und der neue IEEE-1164-Standard etabliert. Dieser würde 1996 mit dem IEEE 1076.3 zum VHDL-Synthese-Standard. Heute ist VHDL ein Industrie-Standard zur Beschreibung, Modellierung und Synthese von digitalen Schaltungen und Systemen. Die Stärken von VHDL sind ([Ska96], S. 3,4; [GKM92], S. 2; [Woy92], S. 2):

mächtig und flexibel

- Mächtig und flexibel: VHDL verfügt über mächtige Sprachkonstrukte zur Schaltungsbeschreibung in unterschiedlichen Abstraktionsebenen. VHDL unterstützt den hierarchischen Entwurf, den modularen Entwurf und Bibliotheksfunktionen.

Simulation

- Simulation Die Simulation einer mehrere Tausend Gatter großen Schaltung kann viel Zeit sparen, weil mögliche Fehler frühzeitig entdeckt und korrigiert werden können. VHDL ist Entwurfs- und Simulationssprache.

baustein-unabhängiger Entwurf

- Bausteinunabhängiger Entwurf: Mit VHDL kann eine Schaltung entworfen werden, ohne zuerst die Rechenmaschine auszuwählen. Eine Beschreibung kann für viele Rechnerarchitekturen verwendet werden. VHDL unterstützt hierbei unterschiedliche Schaltungsbeschreibungen.

Portierbarkeit

- Portierbarkeit: Da VHDL standardisiert, ist kann eine Beschreibung auf den unterschiedlichen Simulatoren, Synthesewerkzeugen und Plattformen portiert werden.

Benchmarking

- Benchmarking: Der bausteinunabhängige Entwurf und die Portierbarkeit erlauben den Vergleich von Bausteinarchitekturen und Synthesewerkzeugen.

ASIC

- ASIC-Einsatz: VHDL ermöglicht einen schnellen Markteintritt durch Abbildung auf ein CPLD oder FPGA. Bei größeren Produktionsvolumen erleichert VHDL die ASIC-Entwicklung.

Markteintritt

- Schneller Markteintritt und geringe Kosten: VHDL und programmierbare Lo-

---

[58]VHDL = VHSIC Hardware Description Language
[59]VHSIC = Very High Speed Integrated Circuit
[60]CAE = Computer Aided Engineering
[61]engl. Tools

gikbausteine erleichern den schnellen Designentwurf. Programmierbare Logik eliminiert NRE[62]-Kosten und erleichert schnelle Design Iterationen.

VHDL ist deshalb eine High-level-, Simulations-, Stimulations-, Synthese- und Dokumentationssprache.

Grundlagen

VHDL ist eine High-Level-, Netzlisten-, Synthese-,Simulations-, Stimulierungs- und Dokumentensprache ([Sch02b], Session 1, 7, 8). VHDL unterstützt hierzu verschiedene Beschreibungsformen:

- Verhalten

- Datenfluss

- Struktur

Diese sind beliebig kombinierbar (siehe Abbildung 5.7).
Ein VHDL-Modell kann aus den vier Bestandteilen aufgebaut sein:

- Entity: Ein-/Ausgabe der Schaltung (Schnittstelle)

- Architecture: Beschreibung der Schaltung

- Configuration: Auswahl der verschiedenen Beschreibungen (Architekturen)

- Packages: häufig verwendete Unterprogramme, Typdeklarationen usw.

Jeder Modellbestandteil ist für die Beschreibung bestimmter Hardware-Eigenschaften zuständig.
Eine Schaltung kann nur eine Schnittstellenbeschreibung (Entity), aber mehrere unterschiedliche Schaltungsbeschreibungen (Architectures) haben (siehe Abbildung 5.13). Die Auswahl der jeweiligen Beschreibung geschieht mittels der sogenannten „Configuration".

Entity

Architecture

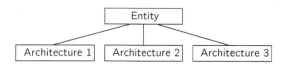

Abbildung 5.13: Entity und Architecture

Die Abbildungen 5.14, 5.15 zeigen den Aufbau eines Volladdierers mit Schnittstellen (Entity) und innerem Aufbau, bestehend aus zwei Halbaddierern (Architecture). Die Datenfluss-Beschreibung des Addierers lautet:
$Sum = S \oplus C_{in}; S = X \oplus Y$
$C_{out} = X \wedge Y \vee S \wedge C_{in}$ (siehe Abschnitt 3.5.2)

---

[62]NRE = Non Recurring Engineering *(deutsch: Einmalige Entwicklungskosten)*

Abbildung 5.14: Schnittstellen des Volladdierers („Black-Box"). Die Eingangssignale sind beide Operanden X,Y und der Überlauf C_{in} der vorherigen Addiererstufe. Ausgangssignale sind die Summe und das Überlauf-Bit C_{in}.

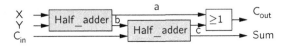

Abbildung 5.15: Innerer Aufbau Volladdierer aus zwei Halbaddierern

Der VHDL-Code ist nicht unabhängig von Groß- und Kleinschreibung. Quellcode 5.1 zeigt die Entity. Die Ein- und Ausgänge werden mit „port" festgelegt. Hierbei werden die Richtung „in", „out" und der Datentyp „bit" festgelegt. Kommentare werden mit „–" angezeigt. Ein weiterer Datentyp ist std_logic. Er verfügt über ein 9-wertiges Logikmodel unter anderem mit "0"-, "1"- und "Z"-Zustand[63].

Quellcode 5.1: Entity

```
1 entity full_adder is
2 port
3   (X,Y,Cin: in bit;      -- inputs
4    sum,Cout: out bit);   -- output
5 end full_adder;
```

Quellcode 5.1 5.3, 5.2 und 5.4 zeigen die Architectures mit den verschiedenen Beschreibungsformen: Datenfluss, Struktur und Verhalten. Durch „port map" kann die Struktur, bestehend aus Halbaddierern (siehe Abbildung 5.15), umgesetzt werden.

Quellcode 5.2: Innerer Aufbau Volladdierer: Datenfluss mit Angabe von künstlichen Gatterlaufzeiten

```
1 architecture dataflow_view of full_adder is
2       ........
3 begin
4   S <= X xor Y after 10 ns;
5   Sum <= S xor Cin after 10 ns;
6   Cout <= (X and Y) or (S and Cin) after 20 ns;
7 end dataflow_view;
```

---

[63]engl. Tri-State

Fragen:

1. Implementieren Sie Halbaddierer aus Quellcode 5.3 in VHDL.

2. Entwickeln Sie die ALU aus Abbildung 3.23 in VHDL.

Quellcode 5.3: Innerer Aufbau Volladdierer: Struktur

```
1  architecture structure_view of full_adder is
2                . . . . . . . .
3  begin
4    U1:  half_adder port map (X,Y,a,b);
5    U2:  half_adder port map (b,Cin,c,Sum);
6    U3:  or port map (a,c,Cout);
7  end structure_view;
```

Quellcode 5.4: Innerer Aufbau Volladdierer: Verhalten

```
1  architecture behavioral_view of full_adder is
2  begin
3    process
4      variable n: integer;
5      constant sv : bit_vector (0 to 3) := "'0101"';
6      constant cv : bit_vector (0 to 3) := "'0011"';
7    begin
8      n:=0;
9      if X = '1' then n:=n+1; end if;
10     if Y = '1' then n:=n+1; end if;
11     if Cin = '1' then n:=n+1; end if;
12     Sum <= sv(n) after 10 ns;
13     Cout <= cv(n) after 30 ns;
14     wait on X,Y,Cin;
15   end process;
16 end behavioral_view;
```

Nebenläufige und sequentielle Beschreibungen

VHDL verfügt über die beiden Anweisungsarten nebenläufig[64] und sequentiell[65]. Sequentielle Anweisungen werden nacheinander, entsprechend der Reihenfolge, ausgeführt. Einsatzgebiete sind algorithmische Beschreibungen und abstrakte Simulations-Modelle. Auch Hochsprachen wie Pascal oder C führen Programme sequentiell aus. Die VHDL-Anweisungen „if", „case " usw. sind Hochsprachen-Befehlen sehr ähnlich (siehe Quellcode 5.4, 5.7).

sequentiell

Pascal, C

Nebenläufigkeit (siehe Abschnitt 3.5.3) ermöglicht die gleichzeitige Verarbeitung von Aufgaben und ist aufgrund der Leistungsfähigkeit (CIS[66]) wichtig beim Entwurf von digitalen Schaltungen (siehe Quellcode 5.4). „Architectures" beinhalten nebenläufige Anweisungen, hierbei spielt die Reihenfolge der nebenläufigen Anweisungen keine

nebenläufig

---

[64]engl. Concurrent
[65]engl. Sequential
[66]CIS = Computing In Space

Rolle. „Architectures" können aus Prozessen[67] bestehen, die dann wiederum sequentiell ablaufen (siehe Quellcode 5.6 und 5.7).

Quellcodes 5.5, 5.6 zeigen den allgemeinen Aufbau von Entity und Architecture.

Quellcode 5.5: Allgemeiner Aufbau der Entity

```
1  entity e is
2    generic list  —— interface parameters
3    port list     —— interface signals
4  end e ;
```

**Parame-
trierung**

VHDL verfügt über die beiden Anweisung „generic" (generisch) und „for...generate" zur Parametrierung einer digitalen Schaltung.

Mit der Anweisung „generic" können Parameter wie die Wortbreite oder die Anzahl übergeben werden. „For...generate" ist eine Zählschleife zur Duplizierung von Komponenten.

Quellcode 5.6: Allgemeiner Aufbau der Architecture mit nebenläufigen Einheiten

```
1  architecture a of e is
2    declarations
3    —— signals , components , other declarations (type ,   file )
4  begin
5    b : block
6    declarations
7    —— signals , components , other (type ,   file )
8    begin
9      concurrent statements
10     —— block , process ,
11     —— signal assignments , component instantiations
12   end block b ;
13 end a ;
```

Quellcode 5.7: Allgemeiner Aufbau eines „Process" als Teil der Architecture mit sequentiellen Abläufen

```
1  . . .
2  p : process
3    declarations
4    —— variables , other declarations (type , file )
5    begin
6      sequential statements
7      —— if , case , loop
8      —— procedure call
9      —— variable assignment
10     —— signal assignment
11     —— wait
12 end process p ;
13 . . .
```

Simulationsumgebung

VHDL hat Sprachkonstrukte, die Hochsprachen wie Pascal oder C sehr ähnlich sind. Diese dienen der Beschreibung eines Moduls auf hohem Abstraktionsniveau zur Modellbildung und Simulation.

---

[67] engl. Processes

Man unterscheidet zwischen folgenden Simulationsstrategien:

- Mixed-Level-Simulation: gemeinsame Simulation von Teilblöcken unterschiedlicher Abstraktionsebenen (wegen Komplexität)

- Multilevel-Simulation: Simulation eines Moduls auf unterschiedlicher Ebene (Überprüfung eines Entwurfsschritts)

- Mixed-Mode-Simulation: gemeinsame Simulation von analogen und digitalen Teilblöcken (z.B. VHDL-AMS)

VHDL-AMS[68] ist die Abkürzung für „Analog Mixed Signal" und stellt eine analoge Erweiterung von VHDL dar.   **VHDL-AMS**

Die Testumgebung[69] wird zur Funktionsüberprüfung des Entwurfs[70] benutzt. Hierzu werden dem „Design Under Test"[71] Stimuliwerte zugeführt und ein Soll-/Istwert durchgeführt. Abbildung 5.16 und Quellcodes 5.8 und 5.9 geben hierzu einen Überblick. Sämtliche Einheiten werden in VHDL geschrieben.   **Testbench**

DUT

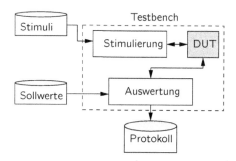

Abbildung 5.16: Testumgebung mit „Design under Test" (DuT)

Quellcode 5.8: VHDL-Testbench: Die Komponente „DuT" wird durch den Prozess „Stim" stimuliert.

```
1  entity tb is
2  end tb;
3  architecture stimulation of tb is
4     component DuT
5        port (...);
6     end component;
7     signal portIn, portOut: ...
8  begin
9     design1:DuT port map(...);
10    -- Instanz DUT
11    Stim: process
12       ...
```

[68] VHDL-AMS = VHDL-Analog Mixed Signal
[69] engl. Testbench
[70] engl. Design
[71] DUT = Design Under Test

195

```
13      -- Stimulierung
14    end process ;
15  end stimulation ;
```

Quellcode 5.9: VHDL-Testbench: Auswertung des „Design under Test" durch den Vergleich der „Soll"- und „Ist"-Werte

```
1   ...
2   process
3     file errorFile: text is out "errors.txt";
4     variable errorLine : LINE;
5   begin
6     ...
7     if (not (soll=ist)) then
8       write (errorline ,NOW);
9       write (errorline ,STRING'("Soll:"));
10      write (errorline , soll );
11      write (errorline , STRING'("Ist:"));
12      write (errorline ,ist );
13      writeline (errorFile , errorLine );
14    end if;
15  end process ;
16  ...
```

Synthese-Modellierung

VHDL verfügt über die folgenden Beschreibungsebenen (siehe Tabelle 5.2). Die Synthese (siehe Abschnitt 5.3) ist die automatische Abbildung des Codes auf Gatter. VHDL ist keine reine Synthesesprache. Nicht alle Sprachkonstrukte können synthetisiert werden. Beispielsweise bietet die „after-Anweisung" die Möglichkeit einer zeitlichen Verzögerung und kann nicht schaltungstechnisch umgesetzt werden.

Abstraktionsebene	Zeitschema	Zeiteinheit	Modellierung
System	Kausalität	Events	gesamter Sprachumfang VHDL
RTL	Taktzyklen	Takte	Synthese VHDL-Untermenge
Logik	Zeiteinheiten	ns	Strukturbeschreibung, VITAL-Modelle

Tabelle 5.2: Abstraktionsebenen von VHDL

> *Beispiele:*
>
> 1. Die Quellcodes 5.10, 5.11 und 5.12 zeigen eine ALU.
>
> 2. Quellcodes 5.14, 5.13 zeigen ein D-Latch und D-Flip-Flop (siehe Abschnitt 5.2.3) in VHDL.

Quellcode 5.10: Synthetisierbarer VHDL-Code: Package der ALU mit Typdeklarationen (opMode)

```
1  package aluPack is
2    type opMode is (ADD,SUB);
3  end aluPack;
```

Quellcode 5.11: Synthetisierbarer VHDL-Code: Entity der ALU mit Operatoren und Ergebnisausgang (result)

```
1  use WORK.alupack.ALL;
2  entity alu is
3    port (op1,op2 : in   integer range 0 to 31;
4    opCode : in opMode;
5    result : out integer range 0 to 31);
6  end alu;
```

Quellcode 5.12: Synthetisierbarer VHDL-Code: Architecture der ALU mit den beiden Funktionen addieren („ADD") und subtrahieren („SUB")

```
1   architecture aluArch of alu is
2   begin -- aluArch
3     comb : process (opCode,op1,op2)
4     begin -- process comb
5       case opCode is
6         when ADD => result   <= op1 + op2;
7         when SUB => result   <= op1 - op2;
8       end case; -- opCode
9     end process comb;
10  end aluArch;
```

Quellcode 5.13: Synthetisierbarer VHDL-Code: D-Latch. Das Weglassen des „else"-Zweiges impliziert Speicher.

```
1  seq2 : process (clk,dataIn)
2  begin -- process seq
3    if (clk='1') then
4      dataOut   <= dataIn;
5    end if;
6  end process seq2;
```

Quellcode 5.14: Synthetisierbarer VHDL-Code: D-Flip-Flop mit mit steigender Flanke und synchronem Reset

```vhdl
seq : process (clk)
begin -- process seq
  if (clk'event and clk='1') then
    if (res = '1') then
      dataOut   <= 0;
    else
      dataOut   <= dataIn;
    end if;
  end if;
end process seq;
```

Den vollständigen Aufbau einer CPU zeigt ([Per02], S. 311). Weiterführende Literatur zum Thema findet man unter [Per02].

> *Einstieg:* **VHDL-Kurs**
> Ein Online-VHDL-Kurs und eine VHDL-Einführung findet man unter [AEM06].

> *Fragen:*
>
> 1. Schreiben Sie eine MAC-Funktion in VHDL.
>
> 2. Wie kann aus der CIT eine CIS-Architektur realisiert werden?
>
> 3. Schreiben Sie einen Timer in VHDL.
>
> 4. Schreiben Sie einen Adressdekoder in VHDL
>
> 5. Realisieren Sie ein 8 Bit NAND-Gatter in C und VHDL.

5.4.2 Verilog

Verilog Hardware Description Language oder kurz Verilog wurde 1984 von Phil Moorby von Gateway Design Automation entwickelt. Verilog kam erstmals 1985 zum Einsatz und wurde im Wesentlichen bis 1987 weiter entwickelt. Im Jahre 1989 kaufte die Firma Cadence Design Systems Gateway und vermarktete Verilog weiter als Sprache und Simulator. Verilog war jedoch an Cadence gebunden. Kein anderer Hersteller dürfte einen Verilog-Simulator herstellen. Als Folge unterstützen die anderen CAE[72]-Hersteller die Standardisierung von VHDL. Als Konsequenz organisierte Cadence die Open Verilog International und brachte 1991 die erste Verilog-Dokumentation heraus. In Europa wird fast ausschließlich VHDL eingesetzt. In der USA hingegen ist Verilog die meist eingesetzte Beschreibungssprache. Mehr als 10.000 Entwickler benutzen diese Sprache beispielsweise bei Sun Microsystems, Apple Computer und Motorola.

---

[72]CAE = Computer Aided Engineering

Der gewaltige technologische Fortschritt mit zunehmender Transistordichte und somit steigender Entwurfskomplexität führte zur Suche nach Alternativen zur bisherigen Beschreibung auf Logikebene.

Der Grund, „Assemblersprachen" durch Sprachen auf höheren Beschreibungsebenen zu ersetzen, liegt auf der Hand. Heute passen auf einen integrierten Schaltkreis mehrere Millionen Transistoren. Um diese Komplexität für den Entwickler handhabbar zu machen, wurde die HDLs entwickelt. Die Verwendung von Hardware-Beschreibungssprachen hat viele Vorteile:

HDL-Vorteile

- formale Sprache zur kompletten und eindeutigen Spezifiaktion. Eine HDL-Spezifikation kann mit jedem Textverarbeitungsystem erstellt werden, ohne dass unbedingt ein spezieller Grafikeditor eingesetzt wird.

- die Simulation des Entwurfs kann viele Fehler vor der Hardware-Realisierung sichtbar machen. Sie kann auf verschiedenen Ebenen, wie zum Beispiel der Verhaltens- oder Gatter-Ebene, stattfinden.

- Synthese: Es gibt Synthesewerkzeuge, die zur Entwurfsbeschreibung und zur Implementierung auf Gatter-Ebene mit Bibliothekskomponenten benutzt werden können.

- Dokumentation des Entwurfs

Verilog hat große Ähnlichkeiten mit C. Da die Hochsprache C eine der meist eingesetzten Sprachen ist, ist es für den Programmierer ein Muss sie zu lernen und zu verstehen.

Das Modul stellt eine Basiseinheit in Verilog dar. Zur Beschreibung von digitalen Systemen verwendet man Module. Hierbei kann ein Modul beispielsweise ein Gatter, Addierer oder ein Computersystem sein [RLT96, PI05].

Ein Modul besteht aus den Teilen Kopf[73] und Rumpf als Kern eines Moduls. Der Kopf besteht aus dem Modulnamen und den Ein- und Ausgängen. Alle Ein-/Ausgänge und Variablen müssen deklariert werden. Ein- und Ausgänge im Beispiel 5.16 sind „input" und „output". Variablen sind „wire" (Draht) und „reg" (Register). Mit den eckigen Klammern kann die Busbreite festgelegt werden.

Header

Rumpf

Quellcode 5.15 zeigt die allgemeine Struktur eines Modules.

Quellcode 5.15: Verilog Modulstruktur

```
1   module <module name> <optional liste of inputs/outputs> ;
2
3     <input/output declaration> ;
4     <local variable delarations> ;
5
6     <module item> ;
7     ...
8     <module item> ;
9   endmodule
```

Die Felder (<module item>) können von unterschiedlichem Typ sein: kontinuierliche Zuweisung, strukturelle Instanz und Verhaltensinstanz. Die Verhaltensinstanz besteht

---

[73]engl. Header

199

aus einem Block mit mit den Schlüsselwort „initial" oder „always". „Initial" führt die Befehle nur einmalig zu Beginn der Simulation aus. Hingegen wiederholt „always" die Befehle ständig in einer Endlosschleife. Im Beispiel wird die Summe neu berechnet, wenn sich die Eingänge „in1" und „in2" ändern. Das Summationsergebnis wird anschließend ausgegeben. Der Ablauf wiederholt sich in einer Endlosschleife.

Beispiel: Ein simpler Addierer in Verilog zeigt Quellcode 5.16.

Quellcode 5.16: Einfacher Addierer in Verilog

```verilog
module add2bit (in1, in2, sum);

input in1, in2;
output [1:0] sum;
wire in1, in2;
reg [1:0] sum;

always @(in1 or in2) begin
   sum = in1 + in2;
   $display (The sum of %b and %b is %0d
   (time = %0d), in1, in2, sum, $time);
end

endmodule
```

Frage: Nennen Sie Vorteile einer HDL-Beschreibung.

Vergleich mit VHDL Vor 1987 gab es mehr als 100 verschiedene Hardware-Beschreibungssprachen. Ab 1987 haben sich im wesentlichen die beiden HDLs VHDL und Verilog durchgesetzt. Im folgenden ein kurzer Vergleich:

- VHDL:

   Ada-orientierte HDL

   IEEE-Standard 1076-1987, 1076-1992,...: VHDL87, VHDL92,...

   Stärken: erster Standard, Dokumentation, Simulation, Bibliothekskonzepte

   Marktdominanz in Europa

- Verilog:

   C-orientierte HDL

   erst ab 1997: IEEE-Standard 1364-1997, 1364-2001

   Stärken: Synthese, schnelle Simulation von Verilog & Software

   Marktdominanz in USA und Asien

Zusammenfassung:

1. Der Leser kann digitale Systeme einordnen.

2. Er kennt die verschieden Ebenen beim Entwurf von digitalen Schaltungen.

3. Der Leser kann kombinatorische und sequentielle Logik einordnen.

4. Er kennt den rechengestützten Schaltungsentwurf.

5. Der Leser kann kombinatorische und sequentielle Elemente mit VHDL beschreiben.

6. Er kann einen Testbench in VHDL schreiben.

6 Hardware-Software-Codesign

von Thomas Mahr

Lernziele:

1. Wie unterscheiden sich Software-Entwicklung für Mikroprozessoren und der Schaltungsentwurf für FPGAs?

2. Was ist der Nutzen aus einer Vereinheitlichung beider Disziplinen?

In den vorangegangenen beiden Kapiteln 4 und 5 haben wir einen knappen Überblick über den Stand der modernen Software-Entwicklung für Mikroprozessoren und des Schaltungsentwurfs für programmierbare Logikbausteine geboten. Die Tatsache, dass beide Kapitel sich weitgehend unabhängig voneinander lesen lassen, ist nur eine Konsequenz der bisherigen schwachen Kopplung zwischen den beiden beschriebenen Technologien. Diese haben sich in der Vergangenheit weitgehend unabhängig voneinander entwickelt und werden überwiegend von unterschiedlichen Anwendergruppen genutzt: den Informatikern, Software-Entwicklern und Programmierern einerseits und den Elektrotechnikern und Hardware-Entwicklern andererseits.

Dabei zielen doch beide Technologien, Software-Entwicklung für Mikroprozessoren und Schaltungsentwurf für programmierbare Logikbausteine, letztlich darauf ab, Lösungen für eine vorgegebene Aufgabe zu entwickeln: die Aufgabe zu analysieren, eine Lösung zu entwerfen, diese in einem Programm zu kodieren und auf der Hardware zu testen. Anforderungsanalyse, Software-Entwurf, Testverfahren und die ganze Vorgehensweise während der Entwicklung sind zum Großteil unabhängig davon, ob die Aufgabe schließlich durch Mikroprozessoren oder FPGAs gelöst wird.

Sollte deshalb nicht eine umfassende, vereinheitlichte Technologie zur Entwicklung von Lösungen komplexer Aufgaben von besonderem Nutzen sein? Eine Technologie, die über die beiden Technologien, Software-Entwicklung für Mikroprozessoren und Schaltungsentwurf für programmierbare Logikbausteine, hinausgeht? Wir meinen: ja! Gibt es diese Technologie schon? Wir meinen: nein, aber sie ist bereits spürbar durch das, was wir Hardware-Software-Codesign nennen! Diese Technologie steckt in den Anfängen und wir wollen sie uns erarbeiten – alle gemeinsam: Wissenschaftler, Studenten, Dozenten, Anwender in der Industrie. Dazu müssen wir uns vor allem von den eingefahrenen Denkmustern des „klassischen Software-Entwicklers" und des "klassischen Hardware-Entwicklers" lösen und haben deshalb bereits zu Beginn des Buches die Frage nach den Begriffen Software und Hardware aufgeworfen und in den vorangegangenen Kapiteln eine Antwort geliefert. In diesem und den folgenden Kapiteln 7-9 wollen wir die vereinheitlichte Technologie fester zu greifen versuchen:

vereinheitlichte Technologie

Abschnitt 6.1: Vergleich der herkömmlichen Technologien: Software-Entwicklung für Mikroprozessoren und Schaltungsentwurf für programmierbare Logikbausteine

Abschnitt 6.2: Synergie: Nutzen einer vereinheitlichten Technologie

Kapitel 7: Hybride und rekonfigurierbare Rechnerarchitekturen: Mischungen aus CPU und digitaler Schaltung

Kapitel 8: Werkzeuge zum Entwurf auf Systemebene, zur Simulation und zur automatischen Codegenerierung für Mikroprozessoren und FPGAs

Kapitel 9: UML-basierte Software-Entwicklung für hybride Systeme, automatische Codegenerierung

6.1 Vergleich von Software-Entwicklung für Mikroprozessoren und Schaltungsentwurf für FPGAs

Ein Software-Entwickler erstellt ein Programm zur Steuerung eines Mikroprozessors. Dieses Programm kann auf Festplatte, USB-Speicher, Diskette oder sogar Lochkarten abgespeichert werden. Der Datenträger an sich ist zweitrangig. Es kommt nicht auf den Träger der Daten, sondern auf die getragenen Daten selbst an – auf die Information. Das kostbare Ergebnis der Programmierung ist das Programm, die Information über die Steuerung des Mikroprozessors, die Software. Welches wertvolle Ergebnis liefert ein Ingenieur ab, der eine Schaltung für einen Logikbaustein entworfen hat? Höchstwahrscheinlich nicht ein Stück Hardware, auf dem die Schaltung realisiert ist, sondern eine auf einem Datenträger gespeicherte Datei. Diese beinhaltet die vollständige Information über die Schaltung. Das Ergebnis ist also, wie im Fall der Mikroprozessorprogrammierung, eine Software[1]. Am Wesen des Erzeugnisses lassen sich also beide Disziplinen nicht trennen. Es entsteht immer eine Software. Nur die verwendeten Werkzeuge sind verschieden.

Erzeugnis Software

Auf Seite 110 haben wir mit Software alle nichtphysikalischen Bestandteile eines Computers zusammengefasst: Programme und Daten. Möglicherweise erscheint uns der Programmcharakter beim Mikroprozessor deutlicher hervorzutreten als bei einem FPGA, was einerseits an der Architektur des Mikroprozessors liegt, die sich an einer schrittweisen Abarbeitung von einzelnen Anweisungen orientiert, und andererseits an unserem intuitiven Verständnis eines Programms. Denn ein Fernsehprogramm funktioniert nach demselben sequentiellen Prinzip: die Sendungen sind entlang einer Zeitlinie aufgereiht und werden in dieser Reihenfolge empfangen. Aber ein Programm muss weder sequentiell abgearbeitet werden noch muss es notwendigerweise sequentiell notiert sein. Die Sauerstoffproduktion einer Pflanze, ein von der Evolution geschriebenes Programm, wird bestimmt durch die Wechselwirkung vieler Moleküle und dem Zusammenspiel verschiedener Regelkreise, die alle gleichzeitig wirken. Es ist wahr, die Bausteine der Erbinformation, die vier Stickstoffbasen Adenin, Cytosin, Guanin, Thymin, sind linear auf einer Doppelhelix aufgereiht. Aber der dadurch kodierte Phänotyp, die lebendige Pflanze, lässt sich nicht auf offensichtliche Weise durch eine zeitliche

Programm

---

[1]die Konfiguration der digitalen Schaltung

Abfolge von Anweisungen bestimmen, obwohl er sich, wie in Abschnitt 3.1 über Turing-Maschinen gezeigt, grundsätzlich darauf zurückführen lassen muss.

Wie steht es um die Programmierung der Rechenmaschinen? Wer die vollständige Kontrolle über einen Mikroprozessor anstrebt, muss ihn in Maschinen- oder Assemblersprache programmieren. Dann ist klar, welcher Befehl wann ausgeführt wird, welche Register daran beteiligt sind und wieviel Takte der Befehl benötigt[2]. Noch mehr Kontrolle über den Mikroprozessor ist nicht möglich! Wer eine mindestens gleichwertige, taktgenaue Kontrolle über einen FPGA ausüben will, entwirft die Schaltung des FPGAs über Hardwarebeschreibungssprachen wie VHDL, Verilog oder grafische Hardwaremodellierungswerkzeuge wie Quartus oder Simulink. Damit kontrolliert er die Hardware jedoch nicht vollständig. Ein FPGA bietet gegenüber einem Mikroprozessor einen zusätzlichen Freiheitsgrad: die Abbildung einer Schaltung in eine Netzliste. In der Regel gibt es für eine Schaltung mehr als eine mögliche Netzliste. Das Synthesewerkzeug erzeugt unter Berücksichtigung verschiedener Randbedingungen bezüglich Taktfrequenz oder Chipfläche eine ganz konkrete Netzliste, nicht der Entwickler – es sei denn er würde die Netzliste manuell erstellen[3].

Hardware-Kontrolle

Mit der Benutzung höherer Programmiersprachen, wie C, C++ oder Java, gibt der Programmierer die vollständige Kontrolle über den Mikroprozessor auf. Ein Hilfsprogramm, der optimierende Compiler, wählt für eine in der Hochsprache beschriebene Funktion eine von mehreren möglichen Umsetzungen in Maschinensprache aus. Dabei erstellt der Compiler unter Berücksichtung einer vom Entwickler vorgegebenen Optimierungsstrategie eine Sequenz von Maschinenbefehlen so, dass das erzeugte Programm möglichst klein ist oder möglichst schnell ausgeführt wird. Hier müssen wir uns meist mit Näherungslösungen begnügen. Die Suche nach der optimalen Lösung würde für die meisten Zwecke einen unangemessen hohen Rechenaufwand bedeuten. Und das, obwohl nur Maschinenbefehle gesucht werden, die in eine geeignete Reihenfolge gebracht werden müssen – ein eindimensionales Problem in der Zeit! Beim FPGA hat es ein optimierender Compiler noch schwerer. Er muss eine geeignete Schaltung auf einem zweidimensionalen Gitter finden, die auch noch das korrekte zeitliche Verhalten aufweist. Als Beschreibungssprache kann eine aus der Mikroprozessorwelt bekannte höhere Programmiersprache dienen. Beispiele hierfür sind der „C nach VHDL"-Compiler C2H [Alt06b] oder Impulse C [PT04].

optimierende Compiler

Tatsächlich haben FPGAs und Mikroprozessoren mehr Gemeinsamkeiten, als es die in der Hardware-Entwicklung liegenden Wurzeln der FPGAs vermuten lassen. Realisiert man einen Algorithmus in Hardware, wird eine den Algorithmus repräsentierende digitale Schaltung dem Baustein auf atomarer Ebene fest aufgeprägt, indem Atome zu Leiterbahnen angeordnet werden (siehe VDS[4] aus Abschnitt 2.1). Dies ist praktisch ein unumkehrbarer Vorgang. Will man den Algorithmus oder die Schaltung ändern, muss man einen neuen Baustein herstellen. Bei einem programmierbaren Logikbaustein ist dies vollkommen anders. Die Schaltung wird jetzt nicht mehr durch die Anordnung von Atomen im Baustein definiert, sondern durch die Konfiguration von Elektronen

„Programmieren mit Atomen"

---

[2]Vorausgesetzt die Daten stehen alle sofort zur Verfügung. In der Praxis ist das nicht so: die Daten können im Hauptspeicher oder einem Zwischenspeicher (Cache), in einer Auslagerungsdatei oder auf einem anderen Computer liegen.

[3]was in der Praxis aufgrund des hohen Aufwands nicht der Fall sein wird

[4]VDS = **V**erdrahtete **D**igitale **S**chaltung

„Programmieren mit Elektronen"

(siehe KDS[5] aus Abschnitt 2.1). Und die ist leicht und schnell zu ändern! Wie bei einem Mikroprozessor können nun auf ein und demselben Baustein nacheinander viele verschiedene Funktionen programmiert werden. Jetzt fällt es viel leichter, den Algorithmus zu ändern und das geänderte Programm, die geänderte Schaltung auf der Hardware zu testen. Dieser Umstand erhöht die Flexibilität der Entwickler und fördert deren Experimentierfreudigkeit, verleitet aber möglicherweise auch dazu, einen Algorithmus nicht gründlich genug zu durchdenken oder sorgfältig genug in eine Schaltung umzusetzen.

Rechenarchitektur

Mikroprozessorprogramme und FPGA-Schaltungen werden also beide durch Elektronenströme gesteuert! Darin unterscheiden sie sich nicht. In der Rechenarchitektur und der Art und Weise der Verarbeitung allerdings schon. Ein Mikroprozessor arbeitet Maschinenbefehl für Maschinenbefehl eines Programms ab – ganz sequentiell . Er berechnet die Summe

$$S = \sum_{n=1}^{N} x_n$$

in $N-1$ Takten. Für $N = 8$ sind in Tabelle 6.1 zwei Varianten der Summenbildung auf einem Mikroprozessor aufgelistet. Tabelle 6.1(a) zeigt die Abfolge der Rechenschritte, in der wahrscheinlich ein Mikroprozessor die Elemente eines Speicherfeldes $[x_1, x_2, ..., x_8]$ aufsummieren würde (siehe CIT[6] in Abschnitt 2.2.2). Jede Summe, außer der ersten, hängt von der im vorangegangenen Schritt berechneten Summe ab. Tabelle 6.1(b) zeigt, dass das so aber nicht unbedingt sein muss.

(a) Variante 1.

Zeitschritt	Summe
1	$S_1 = x_1 + x_2$
2	$S_2 = S_1 + x_3$
3	$S_3 = S_2 + x_4$
4	$S_4 = S_3 + x_5$
5	$S_5 = S_4 + x_6$
6	$S_6 = S_5 + x_7$
7	$S_7 = S_6 + x_8$

(b) Variante 2.

Zeitschritt	Summe
1	$S_1 = x_1 + x_2$
2	$S_2 = x_3 + x_4$
3	$S_3 = x_5 + x_6$
4	$S_4 = x_7 + x_8$
5	$S_5 = S_1 + S_2$
6	$S_6 = S_3 + S_4$
7	$S_7 = S_5 + S_6$

Tabelle 6.1: Zwei Varianten zur Berechnung der Summe $S = \sum_{n=1}^{8} x_n$ auf einem Mikroprozessor.

Die ersten vier Additionen sind unabhängig voneinander, ebenso die fünfte und sechste. Wir würden Zeit sparen, wenn wir die unabhängigen Berechnungen gleichzeitig ausführen würden. Leider funktioniert das nicht mit einem sequentiell arbeitenden Mikroprozessor. Aber dafür mit einem parallel arbeitenden FPGA (siehe CIS[7] in Ab-

---

[5]KDS = Konfigurierbare Digitale Schaltung
[6]CIT = Computing In Time
[7]CIS = Computing In Space

schnitt 2.2.2). Dieser benötigt, wie Tabelle 6.2 zeigt, nur

$$T_p(N) = \lceil \log_2 N \rceil = \lceil \log_2 8 \rceil = 3$$

Takte, um alle Zahlen zu addieren. Eine seriell arbeitende Rechenmaschine benötigt dafür

$$T_s(N) = N - 1 = 7$$

Takte.

Zeitschritt	Summe			
1	$S_1 = x_1 + x_2$	$S_2 = x_3 + x_4$	$S_3 = x_5 + x_6$	$S_4 = x_7 + x_8$
2	$S_5 = S_1 + S_2$		$S_6 = S_3 + S_4$	
3	$S_7 = S_5 + S_6$			

Tabelle 6.2: Berechnung der Summe $S = \sum_{n=1}^{8} x_n$ auf einem FPGA.

Wie sich eine logarithmische im Vergleich zu einer linearen Abhängigkeit von der Zahl der Summanden auswirken kann, zeigt Tabelle 6.3. Während ein Mikroprozessor **Logarithmus**

N	T_p	T_s
1	0	0
2	1	1
4	2	3
8	3	7
16	4	15
256	8	255
1024	10	1023
32768	15	32767

Tabelle 6.3: Anzahl der Takte auf einem FPGA (T_p) und auf einem Mikroprozessor (T_s) zur Berechnung der Summe $S = \sum_{n=1}^{8} x_n$.

in 15 Takten nur 16 Zahlen addiert, schafft ein FPGA während gleich vieler Takte über 2000 mal mehr Zahlen. Diesen Vorsprung eines FPGAs kann kein Mikroprozessor durch eine höhere Taktung einholen[8].

Es kommt noch besser: Ein FPGA kann in jedem Takt i die Summe $S^i = \sum_{n=1}^{N} x_n^i$ ausgeben, wenn ein kontinuierlicher Datenstrom von $[x_1^i, x_2^i, ..., x_N^i]$-Feldern am FPGA **Datenstrom** anliegt, denn die sieben Addierer S_1, S_2, ..., S_7 aus Tabelle 6.2 können in jedem

---

[8]In der Praxis mag sich diese „logarithmische Unterlegenheit" eines Mikroprozessors als weniger dramatisch erweisen, falls der Mikroprozessor über eine integrierte Vektoreinheit zur parallelen Verarbeitung verfügt, z.B. der PowerPC Prozessor mit der AltiVec Vektoreinheit zur parallelen Verarbeitung von Datenfeldern.

Takt die neu nachströmenden Daten addieren[9]. Diese Pipeline-Verarbeitung (siehe Abschnitt 3.5.3) ist in Tabelle 6.4 für fünf Datensätze skizziert. Die Zahlen in den Spalten S_1, S_2, ..., S_7 geben an, welchen der fünf Datensätze die sieben Addierer während eines bestimmten Zeitschrittes verarbeiten. Zwei Takte nach dem Start der Berechnungen liegt das erste Ergebnis S^1 am Ausgang des FPGAs an. Nach sieben Takten sind alle fünf Datensätze zu je acht Zahlen, also insgesamt $5 \cdot 8 = 40$ Zahlen, verarbeitet. Ein Mikroprozessor hätte dafür $5 \cdot T_s = 5 \cdot 7 = 35$ Takte benötigt, da er zu einem Zeitpunkt nur eine Operation ausführen kann.

Zeitschritt	Eingang	S_1	S_2	S_3	S_4	S_5	S_6	S_7	Ausgang
1	$x_1^1, x_2^1, ..., x_8^1$	1	1	1	1				
2	$x_1^2, x_2^2, ..., x_8^2$	2	2	2	2	1	1		
3	$x_1^3, x_2^3, ..., x_8^3$	3	3	3	3	2	2	1	S^1
4	$x_1^4, x_2^4, ..., x_8^4$	4	4	4	4	3	3	2	S^2
5	$x_1^5, x_2^5, ..., x_8^5$	5	5	5	5	4	4	3	S^3
6						5	5	4	S^4
7								5	S^5

Tabelle 6.4: Berechnung der 5 Summen S^i über die 5 Datensätze $[x_1^i, x_2^i, ..., x_8^i]$ aus jeweils 8 Zahlen in insgesamt 7 Takten.

nicht-paralleli-sierbare Algorithmen

Rekursion

Leider lassen sich nicht alle Algorithmen so schön parallelisieren wie die obige Addition. Manche Algorithmen kann man gar nicht parallelisieren, da jede Berechnung von allen vorangegangenen Berechnungen abhängt. Die rekursive Berechnung eines Punktes der fraktalen Julia-Menge aus Abbildung 4.10(b) von Seite 128 lässt sich nicht parallelisieren, da die Berechnung $z_{i+1} = z_i^2 + c$ das Ergebnis der vorausgegangenen Berechnung $z_i = z_{i-1}^2 + c$ vorraussetzt. Bei diesen nicht-parallelisierbaren Algorithmen sind die höher getakteten Rechenmaschinen, meist Mikroprozessoren, von Vorteil.

Die unterschiedliche Verarbeitungsweise – seriell oder parallel – ist eine besonders bedeutsame Konsequenz der unterschiedlichen Hardware-Architekturen. Weitere Unterschiede zwischen Mikroprozessoren und programmierbaren Logikbausteinen führt die Tabelle 6.5 auf. Beckwith [Bec05] vergleicht hier die vier Rechenbausteine GPP[10], DSP, FPGA und ASIC, wobei er bei den ersten vier Kriterien die Leistungen von DSP, FPGA und ASIC auf die eines Universalprozessors normiert. Diese Tabelle zeigt nur ein verdichtetes Ergebnis, eine Tendenz. Zu groß ist die Vielzahl unterschiedlicher Messprozeduren, Rechenmaschinen[11] und deren Ausstattungsmerkmale, wie Vektoreinheit auf einem GPP, Anzahl DSP-Funktionen auf FPGA und soft-core-Lösungen.

Ein Universalprozessor ist offenbar dann von Vorteil, wenn eine flexible und schnelle Entwicklung im Vordergrund steht. Dies ist leicht nachzuvollziehen, denn während der letzten Jahrzehnte haben sich immer leistungsfähigere Programmiersprachen, Werkzeuge und Vorgehensweisen entwickelt. In einer kostenlosen, mächtigen Entwicklungs-

---

[9]Die Latenzzeit (Zeit zwischen Eingang der Daten und Ausgabe des Ergebnisses) kann jedoch größer als ein Taktzyklus sein!

[10]GPP = General Purpose Processor *(deutsch: Universalprozessor)*

[11]Alleine in der Rubrik GPP > AMD Athlon > Desktop Prozessoren > Athlon 64 sind unter http://www.amdcompare.com/us-en/desktop/ 80 Produkte aufgelistet.

Rechenbaustein	GPP	DSP	FPGA	ASIC
Rechengeschwindigkeit	1	1-1,8	3-20	3-50
Elektrischer Leistungsverbrauch	1	0,5	0,25-2	0,1-0,3
Entwicklungskosten	1	2	4	20
Stückkosten	1	0,8-3	2-4	0,1-0,2
Langlebigkeit der Entwurfsentscheidungen	+++	+	+	- -
Verfügbarkeit von Entwicklern auf dem Arbeitsmarkt	+++	+	-	- - -

Tabelle 6.5: Auf GPP normierter Vergleich der vier Rechenmaschinen GPP, DSP, FPGA und ASIC nach [Bec05].

umgebung (z.B. Eclipse oder Netbeans) kann man schnell ein Java-Programm implementieren, das auf eine riesige, standardisierte Java-Bibliothek zurückgreift. Einen Datensatz im Zip-Format zu kodieren oder eine XML-Datei einzulesen kostet nur wenige Funktionsaufrufe. Natürlich lässt sich das grundsätzlich auch auf einem FPGA realisieren – aber nicht innerhalb weniger Minuten!

DSPs lassen sich zwar nicht mehr ganz so komfortabel programmieren wie GPPs, meist ist aber ein C- oder C++-Compiler verfügbar.

FPGAs und ASICs bieten – für geeignete Algorithmen – die höchste Rechenleistung. Deren Programmierung ist jedoch aufwändiger und teurer als bei DSPs oder GPPs. Einmal entworfene Schaltungen lassen sich nur mit relativ hohem Aufwand modifizieren. Will man die Anzahl der Neuronen eines neuronalen Netzes um eins erhöhen, braucht man ein C/C++ oder Java-Programm nur einer Stelle zu ändern. Innerhalb von Sekunden erhält man das neue ausführbare Programm. In einer Simulink-Schaltung ein zusätzliches Neuron einzutragen, mit den anderen zu verdrahten und eine ausführbare Netzliste zu synthetisieren, dauert da schon mehrere Minuten.

Tabelle 6.6 vergleicht abschließend die Ausführung einer mathematischen Faltung **Faltung** zweier Signale auf einem PowerPC und einem FPGA. Eine Faltung lässt sich einerseits als Multiplikation im Fourier-Raum (FFT, Multiplikation, inverse FFT) oder als FIR[12]-Filter realisieren[13]. Ein mit 1 GHz getakteter PowerPC benötigt ohne AltiVec-Unterstützung für die Faltung mittels FFT 341 μs. Die AltiVec-Vektoreinheit beschleunigt die Verarbeitung um den Faktor 3,5. Auf einem mit 110 MHz getaktetem Stratix I FPGA benötigt die Faltung unter Verwendung einer vom FPGA-Hersteller gelieferten FFT (Megacore) 86 μs. Mit 24 μs wird die Faltung am schnellsten als FIR-Filter auf einem nur mit 82 MHz getaktetem FPGA ausgeführt.

6.2 Synergie: Software-Methodik und Schaltungsentwurf

Der Schritt von atomaren zu elektronischen Schaltungen verkürzt die Entwicklungszyklen drastisch und erlaubt es den Entwicklern, sich auf diejenigen Aktivitäten zu

---

[12]FIR = Finite Impulse Response (filter) *(deutsch: Filter mit endlicher Impulsantwort)*

[13]Ein Mikroprozessor führt die Faltung von hinreichend langen Signalen (wie hier im Beispiel 2048 Elemente) mittels Multiplikation im Fourier-Raum schneller aus als mittels eines FIR-Filters (Das Ausführungszeit des FIR-Filters ist in der Tabelle 6.6 nicht dargestellt)

Rechenbaustein	Zeit / μs	Kommentar
PowerPC FFT	341	höchste Optimierung (gcc -O3)
PowerPC/AltiVec FFT	97	höchste Optimierung (gcc -O3)
FPGA FFT (Megacore)	86	9470 Takte bei 110 MHz
FPGA FIR	24	2176 Takte bei 82 MHz

Tabelle 6.6: Vergleich der Ausführungszeit einer Faltung eines komplexwertigen Signals der Länge 2048 auf einem PowerPC MPC7447 1 GHz (C/C++-Compiler gcc 3.4.2) und einem Altera Stratix I FPGA [Sch07].

konzentrieren, die eine Entwicklung komplexer Systeme ermöglichen: Analyse der Anforderungen, Entwurf der Software und Testen des Programms[14]! Software- und System-Entwickler haben sich in den letzten Jahrzehnten auf genau diese Aktivitäten konzentriert, bewährte Methoden für die einzelnen Phasen der Entwicklung erarbeitet und die Wechselwirkung der einzelnen Phasen untereinander untersucht[15]. Software auf einer bestimmten Rechenmaschine zu implementieren ist in dem ganzen Entwicklungsprozess nur eine von vielen Aktivitäten. Die übrigen Aktivitäten hängen viel weniger oder gar nicht von der Hardware ab, auf der die Software schließlich ausgeführt wird! Warum sollten also die Methoden der Mikroprozessor-Software-Entwickler nicht auch für den Schaltungsentwurf nützlich sein?

Kann auch umgekehrt ein klassischer Software-Entwickler, der bisher Mikroprozessoren als Zielplattform vor Augen hatte, von FPGAs profitieren? Ja, denn er gewinnt eine alternative Rechenmaschine, die für bestimmte Anwendungsklassen dem Mikroprozessor überlegen ist:

- Parallelisierbare Algorithmen lassen sich möglichweise bei geringerer thermischer Verlustleistung kostengünstiger und schneller auf einem FPGA ausführen als auf einem Cluster aus Mikroprozessoren.

- Signalverarbeitungsintensiven Anwendungen kommen unter Umständen die auf einem FPGA integrierten DSP-Funktionsblöcke zu Gute, die z.B. schnelle Multiplikationen und Additionen von Vektoren unterstützen.

- Im Gegensatz zu einem Mikroprozessor, dessen Verarbeitung oft durch externe Ereignisse gesteuert wird, verarbeitet ein FPGA die Daten in jedem Takt auf die gleiche Weise. Die Hardware-Resourcen können daher nicht wie bei einem Mikroprozessor durch eine ungünstige Kombination externer Ereignisse in Sättigung gefahren werden.

Wir stellen die Vorteile von Mikroprozessoren auf der einen Seite und programmierbarer Logikschaltkreise auf der anderen Seite grob gegenüber:

- Vorteile von Mikroprozessoren:

    - geeignet für seriell arbeitende Algorithmen

---

[14]Siehe Abschnitt 4.2 über die Phasen der Software-Entwicklung (ab Seite 114).
[15]Siehe Abschnitt 4.3 über Vorgehensmodelle (ab Seite 159).

- geeignet für komplexe Systeme

- hohe Flexibiltität

- schnelle Entwicklung

- geringe Entwicklungskosten

- viele Entwickler verfügbar

- viele kostenlose Werkzeuge verfügbar

- Vorteile programmierbarer Logikschaltkreise:

  - geeignet für parallelisierbare Algorithmen

  - hohe Rechenleistung

  - nicht sättigbar

  - hohe Stabilität der Schaltung gegenüber externen Ereignissen

  - geringerer elektrischer Leistungsverbrauch durch optimierte Schaltungen möglich

Jeder Anwender muss die Vorteile und Nachteile von Fall zu Fall analysieren und gegenüberstellen. Während für den einen Anwender die hohe elektrische Verlustleistung eines Pentium-Prozessors ein Problem darstellt, weil dieser Baustein über eine Batterie versorgt wird, mag das für den anderen Anwender keine Rolle spielen, da er den Baustein über einen Stromgenerator betreibt und ausreichend kühlt. Ein PowerPC mag für einen Algorithmus zu langsam sein, solange man nicht die AltiVec Vektoreinheit nutzt. Dies setzt aber vorraus, dass die Entwickler über die notwendigen Kenntnisse zur Programmierung der Vektoreinheit verfügen.

Die Vor- und Nachteile ergeben sich also erst aus dem Wechselspiel zwischen

- den Leistungsmerkmalen der Rechenmaschine (z.B. spezifizierte elektrische Verlustleistung),

- den technischen Anforderungen (z.B. 1000 komplexe 1024-Punkte-FFTs pro Sekunde) und

- den nichttechnischen Randbedingen (z.B. Termine, Erfahrungen der Entwickler oder Ausfuhrbeschränkungen).

Sollte sich aus dieser Analyse zeigen, dass manche Teile der Software besser auf einem Mikroprozessor und andere besser auf einem FPGA aufgehoben wären, und dass sich beide Teile durch akzeptablen Kommunikationsaufwand miteinander verbinden lassen, steht der Entwicklung eines hybriden Systems, bestehend aus Mikroprozessoren und FPGAs, nichts mehr im Weg.

Kommunikationsaufwand

Zusammenfassung:

1. Mit einem FPGA lässt sich eine digitale Schaltung viel schneller realisieren als mit einem ASIC.

2. Bei einem FPGA wird die digitale Schaltung elektronisch gesteuert, bei einem ASIC durch die Anordnung der Halbleiteratome.

3. Gemessen an der elektronischen Konfigurierbarkeit / Programmierbarkeit ähnelt ein FPGA eher einem Mikroprozessor als einem ASIC.

4. Die in den letzten Jahrzehnten im Rahmen der Mikroprozessor-Software-Entwicklung erarbeiteten Methoden lassen sich weitgehend auch auf den Entwurf digitaler Schaltungen übertragen.

5. Ein Mikroprozessor eignet sich aufgrund seiner Rechenarchitektur besser für seriell ausführbare Algorithmen, ein FPGA dagegen für parallel ausführbare Algorithmen.

7 Hybride Architekturen

von Ralf Gessler

Lernziele:

1. Was sind hybride Architekturen?

2. Was ist ein System On Chip, cASIP, FPFA? Welche ICs sind auf dem Markt verfügbar?

3. Was versteht man unter statischer und dynamischer Rekonfiguration?

Hybride[1] Architekturen sind eine Kombination aus CPU und digitaler Schaltung. Sie nutzen die Vorteile beider Rechnerarchitekturen (siehe Abbildung 2.1). Abbildung 7.1 zeigt verschiedene hybride Architekturen.

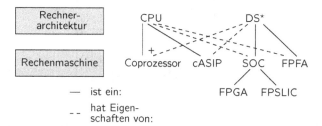

Abbildung 7.1: Hybride Architekturen und hieraus abgeleitete Rechenmaschinen (DS*: digitale Schaltungen außer CPUs)

Definition: **Hybride Architekturen**
sind eine Kombination der Rechnerarchitekturen CPU und DS*. Sie nutzen die Vorteile beider Rechnerarchitekturen.

Eine einfache Möglichkeit zur Nutzung der Vorteile beider Technologien ist die Kombination der Rechenmaschinen Mikroprozessor und FPGA. Dies kann in Form eines separaten räumlich getrennten Coprozessor-Boards oder als Integration der Rechnerarchitekturen auf einem Chip als System On Chip erfolgen (siehe Abschnitt 3.6.5). **System On Chip**

---

[1]griech. Bastard

213

Hierbei werden FPSLICs[2] und FPGA vorgestellt (siehe auch Abschnitt 3.6.5). Die Entwicklung erfolgt in diesem Fall traditionell für die CPU und digitale Schaltung separat.

cASIP   Configurable Application Specific Instruction Set Processors[3] ermöglichen die Realisierung eines applikationsspezifischen Befehlssatzes.

FPGA   Field Programmable Function Arrays[4] bestehen aus ALU-Feldern, deren Datenpfade konfiguriert werden können. Aufgrund ihres Programmiermodells können relativ gute Compiler, z.B. für Hochsprache C, entwickelt werden.

7.1 System On Chip

Zunächst wird auf die räumliche Trennung[5] von Mikroprozessor und FPGA, danach auf die Integration auf einem IC als System On Chip[6] eingegangen. Die Leistungssteigerung erfolgt mittels eines Coprozessors zur Ausführung von Aufgaben mit hohem
Coprozessor   Datendurchsatz (siehe Abbildung 7.2). Beispiele hierfür sind Fließkomma-, Vektor-, Grafik- und Kommunikationsprozessoren. Unterschieden wird zwischen Coprozessoren ohne und mit eigenem Speicher und Befehlssatz. Heutzutage wird der Coprozessor auf dem Hauptprozessor integriert. Dadurch ergibt sich eine geringe Chipfläche bei hohem Datendurchsatz, aber auch eine geringe Flexibilität bezüglich Algorithmusvariationen.

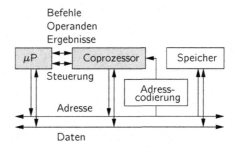

Abbildung 7.2: Mikroprozessor (μP) mit räumlich getrenntem Coprozessor

---

Beispiel: FPGA-Coprozessoren (digitale Schaltung) können als PCI-Mezzanine-Card[a] ein (Multi-)Prozessor-Board mit Compact PCI[b]-Schnittstelle ergänzen.

[a]PCI = Peripheral Component Interconnect
[b]CPCI = Compact Peripheral Component Interconnect

---

[2]FPSLIC = Field Programmable System Level IC
[3]cASIP = Configurable Application Specific Instruction Set Processors
[4]FPFA = Field Programmable Function Array
[5]engl. Off chip
[6]SOC = System On Chip

Bei den nachfolgenden Architekturen sind CPUs und digitale Schaltungen auf einem Baustein integriert (SOC). Weiterführende Literatur findet man unter [Gün06].

7.1.1 FPSLIC

Die Field Programmable System Level IC[7]-Architektur des Herstellers Atmel besteht aus den drei Einheiten (siehe auch Abbildung 7.3).

Architektur

- FPGA

- CPU/RAM

- Peripherie

Die CPU ist ein AVR Microcontroller mit 8-Bit-RISC[8] Prozessorkern. Er verfügt über eine Harvard-Architektur mit 32 Registern und $\approx$ 20 MIPS bei 25 MHz. Das RAM besteht aus 36 kByte SRAM partionierbar für Programm und Daten. Das FPGA verfügt über 40k Gatteräquivalente mit Direktzugriff auf das RAM. Die Peripherie besteht unter anderem aus Interrupt-Controller, zwei UARTs, einer I^2C[9]-Schnittstelle, drei Zeitgebern[10]/Zähler[11], einem „Watchdog"[12] und E/A-Verbindungen ([Atm05], AT94k).

Der Datenaustausch zwischen FPGA und Mikrocontroller erfolgt (siehe Abbildung 7.3) mittels:

Daten-austausch

- Direkt 8-Bit-Bus: bidirektionaler 8-Bit-Datenbus, 16 Interrupt- und Chipselect-Signale

- Indirekt - Shared[13]-RAM: Dual Ported SRAM (gleichzeitiger Zugriff möglich)

Frage: Warum hat der FPSLIC eine hybride Rechnerarchitektur?

Die Entwürfe für CPU (AVR-Mikrocontroller) und digitale Schaltung (FPGA) verlaufen getrennt. Abbildung 7.4 zeigt den Entwurfsprozess[14].

Designflow

7.1.2 FPGA

Im Folgenden drei FPGA-Familien, die auf die Virtex-Familie (siehe Abschnitt 3.6) aufbauen: Virtex-II-Pro, Virtex-4 und Virtex-5.

---

[7]FPSLIC = Field Programmable System Level IC
[8]RISC = Reduced Instruction Set Computer
[9]serielle 2-Drahtverbindung
[10]engl. Timer
[11]engl. Counter
[12]Software-Überwachung
[13]engl. geteilt
[14]Designflow

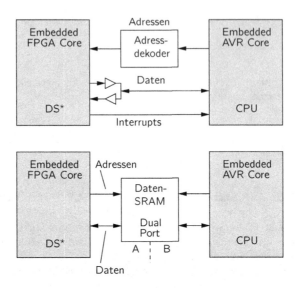

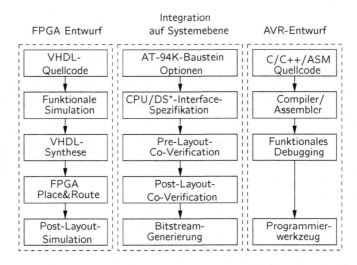

Abbildung 7.3: FPSLIC: Datenaustausch zwischen CPU und DS* im Atmel AT94K

Abbildung 7.4: FPSLIC: Entwurfsprozess - für CPU und DS* seperat. Verifikation ist
die Überprüfung der Problemlösung auf korrekte Umsetzung von Ebene
i-1 in Ebene i ([Atm05], AT94k).

Virtex-II-Pro

Die Architektur verfügt über eine SRAM-Technologie aus CLBs[15] mit 18x18 Bit **Architektur**
Hardware-Multiplizierer und eingebetteten Block-Select-RAMs. Bei Virtex-II-Pro kommen zwei weitere neue Merkmale hinzu:

- bis zu 24 Rocket-I/O-Blöcke: Vollduplex Transceiver mit Baudraten zwischen 622 MB/s[16] und 3.125 GB/s pro Kanal.

- bis zu 4 eingebettete IBM PowerPC 405 RISC CPUs

Um den PowerPC Core gruppieren sich der Speichercontroller und die Schnittstelle **PowerPC**
zum On-Chip-Speicher, die interne CPU/FPGA-Schnittstelle und Schnittstellen für
Takt und Steuerung (siehe Abbildung 7.5).

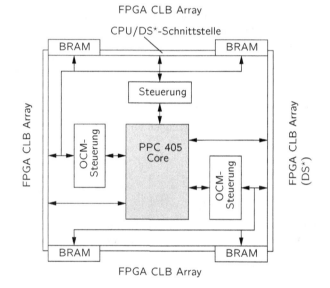

Abbildung 7.5: Virtex-II-Pro: PowerPC (PPC 405) mit Schnittstellen zum DS*
[Xil05b]

Der OCM-Controller bildet die Schnittstelle zwischen Block-RAMs[17] des FPGAs
und den OCM-Signalen des PowerPCs. Die Architekur des PowerPC Cores besteht
aus Daten[18]- und Befehlcaches[19], einer Speichermanagement-Einheit[20], einer Fetch-

---

[15]CLB = Complex Logic Block
[16]MegaBit pro Sekunde
[17]BRAM = Block-RAM
[18]DCU = Data Cache Unit
[19]ICU = Instruction Cache Unit
[20]MMU = Memory Management Unit

und Dekodiereinheit und der Einheit Zeitgeber & Test-Schnittstelle (JTAG[21]). Die Taktfrequenz liegt bei 300 MHz.

Schnittstellen   Die Kommunikation zwischen CPU/DS* kann erfolgen über die Schnittstellen:

- Processor Local Bus[22]: Ressourcenzugriff mit hoher Geschwindigkeit durch Caches[23].

- Device Control Register[24]: Verwaltung von Konfigurations- und Statusregister

- On-Chip Memory[25]: direkter Speicherzugriff mit geringer Verzögerungszeit

Der Prozessor ist kompatibel mit der CoreConnect-Architektur. Jeder mit Core-Connect kompatible Kern (Xilinx Soft IP) kann mit dem Prozessor integriert werden.

Weitere Schnittstellen sind: External Interrupt Controller[26], Clock-/Power Management[27], Reset und Test-Schnittstellen (JTAG) [Hus03].

Tabelle 7.1 zeigt den kleinsten und größten Baustein der Virtex-II-Pro Familie.

Baustein	Rocket I/O Blöcke	PowerPC Blöcke	Slices	Distr. RAM [kBit]	Emb. Mult.	Emb. RAM [18kBit]	E/A
XC2VP2	4	0	1,408	44	12	12	204
XC2VP 100	20	2	44,096	1,378	444	444	1,164

Tabelle 7.1: Virtex-II-Pro-Arten. Abkürzungen sind Distri.: verteilt; Emb.: eingebettet; Multi.: Multiplizierer.

Virtex-4 und -5

Virtex-4   Die Virtex-4-Familie erweitert die Produkt-Familie Virtex-II, Virtex-II-Pro. Die Familie setzt sich aus den drei Familien LX, SX und FX zusammen:

- LX: Logikapplikation

- FX: Lösungen für eingebettete Plattformen

- SX: Digitale Signalverarbeitung.

ASMBL   Hierbei kommt die ASMBL[28]-Architektur zum Einsatz. Die verschiedenen Funktionsblöcke sind nicht mehr wie bisher kachelförming, sondern als Säulen (inklusive E/A) angeordnet. Hierdurch steht die Chip-Fläche nicht mehr in einem festen Bezug zu

---

[21] JTAG = Joint Test Action Group
[22] PLB = Processor Local Bus
[23] schneller Zwischenspeicher
[24] DCR = Device Control Register
[25] OCM = On-Chip Memory
[26] EIC = External Interrupt Controller
[27] CPM = Clock-/Power Management
[28] ASMBL = Advanced Silicon Modular Block

den E/A-Kanälen. Hieraus ergibt sich der Vorteil einer leichteren Skalierbarkeit des abzubildenden Designs [Hei04].

Die Familie stellt eine Anzahl von Hard Core IPs zur Verfügung. Zu diesen Cores ge- **Hard Core** hören die PowerPC Prozessoren, Tri-Mode Ethernet MACs, 622 MB/s bis 10+ GB/s serielle Transceiver, dedizierte DSP Slices, ein Taktmanager für hohe Geschwindigkeiten und synchrone Schnittstellenblöcke.

> *Beispiel:* Virtex-4-Bausteine mit einem 90-nm-Kupferprozess auf einem 300-mm- (12 inch-) Wafer gefertigt. Die Taktfrequenz der DSP-Einheiten und des integrierten Blockspeichers beträgt 500 MHz. Die Core-Spannung beträgt 1.2 V [Xil06i].

Die Virtex-5 LX ist besonders für hochperformante Logikanwendungen (LX) ge- **Virtex-5** eignet. Die Bausteine mit einem 65-nm-Kupferprozess gefertigt. Die Taktfrequenz beträgt 500 MHz. Die Core-Spannung beträgt 1.0 V [Xil06j].

Tabelle 7.2 vergleicht unterschiedliche Xilinx-FPGA-Familien bezüglich der MAC-Einheiten[29] [Xil06b]. GMACs sind 18x18-Multiplizierer mit einem 48 Bit-Akkumulator.

Familie (max. Baustein)	max. MACs	max. Taktfrequenz [MHz]	GMACs
Virtex-5 LX330	192	550	105
Virtex-4 SX55	512	500	256
Virtex-4 FX140	192	500	96
Virtex-4 LX200	96	500	48
Virtex-II-Pro 100	444	300	133
Spartan-3 XC3S5000	104	185	19

Tabelle 7.2: Vergleich der Xilinx-FPGA-Familien

Weiterführende Literatur findet man unter [Hei04], [Kle05], [Wei06b], [Pet06].

7.2 cASIP

Mit Application Specific Instruction Set Processors[30] kann ein applikationsspezifischer **ASIP** Befehlssatz entwickelt werden.

Digitale Signalprozessoren gehören zu den ASIPs. Sie werden allerdings nicht mehr in diesem Kontext genannt, da sie allgemein gebräuchlich sind. Der Ansatz erinnert ebenfalls stark an vergangene CISC[31]-Architekturen.

---

[29]MAC = Multiplication-Accumulation *(deutsch: Multiplikation-Akkumulation)*
[30]ASIP = Application Specific Instruction Set Processor
[31]CISC = Complex Instruction Set Computer

Die zentrale Frage ist, durch welche Maßnahmen ein Befehlssatz verändert werden kann, um eine Applikation zu beschleunigen.

- Hinzufügen neuer angepasster Instruktionen

- Hinzufügen neuer Schnittstellen zum schnellen Datenaustausch

- Der Code wird durch Compiler analysiert. Der Compiler extrahiert Operationen und hieraus die beste Konfiguration.

Der letzte Vorschlag wird bei den ASIPs verfolgt.

Entwick-lungszyklus
Der Entwicklungszyklus besteht in der schrittweisen Optimierung des Prozessormodells mit C-Compiler und Assembler. Das Ergebnis sind Mikroprozessor-Modelle mit RTL[32]- Implementierungen und Software-Werkzeugen. Derartige Prozessoren werden in einer Halbleiterfabrik „festverdrahtet" gefertigt.

cASIP
Configurable ASIPs[33] hingegen sind rekonfigurierbar. Der Aufbau des Stretch S5530 besteht aus einem Mikroprozessor mit einer konfigurierbaren digitalen Schaltung (DS*) im Zentrum. Das konfigurierbare Modul[34] ermöglicht die optimierte Anpassung an die Applikation. Zur Architektur gehören ebenfalls eine FPU[35] und Peripheriemodule, wie

Schnittstelle
MACs[36], E/As und UARTs[37] usw. [Str06]. Die Schnittstelle zwischen CPU und DS* bildet die Steuereinheit und einen gemeinsamen Speicher.

Designflow
Der Entwurfsprozess besteht aus folgenden Schritten:

1. C-Compiler(Assembler, Linker): Konfiguration des Compilers mit Instruktion

2. Zyklusgenauer Simulator mit Profiling

3. Extrahierung von Konfigurationen für neue Instruktionen

Diese Schritte werden wiederholt ausgeführt, bis die Applikation fertig bearbeitet ist. Der Entwurfsprozess läuft automatisch ab. Der Entwickler muß nur beim Profiling mit typischen Eingangsdaten aushelfen. Das Ergebnis ist die cASIP-Konfiguration und ein C-Compiler. Dies ermöglicht die zyklusgenaue Simulation aus den extrahierten Daten der Konfiguration.

Weiterführende Literatur findet man unter [Ste04b, Sch05a].

Frage: Warum ist der DSP ein ASIP?

Hersteller
Weitere cASIP-Hersteller sind ARC[Hut05] und Tensilica Xtensa ([Sie05a], S. 42 ff; [Sie05b], S. 42 ff).

---

[32]RTL = Register Transfer Level *(deutsch: Register Transfer Ebene)*
[33]cASIP = Configurable Application Specific Instruction Set Processors
[34]ISEF = Instruction Set Extension Fabric
[35]FPU = Floating Point Unit
[36]MAC = Multiplication-Accumulation *(deutsch: Multiplikation-Akkumulation)*
[37]UART = Universal Asynchronous Receiver Transmitter

7.3 FPFA

Die eXtreme-Processing-Platform[38]-Architektur von PACT ist als Coprozessor konzipiert. Die XPP-Architektur gehört zu den Field Programmable Function Arrays[39]. In Kombination mit einem RISC-Prozessor (Supervising CM), der ebenfalls auf dem Chip integriert werden kann, entsteht ein kompletter Prozessor mit hoher Rechenleistung.

XPP

Eine Rechenmaschine muss skalierbar bezüglich der in der Software (Algorithmus) vorhandenen Parallelität sein. Die Herausforderung an die Rechnerarchitekturen besteht darin, einen Kompromiss zwischen Granularität und Rechengeschwindigkeit zu finden. Große Module verfügen über eine hohe Rechenleistung, neigen aber zur Verschwendung von Ressourcen. Kleine Einheiten hingegen lassen auf Kosten der Geschwindigkeit eine effizientere Nutzung zu.

Die XPP-Architektur verfügt über vier Hierarchieebenen:

Hierachie-ebenen

- Hardware-Objekte (Komponenten von PAE)

- Processing Array Elements[40]

- Processing Array Cluster[41]

- Bausteine.

Hardware-Objekte beinhalten elementare Operationen wie Verknüpfungen, Speicher und Verdrahtung. Die Konfiguration legt die Laufzeitstruktur fest.

Der Software-Entwickler sieht die PAE, die aus Objekten zusammengesetzt sind. Er kann die PAE nutzen, zum Teil sogar die einzelnen Hardware-Objekte. Der Algorithmus wird aber nicht nur auf die PAE, sondern auf den Cluster bzw. den gesamten Baustein abgebildet. Somit dienen die höheren Hierarchieebenen unter anderem der Verwaltung und Skalierung, weniger der Programmierung.

Die Software für den XPP ist in einen Datenstrom mit zugehörigen Ereignissen, in ein Array von Operationen und in einen Konfigurationsstrom zu übersetzen. Der Konfigurationsstrom ist notwendig, um eine dynamische Rekonfiguration durchzuführen. Die Assembler-Sprache ist hardware-ähnlicher, als man dies von Prozessoren erwarten würde.

dynamische Rekonfi-guration

Die XPP-Architektur gehört zu den Datenfluss-Architekturen. Hingegen spricht man bei der Von-Neumann-Architektur von einer Kontrollfluss-Architektur ([Sie06], S. 232 ff; [Sie04], S. 206, S. 211, S. 212).

Datenfluss

Kontrollfluss

Die Ausnutzung des Parallelismus einer Rechenvorschrift erfolgt auf Befehlsebene ohne Befehlszähler.

Processing Array Cluster setzen sich aus einer kleinen Anzahl standardisierter Elemente, den Processing Array Elements, zusammen. PAEs sind:

PAE

- ALU-PAE

- RAM-PAE

---

[38]XPP = eXtreme Processing Platform
[39]FPFA = Field Programmable Function Array
[40]PAE = Processing Array Elements
[41]PAC = Processing Array Cluster

- E/A-Elemente

- Konfigurations-Manager[42]

PAC   Abbildung 7.6 zeigt den Aufbau eines Processing Array Clusters (PAC).

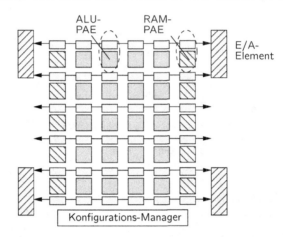

Abbildung 7.6: XPP: Architektur eines PACs mit verschiedenen PAEs und Konfigurations-Manager [PAC07]

Jedes PAE beinhaltet: ein Rekonfigurations-Handling, eine automatische Datenfluss-Synchronisation und ein Event Netzwerk. Die Kommunikation des PAEs erfolgt mit Kommunikationskanälen mit einer hohen Bandbreite.

PAC-Baustein   Zwei identische Processing Array Clusters sind auf einem Chip als Dual PAC Device integriert. Die Architektur besteht aus drei hierarchischen Konfiguration-Managern und 8x32 E/A-Verbindungen.

Konventionelle Prozessoren arbeiten sequentiell (siehe Abbildung 7.7). In jedem Taktschritt wird ein Befehl bearbeitet. Eine Befehlsfolge wird fortlaufend berechnet.

Prinzip   Die XPP-Architektur arbeitet nach folgendem Funktionsprinzip: Mehrere Berechnungen werden als Code-Sektionen auf ein zweidimensionales Feld (Y,X) abgebildet.

Mehrere dieser Code-Sektionen werden anschließend sequentiell bearbeitet (siehe Abbildung 7.8).

Die Konfiguration ist gleichbedeutend mit dem Laden eines Instruktionswortes (Code-Sektion) nach einer Anzahl von verdrahteten ALUs. Diese „Instruktion" wird auf einer großen Anzahl von Datenpaketen in mehreren Taktzyklen ausgeführt. Für jede Instruktion wird ein Datenblock berechnet, der in Datenpuffern (FIFO) gespeichert wird. Diese Befehle werden dann sequentiell abgearbeitet. Sequenzen können in sequentiellen Sprachen, wie C und Java, abgebildet werden.

Konfiguration   Die Konfiguaration erfolgt nach folgenden Schritten [Hus03]:

- Beschreibung des parallelen oder sequentiellen Algorithmus als Flussgraph (Verwendung von XPP Primitives als Knoten)

---

[42]CM = Configuration Manager

222

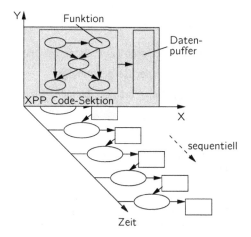

Abbildung 7.7: Sequentielle Befehlsverarbeitung bei konventionellen Mikroprozessoren [Hus03]

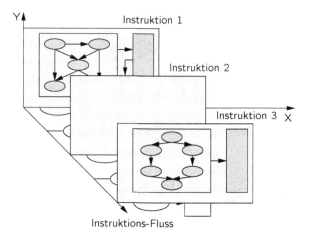

Abbildung 7.8: XPP: Verarbeitung mehrerer Code-Sektionen („Instruktionen") [Hus03]

- Partionierung des Flussgraph

- Abbildung der ersten Partition des Flussgraph auf das Array (Konfiguration)

- Schleife

  Überprüfung anhand von Daten (Zwischenergebnisse werden gespeichert).

  Ein Event zeigt das Ende der Berechnung an.

  Konfiguration der nächsten Partition, bis alle Partitionen berechnet sind.

Beispiel: Matrix-Multiplikation (siehe Abbildung 7.9), kodiert in der Native Mapping Language[a] (siehe Abbildung 7.1). Beispielsweise ist der Objektname „mul1", der OPCode ist „mulladd", die Position ist „2,1". Beispielsweise erfolgen Signalzuweisungen mit „A=in_x.out" und Konstantenzuweisungen mit „B! = 4". Bemerkung: ALU-Eingänge sind: A, B, C; ALU-Ausgänge sind L,H.

[a]NML = Native Mapping Language

$$\begin{pmatrix} a & b \\ c & d \end{pmatrix} \times \begin{pmatrix} X \\ Y \end{pmatrix} = \begin{pmatrix} aX + bY \\ cX + dY \end{pmatrix} = \begin{pmatrix} X' \\ Y' \end{pmatrix}$$

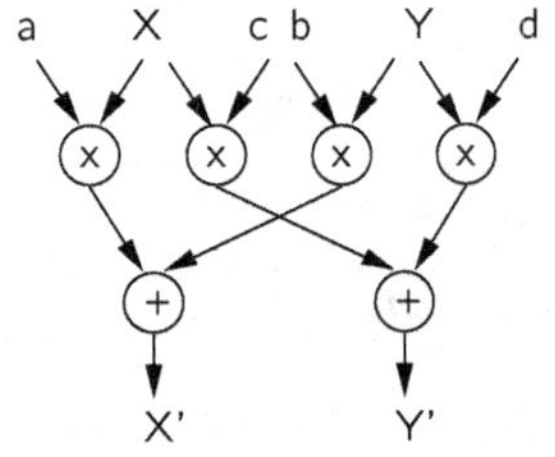

Abbildung 7.9: Beispiel als Datenflussgraph

Quellcode 7.1: Beispiel einer Matrix-Multiplikation in NML [Hus03]

```
1  MODULE VM_Mul2
2    in_x iomode_0 @ 0,0
3    in_y iomode_1 @ 0,0
4
5    mul1 muladd @ 2,1
6      A = in_x.out
7      B =! 3
8    mul2 muladd @ 3,1
9      A = in_x.out
10     B =! 4
11   mul3 muladd @ 4,1
```

```
12    A = in_y.out
13    B =! 5
14  mul4 muladd @ 5,1
15    A = in_y.out
16    B =! 6
17  adder1 add @ 3,2
18    A = mul1.L
19    B = mul3.L
20  adder2 add @ 4,2
21    A = mul2.L
22    B = mul4.L
23
24  out_y iomode_0 @ 11,0
25    IN = adder1.L
26  out_y iomode_1 @ 11,0
27    IN = adder2.L
28
29 END VM_Mul2
```

Tabelle 7.3 zeigt einen Benchmark zwischen dem DSP C6203 von Texas Instruments und dem XPU128 von PACT [Hus03]. **Benchmark**

Algorithmus	Taktzyklen [%]	Normierter Energieverbrauch [%]
64 Tap realer FIR-Filter	3,5	11
20 komplexer FIR-Filter	2,7	8
Matrix-Multiplikation	4,7	25
1024 Punkte komplexer FFT	9,2	50

Tabelle 7.3: Benchmark: TI C6203 im Vergleich mit PACT XPU128 [Hus03]

Beispiel: Typische Anwendungengebiete sind die Drahtlose Kommunikation, z.B. Beam Forming, Fehlerkorrektur (Viterbi) und Bildverarbeitung & Video mit Filterung und Grafiktransformation.

Weitere FPFA-Hersteller sind Elixent D-Fabric und NEC mit dem Dynamically Reconfigurable Processor (kurz DRP). **Hersteller**

7.4 Rekonfigurierbare Architekturen

Rekonfigurierbare Architekturen können die Verdrahtung- und Plazierungsdaten der digitalen Schaltung re[43]konfigurieren. Die Tatsache ist zunächst nicht ganz neu. Reversible Architekturen wurden im Rahmen der FPGAs bereits im Abschnitt 3.6.4 besprochen. Die rekonfigurierbaren Architekturen gehen aber über diesen Ansatz hinaus (siehe Abbildung 7.10).

---

[43]wieder, neu

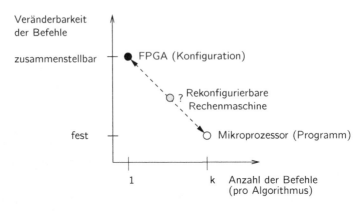

Abbildung 7.10: Einordnung von konfigurierbaren Rechenmaschinen ([Sie04], S. 179)

hybrid

Mikroprozessoren arbeiten k Befehle sequentiell ab (CIT[44]). FPGAs hingegen verarbeiten quasi einen der Applikation angepassten Befehl. Rekonfigurbare Architekturen sind zwischen FPGAs und Mikroprozessoren anzusiedeln und somit auch hybride Architekuren.

Definition: **Rekonfiguration**
Erneuerung der Konfiguration (Verdrahtung- und Platzierungsdaten einer digitalen Schaltung), zum Aufbau von Systemen, die nacheinander verschiedene Funktionen verarbeiten können. Dadurch können spezielle Algorithmen implementiert und die Berechnung beschleunigt werden.

Man unterscheidet zwischen folgenden Arten der Rekonfiguration:

- statisch: FPSLIC, FPGA, cASIP

- dynamisch: FPFA, FPGA (teilweise partiell)

Tabelle 7.4 vergleicht die verschiedenen Rechenmaschinen.

Fragen:

1. Realisieren Sie eine NAND-Funktion mit acht Eingängen in VHDL (siehe Abschnitt 5.4.1) und C (siehe Abschnitt 4.2.3). Diskutieren Sie die Möglichkeiten zur Erhöhung des Datensatzes.

2. Im welchem Zusammmenhang stehen hierzu die Begriffe CIT, CIS.

---

[44]CIT = Computing In Time

	FPGA (konfigurierbar)	**Rekonfigurierbare Rechenmaschine**	**Mikroprozessor**
Bindungszeit	Konfiguration laden	Konfiguration laden	Taktzyklus
Bindungsdauer	bis Reset	benutzerdefiniert	Taktzyklus
Konfigurations-dauer	ms - s	Taktzyklus	Taktzyklus
Befehlsanzahl	1	> 1	>> 1

Tabelle 7.4: Vergleich der Rechenmaschinen: FPGA, Mikroprozessor und konfigurierbare Rechenmaschine [Sie05a]

Beispiel: Die Virtex-II- und Virtex-4-Familie von Xilinx erlaubt eine partielle Rekonfiguration über den internen ICAP[a] ([GE05], S. 117 ff). Laut Xilinx kann ein Datendurchsatz von maximal 33MB/s erreicht werden. Dies entspricht einer Rekonfigurationsdauer im Millisekundenbereich. Anwendungen sind beispielsweise ein Coprozessor für ein Handy, der je nach Bedarf in einen MP3-Player, eine Infrarot-Schnittstelle oder einen Grafikprozessor für Spiele eingesetzt werden kann.

[a]ICAP = Internal Configuration Access Port

Zusammenfassung:

1. Der Leser kann die hybriden Architekturen System On Chip, cASIPs und FPFA einordnen und kennt deren prinzipielle Funktion und Aufbau.

2. Er ist mit der statischen und dynamischen Rekonfiguration vertraut.

8 Werkzeuge zum Entwurf auf Systemebene

von Ralf Gessler

Lernziele:

1. Was versteht man unter Entwurf auf Systemebene?

2. Was ist Matlab/Simulink? Wie können die Werkzeuge zur automatischen Code-Erzeugung für DSPs und FPGAs eingesetzt werden?

3. Was ist SystemC?

Im Folgenden werden wichtige Werkzeuge zum Entwurf auf Systemebene (siehe Abschnitt 5.4), zur Simulation und automatischen Codegenerierung für hybride Systeme aus Mikroprozessoren und FPGAs vorgestellt. Zunächst wird auf Matlab/Simulink, danach auf die automatische VHDL- und C-Codegenerierung mit den Werkzeugen System Generator und Embedded Target eingegangen. Am Ende des Abschnitts steht die Darstellung von SystemC.

System Level Design

8.1 Matlab/Simulink

Die Matlab- und Simulink- Software sind ein weitverbreitetes Werkzeug zur Analyse, Synthese und Simulation linearer und nichtlinearer dynamischer Systeme. Das Basispaket wird durch Toolboxen und Blocksets erweitert. Aus der Abkürzung „Matlab"[1] leiten sich zwei Konzepte ab. Zum einen wurden mit der effizienten Matrizenberechnung Grundlagen für den optimalen Einsatz von numerischen Methoden geschaffen. Zum anderen steht „Laboratory" für die Weiterentwicklung und Erweiterung sowohl in der Lehre, als auch in der technischen und wissenschaftlichen Forschung [BB99].

Matlab

Simulink stellt eine graphische Erweiterung von Matlab dar. Sie ermöglicht es, den Entwicklern mit wenig Programmieraufwand Modelle von komplexen Systemen mittels Blockdiagrammen zu beschreiben. Funktionsblöcke aus unterschiedlichen Bibliotheken werden zu einem Systemmodell verbunden. Hierbei sind die Funktionsblöcke nach Kategorien geordnet. Unter anderem sind Signalquellen, -senken, lineare, nichtlineare und diskrete Komponenten verfügbar. Heute stehen mehr als 40 Toolboxen und Blocksets zur Verfügung.

Simulink

Ein Grund für die zunehmende Verbreitung in der Industrie ist zum einen die reduzierte Entwicklungszeit bei der Lösung technischer Aufgaben. Zum anderen besteht

---

[1]Matlab = MATrix LABoratory

die Möglichkeit, direkt aus Matlab/Simulink Codes zur Implementierung (Rapid Prototyping), sowohl für Mikroprozessoren als auch für FPGAs, zu simulieren und zu generieren ([Hof99], S. 11; [Bog04]).

Matlab wird häufig für die digitale Signalverarbeitung eingesetzt.

Einstieg:
Eine Studentenversion von Matlab kostet circa 100 Euro. Octave ist ein kostenloser Matlab-Clone [Eat07].

Algorithmen-ebene

Matlab kann zur hardwarenahen Beschreibung eines Algorithmus und deren Simulation verwendet werden. Es entsteht eine funktionale Verhaltensbeschreibung ähnlich der Verhaltensbeschreibung in VHDL. Im Gegensatz zu VHDL ermöglicht Matlab eine schnellere Simulation und komfortable graphische Darstellung.

Implementierungsspezifische Eigenschaften können unter anderem wie folgt berücksichtigt werden:

- Matlab: Beschreibung auf Bit-Ebene mit Funktionen: bitget, bitand, bitcmp, bitmax, bitor, bitset, bitshift, bitxor

- Simulink: Fixed Point Blockset ist eine Bibliothek von Blöcken zur Simulation von Festkomma-Zahlen [Hof99].

8.1.1 Matlab/Simulink und System-Generator

Simulink dient zur graphischen Modellierung, Simulation und Analyse dynamischer Systeme. Der Xilinx-System-Generator schließt die Lücke zwischen der abstrakten Modellbeschreibung eines Entwurfs und der Implementierung in einem Xilinx FPGA.

Abbildung 8.1 zeigt die Möglichkeiten des System Generators.

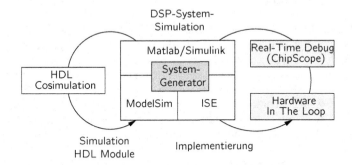

Abbildung 8.1: System-Generator: Überblick [Xil06g]. ISE ist die Abkürzung für Integrated Software Environment (Xilinx-Entwicklungsumgebung).

System Level Designflow

Das Werkzeug ermöglicht die Entwicklung von hochperformanten DSP-Applikationen für Xilinx FPGAs aus Matlab/Simulink auf Systemebene (System Level Designflow).

Der System-Generator ermöglicht:

- HDL[2]-Cosimulation mit dem ModelSim HDL-Simulator von Mentor Graphics

- „Hardware In The Loop" und Funktionsüberprüfung in Echtzeit[3] mit dem Werkzeug „Chip Scope" von Xilinx.   **Hardware In The Loop**

- Abschätzen der benötigten Hardware-Ressourcen aus Simulink

- Stimulieren der Implementierung durch synthetische Szenarien (Modelle)

- automatische Erzeugung von VHDL-Code

Zielgruppe sind Systementwickler. Das System dient zur schnellen Prototypenrealisierung („Rapid Prototyping").   **Rapid Prototyping**

Abbildung 8.2 zeigt den Entwurfsprozess mit Matlab/Simulink und dem System-Generator.

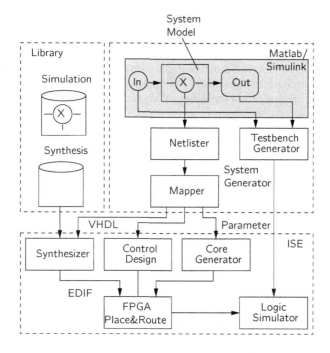

Abbildung 8.2: System-Generator: FPGA-Entwurfsprozess [Xil06g].

Dem Entwickler stehen drei Bereiche zur Verfügung:

- Library: Bibliothek

---

[2]HDL = **H**ardware **D**escription **L**anguage *(deutsch: Hardware-Beschreibungssprachen)*
[3]engl. Real Time

- Matlab/Simulink mit System-Generator

- Xilinx ISE[4]: FPGA-Entwicklungsumgebung.

Bibliothek

In der Bibliothek stehen die verfügbaren FPGA-Module. Für jedes Modul existiert eine Simulationsbeschreibung für Simulink und eine Synthesebeschreibung (engl. „Synthesis"), die bei der späteren Erstellung der Netzliste benötigt wird. Andere Module können zur Synthese nicht eingesetzt werden. In Simulink werden Modelle zur VHDL-Code Erzeugung mit dem System-Generator entworfen.

System-Generator

Liefert das entworfene Modell (siehe Abbildung 8.2 grauunterlegtes Modul) die gewünschte Funktion, so wird er System-Generator aufgerufen. Das Werkzeug besteht aus den beiden Funktionen Netlister und Mapper. Der Netlister extrahiert die hierarchische Modellstruktur mit Parametern und Signaldatentypen. Der Mapper analysiert im Anschluss die Hierarchieelemente und generiert VHDL-Codes. Die resultierende Netzliste beinhaltet zusätzliche Ports, wie beispielsweise Clock, Enable und Reset-Signale. Sie sind aufgrund der Beschreibung auf Systemebene im Simulink-Modell nicht sichtbar. Makros könnte mittels des Xilinx-Core-Generators in den Entwurf eingebunden werden. Der Testbench Generator erzeugt aus den Simulationsdaten Testvektoren zur funktionalen Simulation [Neu05, Bog04].

Der System-Generator erzeugt diverse VHDL-Dateien, wie VHDL-Netzlisten, VHDL-Testbench usw., zur anschließenden weiteren Synthese. Dann folgt der Entwicklungsprozess nach den Schritten aus Abbildung 5.10.

Altera

Der FPGA-Hersteller Altera verfügt ebenfalls über ein vergleichbares Werkzeug, den „DSPBuilder".

Diskussion

Im Folgenden eine Diskussion des Entwurfs auf Systemebene mit dem System-Generator:

Vorteile:

- automatische VHDL-Codeerzeugung („Rapid Prototyping")

- gute Performance: aufgrund der verwendeten herstelleroptimierten IPs[5]

- automatische Testbench-Erzeugung

- schnelle und umfangreiche Simulation: mit synthetischen Toolboxen und HDL-Simulator, wie ModelSim von Mentor Graphics

- gute Modellierung von Festkomma-Größen

- „BlackBox": Integration von eigenem VHDL-Code

- IP-Konfiguration über GUIs[6]

- System Level Design: kein direktes VHDL-Know How notwendig

- graphische Schaltplan[7]-Eingabe

---

[4]ISE = Integrated Software Environment
[5]IP = Intellectual Property
[6]GUI = Graphical User Interface *(deutsch: grafische Benutzeroberfläche)*
[7]engl. Schematic

Nachteile:

- eingeschränkte Kompatibilität zu anderen Herstellern: Im Gegensatz zum reinen VHDL-Code ist es notwendig das System erneut den Modulen des neuen Herstellers zu erstellen.

- eingeschränkter Hardware-Bezug: Takt- und Resetnetz sind in Simulink schwer zugänglich.

8.1.2 Matlab/Simulink und Embedded Target

Der Real-Time Workshop in Verbindung mit Embedded Target ermöglicht die automatische C-Codegenerierung aus grafischen Simulink-Modellen. Der Designflow dient zur Evaluierung der Simulink-Modelle auf der DSP-Familie C2000 von TI[8](siehe Abschnitt 3.5.5) und für Rapid Prototyping. Hierbei können Peripheriemodule wie ADC[9], Speicher oder CAN[10]-Schnittstelle von Simulink aus angesprochen werden.

Anwendungen für diese DSPs sind Antriebssysteme, wie beispielsweise Motorregelungen.

Abbildung 8.3 zeigt die verwendeten Werkzeuge für die C2000-DSP-Familie.

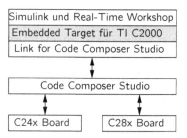

Abbildung 8.3: Embedded Target: Entwicklungsprozess

Die Aufgaben der einzelnen Werkzeuge sind:

- Embedded Target: Parametrierung & Einbindung spezifischer Prozessordaten

- Real-Time Workshop: C-Codegenerierung aus Simulink-Modellen

- Link for Code Composer Studio: Verbindung zwischen Simulink und Code Composer für Compilierung und Test

- TI Code Composer Studio: Entwicklungswerkzeug vom Hersteller Texas Instruments

---

[8]TI = Texas Instruments
[9]ADC = **A**nalog **D**igital **C**onverter *(deutsch: Analog-Digital-Wandler)*
[10]CAN = **C**ontroller **A**rea **N**etwork

Zur Evaluation dienen C24x-(16Bit Festkomma) und C28x-(32Bit Festkomma) Boards eines Drittanbieters[11].

Mikro-controller

Das Werkzeug Embedded Target ist auch verfügbar für den Motorola Mikrocontroller MPC 5xx (PowerPC)- und für die Infineon-C166-Mikrocontroller-Familie (siehe Abschnitt 3.5).

Merksatz: **Portierung**
Die Portierung auf einen anderen Prozessor ist einfacher zu vollziehen als bei einem Entwurf mit FPGAs. Den allgemeinen Simulink-Blöcken stehen herstellerspezifische IPs bei den FPGAs gegenüber. Der Matlab-Code steht der Hochsprache C näher als der Hardwarebeschreibungssprache VHDL. Bei den Mikroprozessoren sind die spezifischen Anteile nur die Peripherie und nicht der Algorithmus selber [KYH06]; [Mat05].

Beispiel: In Simulink kann ein hybrides System aus FPGA und DSP realisiert werden.

Weiterführende Literatur findet man unter [Mat06], [JR05], [Frö06].

Vergleich System-Generator und Embedded Target
Im Rahmen von Projektlaboren [KYH06, KHU07, WMN07] wurden Benchmarks wurden für eine „MAC"-Funktion und einen FIR-Filter mit Codegeneratoren System-Generator und Embedded Target durchgeführt.

8.2 SystemC

C-orientiert

In der Industrie sind die beiden Hardware-Beschreibungssprachen VHDL und Verilog weit verbreitet. Die zukünftige Entwicklung könnte in Richtung C-orientierte Beschreibungssprachen gehen. Hierzu gehören [PI05]:

- SystemC: von Synopsys

- SpecC: Ursprung bei Univercity of California Irvine

- System-Verilog: Verilog-Erweiterung [CBW04]

- HandelC: von Celoxica.

- ImpulseC: von Impulse [Sch05b]

---

[11]engl. third-party

234

8.2.1 Motivation

Klassische Entwurfsmethoden stoßen beim Entwurf von System On Chip[12] bestehend aus Prozessorkernen, Speicher, Peripherie und anwendungsspezifischer Hardware, an ihre Grenzen. Der Einsatz von unterschiedlichen Sprachen für die Hardware, **SOC** wie VHDL, Verilog, und Software, wie C/C++, Java, macht ein echtes Hardware-Software-Codesign schwierig und eine taktgenaue Simulation des Komplettsystems fast unmöglich. Das Resultat sind Produkte, die entweder den Anforderungen nicht gewachsen (zu langsam, Abstürze usw.) oder überdimensioniert sind (Hardware nicht ausgelastet, hoher Stromverbrauch). Die Ursache liegt meistens an der Tatsache, dass sich die Entwickler eher auf Erfahrung und Intuition als auf analytisch gewonnene Erkenntnisse verlassen.

Ein Möglichkeit zur Erhöhung der Entwurfsproduktivität ist die Systembeschreibungssprache SystemC. SystemC kann man vereinfacht als eine Erweiterung der Sprache C++ um eine „Template-Library" ansehen werden.

SystemC liefert Sprachkonstrukte, die eine Beschreibung von Hardware-Eigenschaften wie Parallelität und Zeit ermöglichen. Somit kann Register Transfer Logik modelliert und synthetisiert werden. Eine wesentliche Eigenschaft von SystemC ist die Beschreibung von Hardware -und Software-Komponenten sowie deren Kommunikationsbeziehungen auf höherer Abstraktionsebene als RTL in einer gemeinsamen Sprache [GK06].

8.2.2 Entwurf

SystemC ermöglicht die Beschreibung von Hard- und Software auf unterschiedlichen Abstraktionsebenen, ausgehend vom abstrakten funktionalen Modell über verschiedene Verhaltensmodelle bis hin zur taktgenauen Register-Transfer-Ebene. Hierdurch ist es möglich, Hard- und Software in einer übergeordneten höheren Sprache zu spezifizieren und in einem systematischen Entwurfsfluss schrittweise bis zu einem finalen synthetisierbaren Modell zu verfeinern. Abbildung 8.4 gibt einen Überblick.

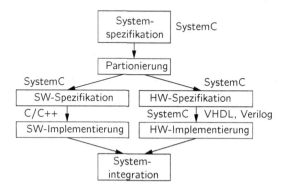

Abbildung 8.4: SystemC: Entwurfsprozess

---

[12]SOC = System On Chip

Abstraktions-
ebenen

SystemC verfügt über verschiedene Abstraktionsebenen:

- System-Ebene: Funktionale Modelle ohne und mit Timing

- Algorithmen-Ebene: Verhaltensbeschreibung, getaktet, synthetisierbar

- RTL-Ebene: getaktet, synthetisierbar; Teilung in Datenpfad und Zustandsautomat

Die frei verfügbaren SystemC-Simulatoren erlauben die Simulation der Modelle auf allen unterstützten Abstraktionsebenen vom funktionalen Softwaremodell bis hin zur Hardware-RTL-Realisierung gemeinsam im „Mixed mode". Höhere Abtraktionsebenen erhöhen dramatisch die Simulationsgeschwindigkeit. Software-Entwickler können so ihre Software-Implementierung deutlich schneller verifizieren als mit konventionellen Verilog/VHDL-Modellen. Dieser Leistungsgewinn wird natürlich durch Vernachlässigen von Hardware-Details wie taktgenauer Simulation erkauft. Die Simulationsergebnisse sind zur Software-Entwicklung aussagekräftig genug.

> *Einstieg:*
> SystemC ist unter [Sys06] frei verfügbar.

Der Cocentric SystemC Compiler von Synopsys nimmt die automatische VHDL-Code-Generierung vor. (siehe Abbildung 5.10).

Konstrukte

Exemplarisch einige Konstrukte zum besseren Verständnis.

- Funktionsblöcke: sc[13]_module

    module definition (.h): Kommunikation

    module functionality (.cpp): Funktionalität

- Schnittstellen:

    sc_in, sc_out, sc_inout

- Schnittstellen-Methoden:

    portname.read; portname.write; portname.initialize()

- Prozesse: Modellbildung von Hardware - Nebenläufigkeit!

    Sensitivitätslisten: sc_method

> *Beispiel:* Die Quellcodes 8.1 und 8.2 zeigen die Realisierung einer MAC-Funktion in SystemC [Ges04].

---

[13]sc = SystemC

Quellcode 8.1: SystemC-Definition: MAC.h

```
1  #include "systemc.h"
2
3  SC_MODULE(mac) {
4    sc_in<sc_int<16> > in1;
5    sc_in<sc_int<16> > in2;
6    sc_in<bool> clock;
7    sc_in<bool> rst;
8    sc_out<sc_int<40> > out;
9
10   sc_int<16> in1_tmp;
11   sc_int<16> in2_tmp;
12   sc_int<40> accu;
13
14   void do_mac();
15   SC_CTOR(mac)
16     {SC_METHOD(do_mac);
17     sensitive_pos <<clock;} };
```

Quellcode 8.2: SystemC-Funktionalität: MAC.CPP

```
1  void mac::do_mac() {
2    if(rst.read()) {
3      accu=0;
4      out.write(0);}
5    else {
6      in1_tmp=in1.read();
7      in2_tmp=in2.read();
8      accu += in1_tmp * in2_tmp;
9      out.write(accu);} }
```

Algorithmus	Wortlänge (Eingang, Koeffizienten) [Bit]	SystemC: Datenrate [MSamples/s]	SystemC: Slices	Simulink: Datenrate [MSamples/s]	Simulink: Slices
MAC	16,40	125,20	179	125,17	164
Pulskompression	16,16	29,88	2634	61,76	3162
Dopplerfilter	16,16	26,48	890	22,09	789
CA-CFAR	16,-	21,09	609	15,66	787

Tabelle 8.1: Benchmarks: SystemC und Matlab/Simulink mit System-Generator. Pulskompression, Dopplerfilter und CA-CFAR sind Radar-Signalverarbeitungsalgorithmen.

Beispiel: Die Tabelle 8.1 vergleicht die Leistungsfähigkeit von generiertem VHDL-Code (Radarsignalverarbeitungs-Algorithmen) aus SystemC und Matlab/Simulink mit System-Generator, abgebildet auf ein Xilinx FPGA Virtex XCV 1000 BG560-4 [GMW04].

Weiterführende Literatur findet man unter [Sys06], [TU06], [BEM04], [Ayn05].

Zusammenfassung:

1. Der Leser kennt Matlab/Simulink und deren Einsatzgebiete.

2. Er kennt Matlab/Simulink und die automatische Code-Erzeugung.

3. Der Leser kann SystemC einordnen.

---

9 UML-basierte Entwicklung für hybride Systeme

von Thomas Mahr

Lernziele:

1. Was sind hybride System?

2. Wie kann man Software für hybride Systeme entwickeln?

3. Warum ist eine späte Partitionierung der Software-Module auf die jeweils geeignete Hardware nützlich?

4. Wie lässt sich eine Applikation von Hardware und Betriebssystem entkoppeln?

5. Was unterscheidet einfache von komplexen Systemen?

6. Was ist der Nutzen einer modellbasierten Entwicklung?

7. Warum modellieren wir?

8. Wann ist eine grafische Modellierung zweckmäßig, wann eine schriftliche Modellierung?

9. Was ist modellbasierte automatische Codegenerierung?

10. Wie kann man aus einem UML-Modell VHDL- und C++ Code automatisch generieren?

In diesem Kapitel zeigen wir einen möglichen Ansatz zur Software-Entwicklung dür hybride Systeme auf: automatische Generierung von C++ und VHDL-Coderahmen aus einem formalen Modell, z.B. einem UML-Modell.

9.1 Hybride Systeme

Ein Beispiel für ein hybrides System (siehe Kapitel 7) aus Mikroprozessoren und FPGAs zeigt Abbildung 9.1. FPGA 1 empfängt über eine schnelle Verbindung Signale von einem AD-Wandler, filtert diese über einen FIR-Filter und sendet das Ergebnis an Mikroprozessor MP 1. MP 1 verarbeitet die Signale in Abhängigkeit von Benutzerkommandos, die über eine XML[1]-Datei aus dem Intranet empfangen werden. Das

---

[1]XML = Extensible Markup Language *(deutsch: Erweiterbare Auszeichnungssprache)*

Parsen der XML-Datei und die Steuerung der Signalverarbeitung geschehen bequem über ein Java-Programm. Falls der Benutzer eine zweidimensionale Spektralanalyse in Echtzeit wünscht, werden die Signale an FPGA 2 geschickt, dort spektral untersucht und die Ergebnisse zurück an MP 1 gesandt. FPGA 2 wirkt dabei als ein Koprozessor von MP 1. Von MP 1 laufen die Daten zu MP 2, um dort auf ein Anzeige- und Steuerprogramm mit hardwarebeschleunigter OpenGL 3D-Darstellung visualisiert zu werden. Außerdem werden ausgewählte Daten sowohl als Zip-Datei auf Festplatte komprimiert als auch als Java-Objekte von MP 2 an MP 3 weitergereicht. MP 2 ist ein auf FPGA 3 realisierter Prozessor-soft-core (SOC, siehe Abschnitt 7.1 auf Seite 214). Die Java-Objekte werden auf MP 3 in einen Bitstrom umgewandelt und außerhalb des soft-core, aber auf demselben Chip, über eine in VHDL programmierte digitale Schaltung weiterverarbeitet und über eine schnelle Verbindung an FPGA 4 geschickt.

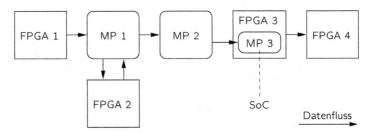

Abbildung 9.1: Beispiel für ein hybrides System aus FPGAs und Mikroprozessoren (MPs).

Dieses hybride System nutzt die kombinierten Stärken von Mikroprozessoren und FPGAs:

- schnelle, taktgenaue Datenübertragung

- schnelle parallelisierbare Signalverarbeitungsalgorithmen

- leistungsfähige Software-Bibliotheken zum Lesen von XML-Daten und Komprimieren im Zip-Format

- grafische Benutzerschnittstelle mit OpenGL 3D-Darstellung

- Objekte und Java-RMI[2] zur Übertragung von Java-Objekten über Prozessorgrenzen hinweg

Abbildung 9.2 stellt drei mögliche Wechselwirkungen zwischen einem Mikroprozessor MP und einem FPGA dar:

1. Abbildung 9.2(a): Der MP liefert Daten an das FPGA. Beispiel: Empfang von einer schnellen Schnittstelle.

---

[2]RMI = Remote Method Invokation

2. Abbildung 9.2(b): Das FPGA liefert Daten an den MP. Beispiel: Senden an eine schnelle Schnittstelle.

3. Abbildung 9.2(c): Koprozessor

   a) Das FPGA dient als numerischer Koprozessor eines MP.

   b) Der MP dient als (Hochsprachen-)Koprozessor eines FPGAs, z.B. zum Lesen oder Schreiben einer XML-Datei.

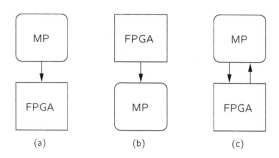

Abbildung 9.2: Drei Wechselwirkungen zwischen Mikroprozessor MP und FPGA.

9.2 Software-Entwicklung für hybride Systeme

Jetzt, da FPGAs schneller zu programmieren sind als deren Vorläufer aus der Familie der programmierbaren Logikbausteine, verlagert sich der Entwicklungsschwerpunkt: von der Hardware hin zur Software. Digitale Schaltungen werden nicht mehr durch die Konfiguration von Atomen, sondern von Elektronen bestimmt. Und die lässt sich durch ein Programm einfach steuern. Der Weg ist frei für eine kreative Entwicklung digitaler Schaltungen zur Lösung komplexerer Aufgaben. Anforderungsanalyse, Lösungsentwurf, Testverfahren und Vorgehensmodelle spielen jetzt eine ebenso wichtige Rolle wie im Fall der Softwareentwicklung von Mikroprozessoren. Genaugenommen sind diese Entwicklungsphasen weitgehend unabhängig von der Rechenmaschine auf der schließlich die Algorithmen ausgeführt werden. **von Hardware zu Software**

Am Anfang der Entwicklung darf nicht mehr die Frage stehen, ob eine Aufgabe von einer „Hardware-Abteilung" übernommen wird, die nur eine FPGA-Lösung liefern kann, oder von einer „Software-Abteilung", die nur eine Mikroprozessor-Lösung bieten kann. Nein! Wir müssen die eigentliche Aufgabe verstehen, das komplexe System begreifen, eine Lösung – Modelle und Algorithmen – erarbeiten. Und erst dann dürfen wir entscheiden, auf welcher Rechenmaschine wir welche Software-Module ausführen werden und wie wir die Rechenmaschinen programmieren wollen. **Hardware richtet sich nach Software**

späte Partitionierung

Diese Vorgehensweise ist in Abbildung 9.3 skizziert. Am Anfang stehen die Anforderungen: ein Kunde hat ein Problem (das er wahrscheinlich selbst gar nicht genau kennt) oder eine Fachabteilung erhält eine technische Spezifikation (die wahrscheinlich weder vollständig noch konsistent ist). Es ist unsere Aufgabe, das Problem verstehen **Entwicklungsfluss** zu lernen und die Anforderungen zu analysieren. Bevor wir nach der Lösung suchen, werden wir uns ein Modell des Lösungsraums erarbeiten. Wir werden das komplexe System aus unterschiedlichen Perspektiven beleuchten, manche Details vernachlässigen, andere besonders sorgfältig untersuchen. Was ist unser System? Mit welchen Nachbarsystemen wechselwirkt es? Aus welchen Teilen besteht das System? In welcher Beziehung stehen diese Teile zueinander?

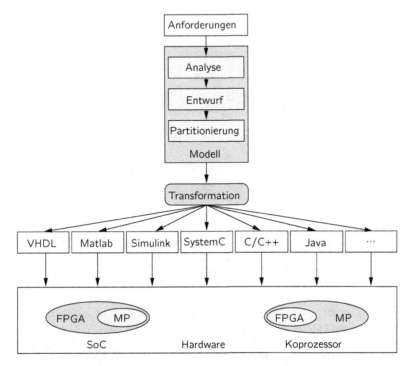

Abbildung 9.3: Entwicklungsfluss zur Programmierung hybrider Systeme. Hinweis: der Entwicklungsfluss muss iterativ-inkrementell sein (siehe Abschnitt 4.3 auf Seite 159)!

In dieser Welt, die sich allmählich vor unseren Augen ausbreitet, suchen wir nach einer Lösung, die dem Kunden nützt: Flugspuren in einem Radarsignal finden, Passagiere während eines Fluges multimedial unterhalten oder einen Airbag in einem Fahrzeug zum richtigen Zeitpunkt auslösen. Dafür werden wir modellieren, analysieren, Berechnungen anstellen, Algorithmen entwickeln, Simulationen durchführen, echte Messdaten auswerten. Und dabei werden wir der Lösung immer näher kommen und das System und die Aufgabe immer besser verstehen. Offenbar benötigen wir schrittweise verschiedene Zwischenlösungen um das ursprüngliche Problem immer deutlicher fassen zu können. Messdaten können wir nur auswerten, wenn wir zuvor welche aufgenommen haben. Dazu benötigen wir natürlich einen Sensor. Nicht unbedingt das fertige Radarsystem, aber doch eine Vorstufe davon! Was wir verlangen ist

evolutionäre Entwicklung

genau das, was wir in Abschnitt 4.3 auf Seite 159 ausgeführt haben: eine evolutionäre Vorgehensweise – und keine wasserfallartige!

In der Abbildung 9.3 haben wir die beiden hybriden Hardware-Varianten gezeigt:

1. Mikroprozessor realisiert auf FPGA (SOC) und

2. FPGA als Koprozessor

Wie gelangt nun das Modell aus der Abbildung auf die Hardware? Dafür gibt es leider nicht *den* goldenen Pfad, sondern eine Vielzahl von unterschiedlichen Wegen – sowohl bewährte Methoden als auch experimentelle Verfahren:

viele Wege von Modell zu Hardware

- VHDL – die Hardwarebeschreibungssprache zum Entwurf digitaler Schaltungen. Das VHDL-Programm wird mittels eines Synthesewerkzeugs in eine FPGA-Netzliste gewandelt (siehe Abschnitt 5.4.1 auf Seite 190).

- Matlab/Simulink (siehe Abschnitt 8.1.1 auf Seite 230): Matlab[3] ist nützlich für die Entwicklung von Algorithmen. Digitale Schaltung lassen sich mit Simulink auf grafische Weise entwerfen. Aus Matlab lässt sich darüberhinaus auch C/C++ Code für Mikroprozessoren generieren.

- SystemC – die Template-Bibliothek zur Systemmodellierung in C++ (siehe Abschnitt 8.2 auf Seite 234).

- C/C++ – *die* Sprache zur Programmierung von Mikroprozessoren für eingebettete Systeme. C/C++ Programme können auch auf einem FPGA ausgeführt werden: in einem soft-core.

- Java – vielleicht die zukünftige Sprache für eingebettete Systeme [FMS06]. Auch wenn man es zunächst nicht erwarten mag – Java und FPGA schließen sich nicht aus:

  - Ein Java Programm kann auf einem FPGA in einem Softcore ausgeführt werden.

  - Eine Java Virtuelle Maschine lässt sich auch in VHDL schreiben. Java Byte Code wird dann direkt auf einem FPGA ausgeführt, wie im Fall von JOP[4] [Sch04, Sch06].

- und viele mehr: HandleC, ImpulseC [PT04], SystemVerilog, JHDL[5], Altera C2H, Xilinx Forge, AccelFPGA, ...

Die Abbildung 9.4 veranschaulicht den Vorteil einer späten Partitionierung – der flexiblen Zuweisung von Software-Modulen auf Rechenmaschinen. In Abbildung 9.4(a) sind wir mit einer ersten Version von Anforderungen konfrontiert. Wir wollen die Anforderungen durch eine reine Mikroprozessor-Lösung erfüllen. Ein Mikroprozessor führt nacheinander drei Algorithmen aus: eine FIR-Filterung der Eingangsdaten, eine 1-dimensionale Spektralanalyse (z.B. mit einer FFT) und die Darstellung der Ergebnisse.

Vorteil späte Partitionierung

---

[3]Siehe auch die kostenlosen Werkzeuge Octave (http://www.gnu.org/software/octave/) und Scilab (http://www.scilab.org/).

[4]JOP = Java Optimized Processor

[5]http://www.jhdl.org

Anforderungen ändern sich

Plötzlich ändern sich die Anforderungen. Ja, Anforderung und Randbedingungen können sich ändern und tun das auch! Gründe dafür gibt es viele:

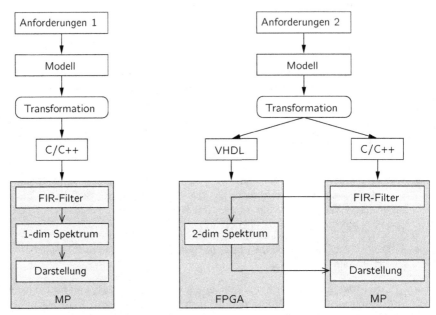

(a) Die ursprünglichen Anforderungen lassen sich durch eine reine Prozessorlösung erfüllen.

(b) Die geänderten, aufwendigeren Anforderungen erfordern anstelle der 1-dim Spektralanalyse eine 2-dimensionale. Diese wird auf einem FPGA ausgeführt.

Abbildung 9.4: Vorteil der späten Partitionierung der Software auf die Hardware: bei geänderten Anforderungen kann einem heterogenen Mikroprozessor-System ein FPGA als Koprozessor hinzugefügt werden ohne das Modell und die übrigen Teile der Software zu ändern.

1. Das Produkt wird durch einen Nachfolger abgelöst.

2. Der Kunde wünscht eine Modifikation des Produktes.

3. Zwischen uns und unseren Kunden gab es hinsichtlich der Anforderungen ein Missverständnis.

4. Wir haben einen Fehler bei der Analyse der Anforderungen gemacht.

5. Wir gewinnen im Laufe der Entwicklung und der Erprobung ein besseres Verständnis der Aufgabe.

6. Die Erprobung zeigt, dass die zu einem früheren Zeitpunkt eingeplanten Algorithmen die Anforderungen nicht erfüllen.

7. Ein Hardware-Hersteller kann nicht liefern.

8. Unser Assembler-Guru hat die Firma verlassen.

9. usw.

Plötzlich stellen wir also fest: die geänderten Anforderungen lassen sich so nicht erfüllen. Die eindimensionale Spektralanalyse kann nicht die geforderte Leistung erbringen. Eine zweidimensionale Verarbeitung dagegen schon. Nur reicht die Leistung unseres Mikroprozessors hierfür nicht aus. Ein Ausweg wäre es, die Spektralanalyse, wie in Abbildung 9.4(b) gezeigt, auf einen FPGA auszulagern – und zwar so, dass der Rest der Software davon möglichst wenig beeinflusst wird. Ebenso bleibt ein Großteil der Modellierung von der Änderung unberührt, abgesehen von der geänderten Partitionierung: die Spektralanalyse wird jetzt nicht mehr auf den Mikroprozessor, sondern auf das FPGA abgebildet.

Damit dies möglich ist, muss die Applikation weitgehend von der Hardware entkoppelt sein. Abbildung 9.5 zeigt eine Software-Architektur, die diese Forderung unterstützt. Die Applikation ist nur abhängig von einem `System`-Paket, das die Schnittstellen zur Hardware und dem Betriebssystem zusammenfasst. Diese Schnittstellen sind aber reine funktionale Schnittstellen[6] – unabhängig von der Hardware. Sie werden

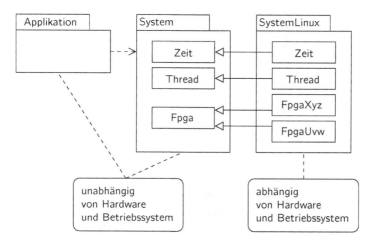

Abbildung 9.5: Die Applikation hängt nur von einem abstrakten Schnittstellenpaket „System" ab, das unabhängig von Hardware und Betriebssystem ist. Die in diesem Paket deklarierten Funktionalitäten (Systemzeit, Thread-Steuerung, FPGA-Kommunikation, u.a.) werden für ein spezifisches Zielsystem implementiert (hier Betriebssystem Linux und FPGAs „Xyz" und „Uvw").

erst in einem hardware- und betriebssystemabhängigen Paket realisiert, z.B. für ein bestimmtes Linux auf einer bestimmten PowerPC-Plattform.

[6]Siehe Abbildung 4.12 auf Seite 131

Auf diese Weise lassen sich nicht nur Funktionalitäten wie eine Systemzeit oder die Thread-Steuerung abstrahieren, sondern auch andere Resourcen wie FPGAs. Die Schnittstelle FPGA im `System`-Paket bietet z.B. nur eine abstrakte Lese- und Schreibmethode zur Kommunikation mit dem FPGA. Erst in dem `SystemLinux`-Paket wird die Kommunikation für ein bestimmtes FPGA vom Typ „Xyz" oder „Uvw" realisiert.

9.3 Der ideale Codesigner

Der „ideale Codesigner" aus Abbildung 9.6 ist ein wunderbares Werkzeug: es wandelt ein formales Modell um in optimierten Maschinencode für Mikroprozessoren und

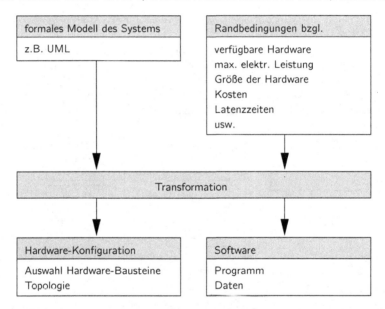

Abbildung 9.6: Gedankenexperiment: Der ideale Codesigner erstellt aus einem formalen Modell unter Berücksichtigung verschiedener Randbedingungen sowohl eine Mikroprozessor-FPGA-Konfiguration als auch die Software für die einzelnen Rechenmaschinen.

optimierte Netzlisten für FPGAs! Und das alles unter Berücksichtigung verschiedener vorgegebener Randbedingungen (siehe Kapitel 2): Energieverbrauch, Größe und Gewicht der Hardware, Herstell- und Entwicklungskosten, zulässige Hardware-Bausteine, Rechengeschwindigkeit, Reaktionszeit. Mehr noch: der „ideale Codesigner" liefert uns die ideale Kombination aus Mikroprozessoren und FPGAs! Die kreative Entwicklungsleistung beschränkt sich auf die Modellierung des Systems und die Beschreibung der Randbedingungen. Der Rest geschieht wie von Zauberhand. Automatisch! Fehlerlos!

Welch ein Paradies für Entwickler! Und erst recht für Manager: einfach einen Bauplan in die Programmiermaschine stecken, einen Knopf drücken und das fertige Produkt verkaufen. Tja, leider, leider – die Entwickler werden es bereits geahnt haben – gibt es diese magische Maschine noch nicht.

Was aber wäre, wenn es diese Maschine gäbe? Wem könnte sie nutzen und wie könnte sie funktionieren? Dieser Frage wollen wir uns in diesem Abschnitt widmen.

Vereinfachen wir den Transformator aus Abbildung 9.6, indem wir den oberen rechten Teil (Randbedingungen) und den unteren linken Teil (Hardware-Konfiguration) weglassen. Wir erhalten Abbildung 9.7. Der Transformator wandelt jetzt nur noch ein

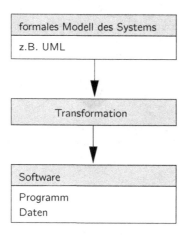

Abbildung 9.7: Vereinfachung des Transformators aus Abbildung 9.6

formales Modell in Code für Mikroprozessoren und FPGAs um. Das Modell kann durch Grafiken, Texte oder irgendwelche anderen Symbole formuliert werden. Genaugenommen ist das Modell auch ein Code, denn er kodiert die Beschreibung eines Systems in einer geeigneten Notation. Ein C-Programm ist ein Modell für das Maschinenprogramm, das mittels eines Transformators, hier eines Compilers, aus dem C-Programm gewonnen wird (siehe Abschnitt 4.2.3 auf Seite 139). An diesem Beispiel wird der Nutzen der Modellierung deutlich: Abstraktion und Reduktion von Abhängigkeiten! Ein C-Programm ist viel einfacher, schneller und sicherer zu schreiben als ein Maschinenprogramm, denn:

Abstraktion und Reduktion von Abhängigkeiten

- Die Sprache C ist unabhängiger von der Hardware als Maschinensprache.

- C-Befehle sind einprägsamer als Maschinenbefehle (siehe for-Schleife in C und Maschinensprache-Opcodes für Vergleichsoperatoren und Sprungbefehle).

- Ein C-Programm lässt sich automatisch in ein Maschinenprogramm transformieren.

Das Modell hilft also nur, wenn es das System auf einer abstrakteren Ebene und einer übersichtlicheren Perspektive beschreibt als der Code, in den das Modell transformiert wird. Warum ist das so?

9.3.1 Warum modellieren und abstrahieren?

einfaches System

Abbildung 9.8 zeigt ein einfaches System, dessen Teile (Kreise) auf übersichtliche Weise zusammenhängen. Der gestrichelte Pfeil zwischen zwei Kreisen gibt deren Abhängigkeitsbeziehung an: der Kreis am Fuß des Pfeils ist vom Kreis am Kopf des Pfeils abhängig[7]. Das System zeigt ein lineares Abhängigkeitsgeflecht zwischen seinen Teilen (lineare Topologie), ohne Rückkopplungen und Mehrfachabhängigkeiten. Ändert man das System an einer Stelle (schwarzer Kreis in der Mitte) wirkt sich diese Änderung auf die beiden grauen Kreise links vom schwarzen Kreis aus. Der nächste Nachbar des schwarzen Kreises ist direkt vom schwarzen Kreis abhängig und damit direkt von der Änderung betroffen. Auch auf den äußeren linken Kreis wirkt sich die Änderung aus, da dieser ebenfalls – allerdings indirekt – vom schwarzen Kreis abhängt. Dies ist ein

Abbildung 9.8: Einfaches System: Eine Änderung an einer Stelle (schwarzer Kreis) hat überschaubare Auswirkungen an anderen Stellen (graue Kreise). Der Pfeil bedeutet „abhängig von".

sehr übersichtliches System! Wir erkennen die Abhängigkeiten zwischen dessen einzelnen Teilen deutlich. Mühelos können wir die Auswirkungen einer Änderung an einer beliebigen Stelle auf andere Teile des Systems überschauen. Es ist nicht notwendig, nach einer noch übersichtlicheren Perspektive zu suchen, die uns einen noch klareren Blick auf das System gestattet. Kurz gesagt: das System ist so einfach, dass es nichts zu modellieren gibt.

komplexes System

Wie sieht ein unübersichtliches System aus? So wie in Abbildung 9.9 dargestellt! Die Teile des Systems (Kreise) hängen nun nicht mehr so übersichtlich zusammen wie bei dem einfachen System aus Abbildung 9.8. Ändert man das System an einer Stelle (schwarzer Kreis), wirkt sich dies an einer Vielzahl unterschiedlicher Stellen aus (graue Kreise), die über das gesamte System verteilt sind. Natürlich lassen sich diese Stellen finden: ausgehend von der ursprünglich geänderten Stelle, dem schwarzen Kreis, alle möglichen Pfade in umgekehrter Pfeilrichtung verfolgen und die gefundenen Kreise grau einfärben. Die Schwierigkeit ist nur:

- man sieht die Abhängigkeiten nicht sofort,

- man muss die Abhängigkeiten suchen und

- diese Suche ist fehleranfällig: fährt man mit dem Finger die Pfade ab, besteht ein endliches Risiko auf einen falschen Pfad zu rutschen, einen Pfad zu übersehen, zu viel oder zu wenig Kreise zu markieren.

Herausforderungen

Dies führt zur eigentlichen Herausforderung der Entwicklung von komplexen Systemen – sei es in der Software-Entwicklung für Mikroprozessoren oder dem Schaltungsentwurf für FPGAs:

---

[7]Hier gilt dieselbe Notation für Abhängigkeiten wie in dem UML-Diagramm in Abbildung 4.9 auf Seite 126.

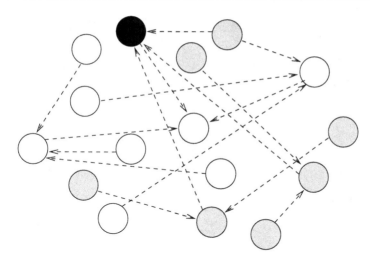

Abbildung 9.9: Komplexes System: Eine Änderung an einer Stelle (schwarzer Kreis) hat schwer zu überschauende Auswirkungen an anderen Stellen (graue Kreise). Der Pfeil bedeutet „abhängig von".

1. Es besteht ein endliches Risiko, dass eine Änderung an einer Stelle des Systems unerwartete Auswirkungen an anderen Stellen bewirkt!

2. Diese unerwarteten Auswirkungen erweisen sich in der Regel[8] als neue, dem System hinzugefügte Fehler!

3. Es besteht ein endliches Risiko, dass Änderungen am System zu neuen überflüssigen Abhängigkeiten führen und das System unnötigerweise noch unübersichtlicher werden lassen (siehe Abbildung 9.10).

4. Es besteht ein endliches Risiko, dass Änderungen am System – auch Fehlerbehebungen – an einer Stelle zu neuen Fehlern an anderer Stelle führen!

Gerade der letzte Punkt der vorangegangenen Aufzählung wiegt sehr schwer! Wir sind dazu gezwungen, Änderungen am System vorzunehmen. Schließlich müssen wir während der Entwicklung einerseits dem System Funktionalität hinzufügen, um die technischen Anforderung zu erfüllen, und andererseits aus dem System Defekte entfernen, also Fehler beheben! Und bei jeder Änderung lauert die Gefahr, neue Fehler zu verursachen. Je unübersichtlicher das System ist, desto höher ist dieses Risiko. Im schlimmsten Fall wächst die Zahl der Fehler immer weiter an und es gelingt uns nicht, das System zu stabilisieren. Das System wäre dem Tod geweiht und unser Projekt stünde vor dem Aus! Damit es nicht soweit kommt, müssen wir drei Maßnahmen ergreifen:

Änderungsrisiko

System stabilisieren

---

[8]Es besteht zwar auch eine sehr geringe Wahrscheinlichkeit, dass man durch eine Änderung an einer Stelle einen bereits vorhandenen Fehler an anderer Stelle entfernt. Aber diese Wahrscheinlichkeit ist so gering, dass man besser nicht darauf hoffen sollte.

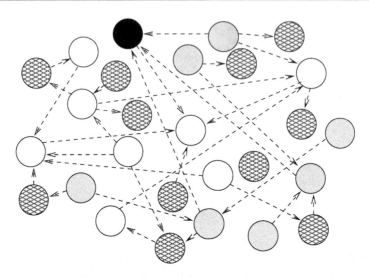

Abbildung 9.10: Behelfslösungen (schraffiert) können aus dem in Abbildung 9.9 gezeigten System ein noch unübersichtlicheres, verflochteneres System mit überflüssigen Abhängigkeiten machen.

1. Überflüssige Abhängigkeiten vermeiden!

2. "Wächter" zur rechtzeitigen Erkennung von Fehlern in Form von automatischen Tests verwenden (siehe Abschnitt 4.2.4)!

3. Übersicht durch Abstraktion und Wahl einer geeigneten Perspektive gewinnen!

Abstraktion

Das System aus Abbildung 9.9 können wir tatsächlich übersichtlicher darstellen, indem wir den Graphen aus Abbildung 9.9 neu anordnen ohne die Beziehungen der Teile untereinander zu verändern. Dazu markieren wir in Abbildung 9.11(a) die Kreise mit vier unterschiedlichen Füllungen und gruppieren die Kreise in Abbildung 9.11(b). Ersetzen wir außerdem die drei Gruppen durch jeweils einen neuen, die Gruppe repräsentierenden Kreis, in Abbildung 9.12 als größere Kreise dargestellt, so haben wir zwar an Details eingebüßt, aber dafür an Verständlichkeit gewonnen. Wir haben das System abstrahiert.

„einfache"
Systeme?

subjektive
Bewertung

Wer benötigt nun also Abstraktion? Wären die Systeme, mit denen wir uns als Entwickler beschäftigen, so einfach wie in Abbildung 9.8 auf Seite 248, bräuchten wir weder Modelle noch Modell-zu-Code-Transformatoren! Aber wann ist ein System einfach? Ein System erscheint einem Beobachter als einfach, wenn er dessen innere Struktur und innere Abhängigkeiten leicht überblicken kann. Ob ein System einfach ist oder nicht, hängt also ganz erheblich vom Beobachter und dessen Fähigkeiten und Erfahrungen ab. Der eine Entwickler zeichnet ein Sequenzdiagramm, um sich klar zu machen wie zwei Computer über eine Schnittstelle miteinander kommunizieren, der andere Entwickler, ein Netzwerkspezialist, sieht das Abhängigkeitsmuster sofort. Und unsere kompliziertesten Probleme erscheinen möglicherweise einem überirdischen

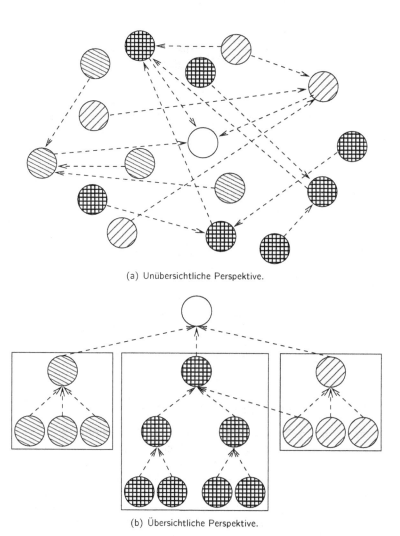

(a) Unübersichtliche Perspektive.

(b) Übersichtliche Perspektive.

Abbildung 9.11: Ein unübersichtlich erscheinendes System kann durch Wahl einer geeigneten Perspektive übersichtlich erscheinen. Die Topologie der Graphen ist in beiden Bildern identisch. Der obere Graph wird durch Verschiebungen der Knoten in das untere Bild transformiert.

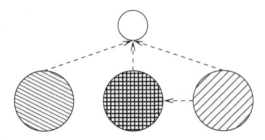

Abbildung 9.12: Ersetzt man die Rechtecke aus Abbildung 9.11(b) durch die Kreise, entsteht aus dem detaillierten System aus Abbildung 9.11 ein gröberes abstrakteres System.

Wesen trivial. Ein solches Wesen benötigt vielleicht niemals ein Modell und niemals ein Werkzeug zur Transformation des Modells in Code – es sei denn, dieses Wesen wollte uns die Probleme und Lösungen erklären. Ähnliches gilt für den Netzwerkspezialisten, der zum Sequenzdiagramm greift, um mit seinem auf diesem Gebiet unerfahreneren Kollegen die Kommunikation zwischen den beiden Computern zu diskutieren.

Gruppe von Entwicklern

Ob ein System einer Gruppe als Ganzes einfach erscheint, hängt also von der Schnittmenge der Fähigkeiten und Erfahrungen der einzelnen Gruppenmitglieder ab. Da Fähigkeiten vergänglich sind und Erfahrungen in Vergessenheit geraten können, ist ein Entwickler möglicherweise gut beraten, auch vermeintlich einfache Systeme zu modellieren. Vielleicht erscheint ihm jetzt das System nur deswegen einfach, weil er sich zuvor tagelang damit beschäftigt hat. Stößt er Monate oder Jahre später wieder auf dieses vergessene System, wäre er sicher für anschauliche Aufzeichnungen dankbar.

9.3.2 Wie modellieren? grafisch oder schriftlich?

Route Ulm – Künzelsau

Was ist die geeignete Darstellung für ein Modell? Eine schriftliche oder eher eine bildhafte? Betrachten wir hierzu ein Beispiel: eine Wegbeschreibung von Ulm nach Künzelsau. Routenplanerprogramme liefern meistens beide Ansichten: eine Auflistung der wichtigen Wegpunkte in Textform, wie in Tabelle 9.1 gezeigt, und eine Grafik, ähnlich der Abbildung 9.13.

Die Tabelle führt im Gegensatz zur Abbildung die vollständigen Detailinformationen auf: Kilometerstand, Straßennamen und Abzweigungen. Sie ist allerdings unübersichtlicher und weniger einprägsam als die leicht verständliche Grafik, die dafür auf Details verzichtet. Offenbar erweist sich eine bildhafte, abstrakte Modellierung zur vereinfachten Darstellung von komplexen Systemen als vorteilhaft, was auch durch den Volksmund bestätigt wird: *Ein Bild sagt mehr als tausend Worte.* Zusammenfassend stellt die Tabelle 9.2 beide Varianten gegenüber.

Ist eine bildhafte Darstellung immer überlegen? Ist es z.B. einfacher eine Rechenoperation schriftlich oder grafisch zu modellieren? Eine Addition lässt sich in der Form $a = b + c$ auf sehr verständliche Weise innerhalb einer Sekunde notieren. Eine grafische Notation kann da schon aufwändiger sein. Für das UML-Komponentendiagramm

km	Beschreibung
0,0	Abfahrt von EADS in Ulm, Wörthstrasse 85
0,1	Abbiegen auf Elisabethenstrasse
0,4	Rechts abbiegen auf K9904, Söflinger Straße
0,6	Einfahren in Kreisverkehr, B311
0,8	Geradeaus weiter auf B10
7,5	Bei AS Ulm-West auffahren auf A8 Richtung München
18,6	Bei AK Ulm / Elchingen abbiegen auf auf A7 Richtung Würzburg
113,1	Bei AK Feuchtwangen / Crailsheim abbiegen auf A6 Richtung Heilbronn
156,1	Bei AS Kupferzell abfahren auf B19 Richtung Künzelsau
162,7	Geradeaus weiter auf B19 / Waldenburger Straße
165,0	Geradeaus weiter auf B19 / Stuttgarter Straße
165,9	Geradeaus weiter auf L1045 / Stuttgarter Straße
166,0	Geradeaus weiter auf L1045 / Komburgstraße
166,4	Geradeaus weiter auf L1045 / Morsbacher Straße
167,0	Halb rechts halten auf L1045 / Morsbacher Straße
167,9	Links abbiegen in Daimlerstrasse
167,9	Ankunft bei Hochschule Heilbronn in Künzelsau

Tabelle 9.1: Schriftliche Wegbeschreibung von EADS Ulm zur Hochschule Heilbronn, Niederlassung Künzelsau.

Text	Grafik
vollständige Information	unvollständige Information
detailliert	abstrakt
unübersichtlich	übersichtlich
schwer verständlich	leicht verständlich

Tabelle 9.2: Unterschiede zwischen einer textuellen und grafischen Wegbeschreibung von Ulm nach Künzelsau.

aus Abbildung 9.14 benötigt man mit herkömmlichen UML-Werkzeugen etwa eine Minute[9].

Grafische und schriftliche Beschreibungen haben also beide ihre Vorzüge und Ein- **Abstraktion** schränkungen. Grafiken helfen, die Komplexität eines Systems durch abstrakte Darstellungen zu reduzieren[10] und verschiedene Aspekte des Systems durch geeignete Perspektiven[11] zu betrachten. Eine Modellierung in Textform erlaubt dagegen eine **Perspektive** präzise Beschreibung. Gesetzestexte, mathematische Definitionen und Maschinenpro- **Präzision**

---

[9]Dies ließe sich sicherlich deutlich beschleunigen. Ein grafisches Werkzeug könnte dem Benutzer einen Additionsblock anbieten, in dem man nur noch die Parameter a, b und c einzutippen bräuchte.

[10]Dies ist natürlich auch in einer Auflistung möglich, z.B.: Fahre von Ulm auf die A8 Richtung München, dann auf die A7 Richtung Würzburg, dann auf die A6 Richtung Heilbronn und biege an der Ausfahrt Kupferzell nach Künzelsau ab.

[11]Siehe z.B. die verschiedenen UML-Diagramme, die unterschiedliche Perspektiven auf ein und dasselbe Modelle erlauben.

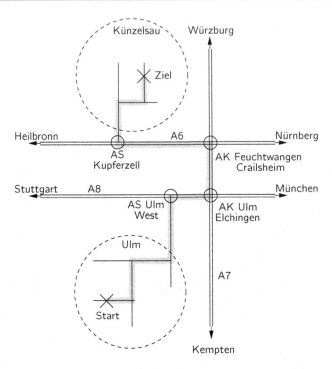

Abbildung 9.13: Grafische Wegbeschreibung von EADS Ulm zur Hochschule Heilbronn, Niederlassung Künzelsau.

gramme werden daher gewöhnlich schriftlich formuliert.

Balance   Die Kunst besteht offenbar darin, sowohl eine vernünftige Balance zwischen schriftlicher und grafischer Modellierung als auch einen wohldefinierten, konsistenten Über-
Koppelung   gang zwischen beiden Beschreibungen zu finden.

9.3.3 Was grafisch modellieren?

Was wollen wir grafisch modellieren? Die Antwort können wir aus den Überlegungen der beiden vorangegangenen Abschnitte 9.3.1 und 9.3.2 ableiten! Offenbar ist eine grafische Modellierung demjenigen von Nutzen, der die Teile eines komplexen Systems

Abbildung 9.14: Addition $a = b + c$ als UML-Komponentendiagramm modelliert.

und deren gegenseitige Abhängigkeiten erfassen und verstehen will. Weisen die Teile selbst eine komplexe Feinstruktur auf, so sind sie es ebenfalls wert, modelliert zu werden. Falls nicht, haben wir innerhalb des Modells eine nicht weiter zu zerlegende Einheit gefunden – sozusagen ein Atom des Modells.

Atom des Modells

Ein solches Atom könnte eine Funktion[12] sein, z.B. die Rechenoperation $c = a/b$. Wenn die Zahlentypen a, b und c und deren Wertebereiche bekannt sind und wenn definiert ist, wie sich die Funktion bei einer Division durch Null verhält, hängt das Modell nur von dieser Schnittstelle zur Funktion ab und nicht von deren Feinstruktur. Eine grafische Modellierung der Teilung und der Behandlung der Reste der Teilung brächte dem Verständnis des ganzen Systems überhaupt keinen Nutzen.

9.3.4 Transformation

Der vereinfachte Transformator aus Abbildung 9.7 wandelt das Modell in ausführbare Programme für bestimmte Hardware-Bausteine um. Dabei greift er auf vorhandene Programmierwerkzeuge wie Compiler und Synthesewerkzeuge zurück, da diese auf die schwierige Aufgabe der Generierung von optimiertem Maschinencode oder optimierten Netzlisten spezialisiert sind. Unser Transformator würde diese Aufgabe an Compiler und Synthesewerkzeug delegieren und bräuchte aus dem Modell nur einen Hochsprachencode, wie C oder VHDL, generieren.

Generierung von Zwischencode

Dazu sollte das Modell allerdings in einer maschinenlesbaren Form vorliegen, schließlich soll es von einer Maschine, dem Transformator, verarbeitet werden. Für Modelle in einer wohldefinierten Textform[13] wäre das leicht möglich. Eine Grafik wäre jedoch ungeeigneter, da der Transformator das Bild zunächst verarbeiten, die Diagramme erkennen und analysieren müsste. Viel bequemer wäre es, wenn das Diagramm bereits in einer interpretierten, wohldefinierten Textform vorliegen würde. Das Diagramm wäre dann nur die grafische Repräsentation eines schriftlichen, maschinenlesbaren Modells[14].

Grafik als Text speichern

Wenden wir uns nochmal der Divisionsfunktion aus dem Abschnitt 9.3.3 zu. Dort haben wir bemerkt, dass das Modell nur von der Schnittstelle der Funktion und nicht von der Feinstruktur der Funktion abhängt. Umgekehrt ist die Implementierung der Funktion aber auch nur von der funktionalen Schnittstelle abhängig und nicht vom Modell! Ein Programmierer könnte also die Funktion in C/C++ oder VHDL implementieren ohne sich der Gefahr auszusetzen, sich in der Komplexität des gesamten Systems zu verlieren. Entscheidend ist also die funktionale Schnittstelle: die Verbindung zwischen Realisierung der Funktion und dem modellierten System. Deren Korrektheit müssen wir sicherstellen. Alle Informationen, die wir benötigen, sind im Modell enthalten. Was läge also näher, als die Schnittstelle automatisch zu generieren, die Verzeichnisse, Dateien und Funktionsrümpfe automatisch anzulegen? Ein Programmierer müsste dann nur einen Funktionsrumpf, wie in Quellcode 9.1 gezeigt, ausimplementieren.

Coderahmen automatisch generieren

---

[12] Methode im Sprachgebrauch der objektorientierten Entwicklung

[13] Der Text sollte in einer definierten Syntax verfasst sein. Prosatexte wären für eine Maschine viel schwieriger zu verstehen.

[14] Dies ist vergleichbar mit einem vektororientiertem Grafikformat, z.B. *Postscript*. Hier werden nicht die einzelnen Bildpunkte, sondern die geometrischen Objekte in einer Datei gespeichert, aus denen sich leicht die Bildpunkte berechnen lassen.

Quellcode 9.1: Schnittstelle der Funktion Divison.

```
1  /**
2  Diese Funktion dividiert zwei vorzeichenbehaftete 32
3  Bit lange Ganzzahlen und liefert das Ergebnis zurück.
4  @param a Dividend
5  @param b Divisor
6  @throws DivideByZeroException falls b==0
7  **/
8  public int32 div(int32 a, int32 b)
9  {
10 // START MANUELLE IMPLEMENTIERUNG
11
12 // ENDE MANUELLE IMPLEMENTIERUNG
13 }
```

Im folgenden Abschnitt 9.4 zeigen wir eine einfache Möglichkeit, einen solchen Funktionsrumpf automatisch aus einem UML-Modell zu generieren.

9.4 UML-basierter Codegenerator

In diesem Abschnitt wollen wir eine Näherungslösung für den im vorangegangenen Abschnitt 9.3 diskutierten Modell-zu-Code-Transformator aufzeigen: einen Parser, der ein UML[15]-Modell einliest und Coderahmen für C/C++, VHDL und andere Sprachen generiert. Dazu wandeln wir den in Abbildung 9.3 gezeigten Entwicklungsfluss ab. In Abbildung 9.15 ist jetzt aus dem allgemeinen Modell ein UML-Modell geworden, das als XMI[16]-Datei exportiert werden kann. Dieses wandelt der Transformator in Code(-rahmen) für verschiedene Zielsprachen um.

9.4.1 Warum Modellierung in UML?

Vorteile von UML

Warum modellieren wir in UML? UML ist auf keinen Fall die einzige Möglichkeit, ein System zu modellieren. Sicherlich gäbe es für einen (idealen) Codesigner geeignetere Notationen. Für unsere Vorhaben, Coderahmen aus einem Modell zu generieren, erweist sich UML allerdings als sehr nützlich:

1. UML ist eine von der OMG[17] standardisierte Notation[18]

2. UML ist ein offener Standard.

3. UML bietet in der Version 2 dreizehn Diagramme zur Modellierung von statischen und dynamischen Aspekten eines Systems.

4. Für UML sind viele Werkzeuge verfügbar[19].

5. Viele UML-Werkzeuge bieten eine Schnittstelle, um die Modelle als XMI-Datei zu exportieren und zu importieren. Eine XMI-Datei definiert ein objektorientiertes Modell im XML-Textformat [Har05].

---

[15]Zu UML siehe Abschnitt 4.2.1 auf Seite 118
[16]XMI = **X**ML **M**etadata **I**nterchange
[17]OMG = Object Management Group
[18]siehe http://www.omg.org und http://www.uml.org
[19]Für eine Übersicht über freie und kommerzielle UML-Werkzeuge siehe http://www.objectsbydesign.com/tools/umltools_byCompany.html und http://www.oose.de/umltools.htm

6. UML ist weit verbreitet.

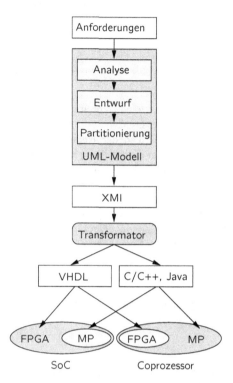

Abbildung 9.15: Abwandlung des allgemeinen Entwicklungsflusses aus Abbildung 9.3 auf Seite 242: Codegenerierung aus einem UML-Modell.

Und wo liegen die Grenzen von UML?

Grenzen von UML

1. Mit UML ist es nur schwer möglich, auf leicht verständliche Weise mathematische Gleichungen abzubilden. Denken Sie nur an das einfache Beispiel der Addition aus Abbildung 9.14 auf Seite 254. Wie umständlich mögen nur gekoppelte Differentialgleichungssysteme aussehen?

2. Mit UML ist es nur schwer möglich Parameter eines technischen Systems auf übersichtliche Weise untereinander in Beziehung zu setzen und zu verwalten. Beispiel: Eine Analog-Digital-Wandler tastet ein Signal mit einer Auflösung von 12 Bit ab. Die Abtastwerte s werden anschließend mit einem 4-Bit Faktor f multipliziert. Das Ergebnis e ist maximal 16 Bit breit. Ändert man die Bitbreite des Faktors von 4 auf 6, so wirkt sich das direkt auf die Bitbreite des Ergebnisses aus. Diese erhöht sich von 16 auf 18 Bit. Mit einem Tabellenkalkulationsprogramm könnte man diese Abhängigkeit der Bitbreiten sehr leicht modellieren – mit einem gängigen UML-Werkzeug ist das nur über Umwege

257

möglich. In einer Tabelle lassen sich die drei Parameter S, f und e und deren gegenseitige Abhängigkeiten sehr übersichtlich darstellen. In UML wären die drei Parameter wahrscheinlich als Attribute in den drei verschiedenen Klassen (z.B. `AdcAusgangsSignal`, `Filterprozess`, `FilterAusgangsSignal`) aufgehoben.

9.4.2 Codegeneratoren

Es gibt eine Vielzahl von kostenlosen und kommerziellen Codegeneratoren, die aus einem UML-Modell Coderahmen generieren.

kommerzielle Werkzeuge
Die kommerziellen Werkzeuge sind in der Regel kombinierte Modellierungs- und Codegenerierungswerkzeuge. Bei der Generierung konzentrieren sie sich vor allem auf die Sprachen Java und C++ und teilweise Ada. Die beworbenen Funktionalitäten sind breit gestreut: angefangen von einer Generierung von Coderahmen aus UML-Klassendiagrammen bis zur nahezu vollständigen automatischen Codegenerierung unter Zuhilfenahme unterschiedlicher UML-Diagrammtypen[20]. Manche dieser Werkzeuge bieten eine Schnittstelle zum Codegenerator, die es prinzipiell gestatten würde, eigene Codegeneratoren für andere Sprachen, z.B. VHDL, zu entwickeln, falls die Schnittstelle ausführlich genug beschrieben wäre.

kostenlose und freie Werkzeuge
Das „Code Generation Network[21]" bietet eine nützliche Übersicht über kostenlose und freie Codegeneratoren, die sogar über UML hinausgehen. Ein solcher ist das Open-Source-Werkzeug openArchitectureWare[22]: ein allgemeiner Text-zu-Text-Transformator, der sehr flexibel ist, jedoch auch Einarbeitungsaufwand vom Benutzer abverlangt.

9.4.3 Ein einfacher UML-zu-Code-Transformator

Transformator in Java
Um das Prinzip der Codegenerierung zu veranschaulichen, entwickeln wir einen einfachen Transformator in Java, der folgendes leisten soll (siehe Abbildung 9.16):

Erschwerend kommt hinzu, dass XMI nicht gleich XMI ist. Unterschiedliche Hersteller von UML-Modellierungswerkzeugen notieren ihre Modelle in unterschiedlichen **XMI-„Standard"** Dialekten. Unser Transformator kann sich also nicht einfach an den XMI-„Standard" anlehnen, sondern muss die Eigenheiten der verschiedenen Werkzeuge berücksichtigen. Manche Hersteller wechseln sogar von einer Programmversion zur nächsten ihren XMI-Dialekt[23]. Bleibt zu hoffen, dass sich dies mit der Unterstützung von XMI Version 2 bessern wird.

Die obigen Anforderungen erfüllen wir durch die in Abbildung 9.17 gezeigte Architektur. Der Transformator besteht im Wesentlichen aus drei Teilen:

1. Der Parser liest die XMI-Datei ein.

2. Der Generator generiert den Code.

---

[20]Die Frage ist, ob ein überwiegend grafisches Programmieren und Debuggen wirklich erstrebenswert ist. Nach den Ausführungen des vorangegangenen Abschnitts 9.3 offensichtlich nicht.

[21]http://www.codegeneration.net

[22]http://www.openarchitectureware.org

[23]Z.B. Poseidon UML beim Wechsel von Version 3 auf Version 4

3. Das Modell repräsentiert das objektorientierte Modell.

Parser und Generator sind voneinander unabhängig. Sie hängen beide nur vom Modell ab. Der Parser, weil er das Modell erstellt, und der Generator, weil er Code gemäß dem Modell erzeugt. Im Klassendiagramm sind der Parser und der Generator als funktionale Schnittstellen `Parser` und `Generator` dargestellt (Kreise). **Parser, Modell, Generator**

1. ein objektorientertes Modell im XMI-Format einlesen und

2. Coderahmen für die Programmiersprachen C++ und VHDL generieren.

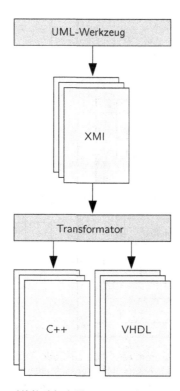

Abbildung 9.16: Mit einem UML-Modellierungswerkzeug wird ein Modell erstellt und als XMI-Datei exportiert. Der Transformator liest diese Datei ein und generiert Code(-rahmen) für verschiedene Programmiersprachen, z.B. C++ und VHDL.

Die Schnittstelle `Parser` wird von unterschiedlichen werkzeugabhängigen[24] Klassen realisiert werden:

---

[24]Die drei UML-Werkzeuge haben wir nur zur Veranschaulichung ausgewählt. Sie stehen stellvertretend für eine Vielzahl weiterer Werkzeuge.

- XmiParserEnterpriseArchitect: ein Parser für die mit dem UML-Werkzeug Enterprise Architect erzeugten XMI-Dateien,

- XmiParserPoseidon: ein XMI-Parser für das Werkzeug Poseidon UML mit den beiden Spezialisierungen für die Versionen 3.0.1 und 4.0.1: XmiParserPoseidon301 und XmiParserPoseidon401

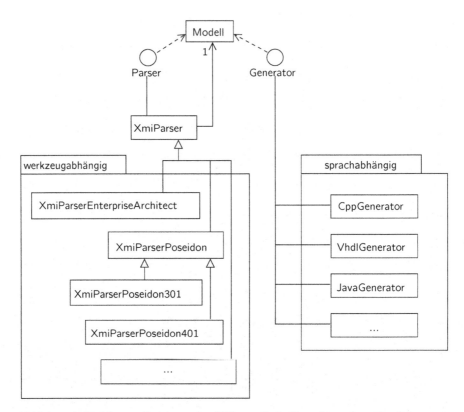

Abbildung 9.17: Klassendiagramm des UML-zu-Code-Transformators. Zur Erinnerung an die in Abschnitt 4.2.2 vorgestellte UML-Notation: gestrichelter Pfeil = „ist abhängig von", durchgezogener Pfeil mit offenem Kopf = „hat ein", Pfeil mit geschlossenem Kopf = „ist ein", Kreis = funktionale Schnittstelle, Linie zu Kreis = „realisiert die Schnittstelle".

Die drei Parser-Klassen sind Spezialisierungen der Klasse XmiParser, von der alle Parser erben, die XMI-Dateien einlesen[25].

Parser sprach-unabhängig

Wir betonen, dass die Parser-Klassen unabhängig vom Generierungsprozess und

---

[25]XmiParser kapselt einen Großteil der XML-Verwaltung. Die Klasse nutzt zum Einlesen einer XML-Datei das im Standard Java SDK enthaltene Paket org.w3c.dom.

insbesondere von den zu generierenden Programmiersprachen sind (Leitsatz: Vermeiden von nicht notwendigen Abhängigkeiten!). Ebenso sind die Generatoren unabhängig von den Parsern und insbesondere von den UML-Werkzeugen. Die Schnittstelle `Generator` wird von drei Klassen realisiert: `CppGenerator` zum Erzeugen von C++ Code, `VhdlGenerator` zum Erzeugen von VHDL-Code und `JavaGenerator` zum Erzeugen von Java-Code. Die Reihe der möglichen Zielsprachen ließe sich beliebig fortsetzen: Matlab-Code[26], Simulink-Code, C-Code, ...

Generator werkzeugunabhängig

Die Transformationssequenz ist in Abbildung 9.18 skizziert. Der Benutzer entwickelt oder modifiziert mit einem UML-Werkzeug ein Modell und exportiert dieses als XMI-Datei. Dann legt er einen dem verwendeten UML-Werkzeug entsprechenden Parser und einen Generator für die gewünschte Zielsprache an. Der Parser liest die XMI-Datei ein und erzeugt eine transformatorinterne Repräsentation des Modells. Der Generator wandelt das Modell in Code um, wobei er prüft, ob aus einem vorangegangenen Transformationsprozess bereits Code erstellt und von einem Programmierer bearbeitet worden ist. Die manuell entwickelten Codeanteile müssen natürlich bewahrt werden!

Um den manuell editierten Code während einer erneuten automatischen Generierung zu bewahren, wählen wir einen rudimentären Ansatz[27]: geschützte Bereiche. Da wir nicht den Anspruch erheben, den gesamten Code aus dem Modell automatisch zu generieren, sondern nur bis zu Funktionsrümpfen, erklären wir den automatisch generierten Code über Kommentare zu geschützten Bereichen. Diese Bereiche dürfen vom Programmierer nicht verändert werden. Der automatisch generierte Quellcode 9.2 weist dem Programmierer über die Markierungen „`// UML2CODE START ID=2840831`" und „`// UML2CODE ENDE ID=2840831`" einen manuell editierbaren Bereich zwischen Zeile 3 und 5 aus.

geschützte Bereiche

Quellcode 9.2: Geschützte Bereiche.

```
1  void  Controller :: start ()
2  {
3          // UML2CODE START  ID=2840831
4
5          // UML2CODE ENDE  ID=2840831
6  }
```

Alles was er zwischen diese Kommentare schreibt, bleibt bei der nächsten Transformation erhalten. Die geschützten Bereiche dürfen nur über das UML-Modell geändert werden, z.B. beim Umbenennen von Funktionen oder Klassen oder beim Ändern der Funktionssignaturen.

9.4.4 Beispiel: Blinklicht

Den Transformator testen wir anhand einer Beispielapplikation: die Blinkfrequenz einer Leuchtdiode auf einem FPGA-Board soll von einem Mikroprozessor gesteuert werden.

Dazu entwerfen wir das in Abbildung 9.19 gezeigte Modell. Ein Controller hat einen Blinker, der für das Blinken der Leuchtdiode verantwortlich ist. Die Blinkfrequenz wird

blinkende Leuchtdiode

---

[26] Für eingebettete Systeme wäre es nützlich, aus einem zentralen Modell sowohl die operationelle Software als auch eine Matlab-Simulation generieren zu können.

[27] Professionelle, kombinierte Modellierungs- und Transformationswerkzeuge, z.B. Together Architect von Borland, können dieses Problem viel eleganter lösen. Hier ist es egal, ob das Modell über UML-Diagramme oder über den Quellcode geändert wird.

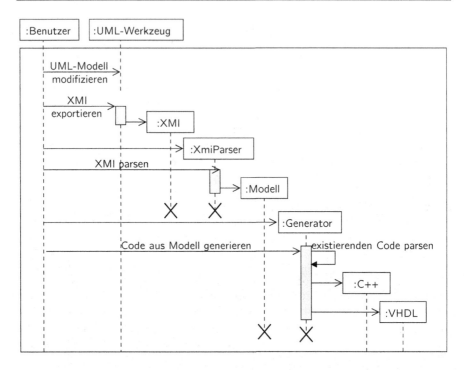

Abbildung 9.18: Sequenzdiagramm des UML-zu-Code-Transformators.

über die Zugriffsmethode `setzeBlinkFrequenz` bestimmt. Dazu wird der Methode die Blinkfrequenz f als Ganzzahl vom Typ `int` übergeben. Der Zusatz „: `void`" legt fest, dass die Methode keinen Wert zurückliefert. Besonders wichtig: die Methode ist mit dem Stereotyp «CPU2FPGA» versehen. Mit dieser Markierung teilen wir dem Transformator mit, dass diese Methode

1. auf dem FPGA ausgeführt und

2. vom Mikroprozessor aufgerufen wird.

Die Methode `start` der Controller-Klasse startet ein bestimmtes Blinkprogramm, das z.B. ein lineares Ansteigen der Blinkfrequenz festlegt. Diese Methode stellt dann entsprechend den Vorgaben des Blinkprogramms die Blinkfrequenz auf dem FPGA ein.

OMG und MDA

PIM und PSM

Wir verfolgen hier nicht den von der OMG formulierten MDA[28]-Prozess, der zwischen einem plattformunabhängigen (PIM[29]) und einem plattformabhängigen Modell (PSM[30]) unterscheidet [MM03, SV05]. In diesem Prozess wird erst das PIM in ein PSM transformiert und dann aus dem PSM Code generiert. Wir verzichten hier auf den zusätzlichen Transformationsschritt und markieren die Teile, die auf einem FPGA

---

[28]MDA = Modell Driven Architecture
[29]PIM = Platform Independent Model *(deutsch: plattformunabhängiges Modell)*
[30]PSM = Platform Specific Model *(deutsch: plattformspezifisches Modell)*

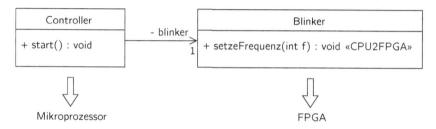

Abbildung 9.19: Ein Controller hat einen Blinker, dessen Blinkfrequenz über die Methode `setzeFrequenz` gesteuert wird. Der Coderahmen (Controller.h und Controller.cpp) für die Controller-Klasse wird in C++ generiert, da der Controller auf einem Mikroprozessor ausgeführt wird. Der LED-Blinker wird auf einem FPGA ausgeführt. Daher werden verschiedene VHDL-Dateien und eine Adapterklasse in C++ (Blinker.h und Blinker.cpp) angelegt. Dieser C++-Code realisiert die Kommunikation zwischen Mikroprozessor und FPGA.

ausgeführt werden sollen, über Stereotype direkt in dem einzigen Modell. Zum einen dient dies der Anschaulichkeit. Zum anderen schränkt der Verzicht auf ein PIM für die Entwicklung von eingebetteten Systemen die Flexibilität kaum ein, denn die Stereotypen können auch in späten Projektphasen leicht verschiedenen Methoden, Klassen oder Paketen zugewiesen werden.

Das Modell wird mit einem UML-Modellierungswerkzeug erstellt und als XMI-Datei exportiert. Der Quellcode 9.3 zeigt exemplarisch einen Auszug der mit dem UML-Werkzeug Enterprise Architect erstellten XMI-Datei:

- In Zeile 1 beginnt die Definition der Blinker-Klasse.

- Ab Zeile 9 wird die Methode `setzeBlinkFrequenz` definiert.

- Deren Argument `f`, die Blinkfrequenz, wird in Zeile 19 eingeführt.

- Der Stereotyp `CPU2FPGA` wird in den Zeilen 11-13 eingeführt und in der Zeile 17 der Methode `setzeBlinkFrequenz` zugewiesen.

Quellcode 9.3: Auszug der XMI-Datei.

```
1  <UML:Class name="Blinker" xmi.id="EAID_AA25C88B"
2  visibility="public"
3  <UML:ModelElement.taggedValue>
4    <UML:TaggedValue tag="isSpecification" value="false" />
5    <UML:TaggedValue tag="ea_stype" value="Class" />
6    <UML:TaggedValue tag="ea_ntype" value="0" />
7    <UML:TaggedValue tag="version" value="1.0" />
8    <UML:TaggedValue tag="package" value="EAPK_34D9E653" />
9  ...
10 <UML:Operation name="setzeBlinkFrequenz" visibility="private"
11 ownerScope="instance" isQuery="false" concurrency="sequential">
12 <UML:ModelElement.stereotype>
13   <UML:Stereotype name="CPU2FPGA" />
```

```
14  </UML:ModelElement.stereotype>
15  <UML:ModelElement.taggedValue>
16    <UML:TaggedValue tag="type" value="void" />
17    <UML:TaggedValue tag="const" value="false" />
18    <UML:TaggedValue tag="stereotype" value="CPU2FPGA" />
19  ...
20  <UML:Parameter name="f" kind="in" visibility="public">
```

Das Modell wird in drei Stufen zu Code transformiert:

1. Der Parser liest die XMI-Datei ein und baut ein transformatorinternes Modell auf.

2. Ein C++-Generator erstellt gemäß dem Modell C++-Coderahmen.

3. Ein VHDL-Generator erstellt für die mit Stereotypen markierten Bereiche VHDL-Coderahmen.

Die generierten Dateien sind in Tabelle 9.3 aufgelistet:

1. Mikroprozessor: UML → C++	2. FPGA: UML → VHDL
Controller.h	globalpack.vhd
Controller.cpp	Blinker-e.vhd
Blinker.h	Blinker-rtl-a.vhd
Blinker.cpp	stimulipack.vhd
	Blinker-bh-ea.vhd
	Blinker-rtl-ea.vhd

Tabelle 9.3: Zweistufige Codegenerierung für Mikroprozessor und FPGA: erzeugte Dateien.

Die Dateien Controller.h und Controller.cpp definieren die Controller-Klasse in C++. Blinker.h und Blinker.cpp definieren eine Schnittstelle zum Blinker in C++. Die Funktionalität des Blinkers selbst wird in den VHDL-Dateien definiert.

Ursprünglich haben wir nur die Generierung von Coderahmen aus Klassendiagrammen gefordert. Dabei muss es jedoch nicht bleiben, wie die Arbeiten von Medard Rieder und Rico Steiner von der Hochschule Wallis zeigen [BCR+06, RSB+06]! Für eine automatische Generierung bieten sich besonders die Codeteile an, die einem im-**Kommunika-** mer wiederkehrenden Muster entsprechen, z.B. Code zur Kommunikation zwischen **tionscode** den einzelnen Hardwarebausteinen. Für hybride Systeme gilt das natürlich besonders **generieren** für die Kommunikation zwischen Mikroprozessoren und FPGAs. Ein Mikroprozessor schreibt z.B. an eine Speicherstelle, um Daten über einen Bus zum FPGA zu senden, wartet dann auf einen vom FPGA ausgelösten Interrupt, um die Antwort vom FPGA an einer anderen Speicherstelle auszulesen. Die für diese Kommunikation notwendigen Codeteile auf Mikroprozessor- und FPGA-Seite können automatisch angelegt werden. **Hardware-** Die notwendigen Hardware-Adressen können im UML-Modell abgelegt werden, oder **Adressen** an einer anderen bequemer zugänglichen Stelle, z.B. in Tabellenform.

Die Abbildung 9.20 zeigt eine Erweiterung des Sequenzdiagramms aus Abbildung 9.18. Hier wird C++ und VHDL-Code generiert, der auf einem Altera FPGA aus-**Nios II** geführt wird: der C++-Code auf dem Nios II-Kern und der VHDL-Code direkt als

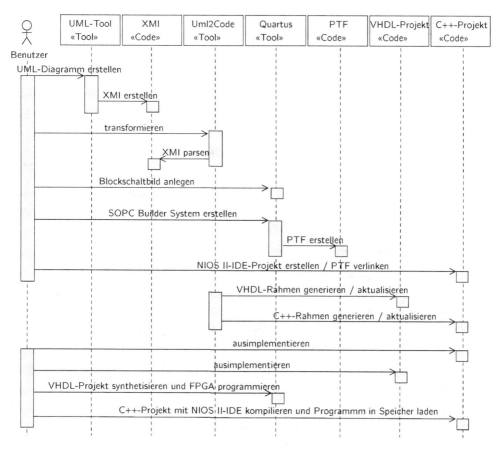

Abbildung 9.20: Erweiterung des Sequenzdiagramms aus Abbildung 9.18 bei Verwendung des Altera Nios II-Kerns.

logische Schaltung. Der Anwender nutzt dabei das Werkzeug Quartus, um das SOPC Builder System zu erstellen. Die Hardware-Adressen werden dabei in eine PTF-Datei geschrieben und bei der automatischen Codegenerierung genutzt.

Zusammenfassung:

1. Hybride Systeme sind heterogene Systeme aus Mikroprozessoren und FPGAs.

2. Eine späte Partitionierung der Software-Module auf die jeweils geeignete Hardware erlaubt eine hohe Flexibilität auf sich ändernde Randbedingungen und Anforderungen.

3. Eine Applikation lässt sich über eine schnittstellen-orientierte Architektur von Hardware und Betriebssystem entkoppeln.

4. Im Gegensatz zu einfachen Systemen sind bei komplexen Systemen die gegenseitigen Abhängigkeiten der einzelnen Teile des Systems nicht offensichtlich. Änderungen an einer Stelle können überraschende Auswirkungen an anderer Stelle nach sich ziehen. Insbesondere besteht bei komplexen Systemen ein hohes Risiko, dass Änderungen und Fehlerbehebungen an einer Stelle zu (neuen) Fehlern an anderer Stelle führen!

5. Um das „Änderungsrisiko" zu minimieren, müssen wir

   - überflüssige Abhängigkeiten vermeiden,

   - automatische Tests zur rechtzeitigen Erkennung von Fehlern einsetzen und

   - Übersicht durch Abstraktion und Wahl einer geeigneten Perspektive (Modellierung!) gewinnen!

6. Eine grafische Modellierung dient der Übersicht, eine schriftliche der Präzision.

7. UML-Modelle lassen sich als XMI-Datei exportieren und mit anderen Werkzeugen weiterbearbeiten. Diese Möglichkeit haben wir genutzt und ein hybrides System in UML beschrieben und daraus mit einem in Java geschriebenem Codegenerator C++ und VHDL-Code für Mikroprozessoren und FPGAs generiert.

A Anhang

von Ralf Gessler

A.1 Zahlensysteme und Arithmetik

Grundlage für die Realisierung algorithmischer Aufgaben in Mikroprozessoren und Digitalschaltungen sind Zahlensysteme und Arithmetik.

A.1.1 Darstellung ganzer Zahlen

Der darstellbare Zahlenbereichlegt die Wortlänge eines Rechners fest. Beispielsweise können mit 8 Bit natürliche Zahlen im Intervall $[0, 2^8 - 1] = [0, 255]$ kodiert werden. **negative Zahlen**

Negative Zahlen lassen sich durch eine Vorzeichen-Betrags-Darstellung kodieren. Hierbei wird das höchstwertige Bit (MSB[1]) für das Vorzeichen und die restlichen Bits für den Betrag der Zahl verwendet. **Vorzeichen-Betrag**

Beispiel: $z = -19_{10}$ mit 8 Bit: $x = \underbrace{1}_{-}\ \underbrace{0010011}_{19}$

Mit n Bits können somit Zahlen im Bereich $[-2^{n-1} + 1, 2^{n-1} - 1]$ dargestellt werden. Diese Kodierung ist zwar intuitiv, besitzt aber auch Nachteile:

- Für die Zahl Null gibt es zwei Darstellungen: +0 (00000000), -0 (10000000)

- Es ist nicht nur ein Addier-, sondern auch ein Subtrahierwerk und eine Entscheidungslogik für Addition und Subtraktion notwendig.

Einen Ausweg bietet die Komplementdarstellung. Da sie die Subtraktion auf die Addition zurückführt, reicht ein reines Addierwerk aus: **Komplement-darstellung**

Definition: **Einerkomplement** K_1
zu wandelnde negative Zahl: x; Binäre Menge: B(Kennung „2");
$x = (x_{n-1}, ..., x_0)_2 \in B^n$
$K_1 := (1 \oplus^a x_{n-1}, ..., 1 \oplus x_0)_2$

---

[a]exklusives Oder

Im Einerkomplement gibt es allerdings immer noch zwei Notationen für die Null. Das Zwei-Komplement behebt auch diesen Nachteil:

---

[1]MSB = **M**ost **S**ignificant **B**it *(deutsch: höchstwertiges Bit)*

Definition: **Zweierkomplement** K_2
zu wandelnde Zahl: x; Binäre Menge: B;
$x = (x_{n-1}, ..., x_0)_2 \in B^n$
$K_2 := (1 \oplus x_{n-1}, ..., 1 \oplus x_0)_2 + 1 = K_1 + 1$

Das Einerkomplement einer Zahl x erhält man durch bitweises Invertieren von x, das Zweierkomplement durch eine anschließende zusätzliche Addition von 1.

Beispiel: $z = -19_{10}, x = (00010011)_2$
$K_1 = 11101100, K_2 = 11101101$

Somit ergibt sich dieser Wertebereich für das Einerkomplement:

$$[-2^{n-1} + 1, 2^{n-1} - 1]$$

Der Wertebereich für das Zweierkomplement ist:

$$[-2^{n-1}, 2^{n-1} - 1]$$

Nachteilig bei beiden Komplementdarstellungen ist eine mögliche Mehrdeutigkeit der Zahl $(111)_2$. Da das MSB das Vorzeichen angibt, wird $(111)_2$ als -1_{10} und $(0111)_2$ als $(+7)_{10}$ interpretiert.

Die Subtraktion kann jetzt in der Komplement-Darstellung ein konventionelles Addierwerk ausführen:

1. zu subtrahierende Zahl bitweises Invertieren und, falls Zweierkomplement, Eins addieren

2. Addition ausführen

A.1.2 Darstellung reeller Zahlen

Reelle Zahlen können auf zwei verschiedene Weisen dargestellt werden:

- Festkomma-Darstellung[2]: Das Komma bleibt für alle Zahlen an einer beliebigen, aber fest vorgegebenen Stelle.

- Gleitkomma-Darstellung[3]: Das Komma wird so verschoben, dass signifikante Stellen erhalten bleiben.

Festkomma   In der Festkomma-Darstellung stellt im Allgemeinen die Bitfolge

$$(x_{v-1}, ..., x_1, x_0, x_{-1}, ..., x_{-n+1}, x_{-n})_2$$

die Zahl

$$x = \sum_{i=-n}^{v-1} x_i \cdot 2^i$$

---

[2]engl. Fixed Point
[3]engl. Floating Point

v: Vorkommastellen; n: Nachkommastellen

dar. Das Komma liegt somit rechts der Stelle x_0. Negative Zahlen werden durch ein Bit für das Vorzeichen oder der Komplementdarstellung kodiert.

In der Signalverarbeitung wird häufig mit Nachkommastellen < 1 gerechnet. Der Grund hierfür ist, dass die Multiplikation $0,99 \cdot 0,99$ ein Ergebnis kleiner Eins liefert und somit zu keinem Überlauf führt. Ein gängiges Datenformat für Festkomma-Zahlen < 1 ist das Q15[4].

Beispiel: $z = 5,5625_{10} \rightarrow x = \underbrace{101}_{5}\,\underbrace{1001}_{0,5625}$

Häufig werden sehr große und sehr kleine Zahlenwerte benötigt (z.B. $z_1 = 2 \cdot 10^{31}$; $z_2 = 5 \cdot 10^{-31}$). Als Ganzzahlen dargestellt wäre deren Verarbeitung aufwändig. Zudem haben diese Zahlendarstellungen viele Nullen und somit viel Redundanz. Eine kompaktere Darstellung ist Gleitkomma:

Gleitkomma

$$x = (-1)^s \cdot m \cdot b^e$$

mit

- Vorzeichen: s (0:positiv; 1:negativ)

- Mantisse: $m = \sum_{i=-n}^{v-1} m_i \cdot 2^i$

- Exponent: $e = \sum_{i=0}^{n-1} e_i \cdot 2^i - c$ (Excess-Darstellung[5]); n: Stellen des Exponents

- Basis des Exponenten: b

Hierbei gibt der Exponent e die „Anzahl der Nullen" an und die Mantisse m den signifikanten Wert.

Auch hier kann es für eine Zahl mehrere Darstellungen geben. Beispielsweise kann folgende binäre Zahl als $(1,00)_2 \cdot 2^0 = (0,10) \cdot 2^1$ dargestellt werden. Durch Normalisierung erzwingt man jedoch eine eindeutige Umsetzung. Hierbei gibt es binär nur eine einzige Stelle vor dem Komma und diese Stelle ist „1".

Normalisierung

Beispiel: $z = -3,3125_{10}$, $x = -(11,0101)_2$, normalisiert: $x = -(1,101001)_2 \cdot 2^1$

Reservierte Werte für den Exponenten sind ([SS03], S. 84):

Reservierte Werte

- Null: Exponent und Mantisse sind Null

- „Unendlich": Exponent $(1111...111)_2$; Mantisse $(0000...000)_2$; Vorzeichen bestimmt $+/-\infty$

---

[4]Q(uantity) 15 ist die Abkürzung für Anzahl der Nachkommastellen, hier 15
[5]Excess32: c=32

> *Beispiel:* Gebräuchliche Gleitkomma-Formate der IEEE-754 sind:
>
> - 32 Bit: 1 Bit Sign; 8 Bit Exponent; 23 Bit Mantisse (Einfache Genauigkeit)
>
> - 64 Bit: 1 Bit Sign; 11 Bit Exponent; 52 Bit Mantisse (Doppelte Genauigkeit)

A.1.3 Arithmetik

Addition Festkomma

Die Addition von ganzen Zahlen und Festkommazahlen erfolgt ausgehend von der niederwertigen zur höherwertigen Stelle unter Berücksichtigung des Übertrags. Bei der Addition zweier n Bit großen Zahlen kann als Ergebnis eine $(n+1)$ Bit lange Zahl entstehen. Dies muss bei der Kommasetzung berücksichtigt werden. Die Multiplikation basiert auf der Addition der zeilenweise gewichteten und verschobenen Operanden.

Multiplikation Festkomma

Bei der Multiplikation zweier n Bit großen Zahlen entsteht eine $(2 \cdot n)$ Bit große Zahl. Folgendes Beispiel zeigt die Addition und Multiplikation zweier Q4-Zahlen [IAI06, OV06]:

> *Beispiele:*
>
> 1. $(0{,}0100)_2$ $(0{,}25_{10})$
> $+ (0{,}0100)_2$ $(0{,}25_{10}) =$
> $(0{,}1000)_2 = (0{,}75_{10})$
>
> 2. $(0{,}0100)_2$ $(0{,}25_{10})$
> $\times (0{,}0100)_2$ $(0{,}25_{10}) =$
> $(0{.}00010000)_2 = (0{,}0625_{10})$

Addition bei Gleitkomma

Bei der Addition von Gleitkommazahlen sind folgende Schritte notwendig [Die06]:

1. Angleichen der Dezimalkomma-Positionen der Operanden

2. Durchführen der Addition

3. Normalisierung

4. Anpassen der Mantisse an die verfügbare Stellenzahl durch Runden

> *Frage:* Addieren Sie folgende Zahlen im Q5-Format:
> +0,875; -0,125; -0,5; -0,0625

Beispiele zur Addition und Multiplikation von Gleitkommazahlen:

Beispiele:

1. Prinzipielle Addition von Gleitkommazahlen im Zehnersystem:
   $9,999 \cdot 10^1 + 1,610 \cdot 10^{-1} =$
   $9,999 \cdot 10^1 + 0,016 \cdot 10^1 =$
   $10,015 \cdot 10^1 \approx 1,002 \cdot 10^2$

2. Prinzipielle Multiplikation von Gleitkommazahlen im Zehnersystem:
   $1,110 \cdot 10^{10} \times 9,200 \cdot 10^{-5} =$
   Exponent: $10 + (-5) = 5$
   Mantissen: $1,110 \times 9,200 = 10,212 \cdot 10^5$
   $1,0212 \cdot 10^5 \approx 1,021 \cdot 10^6$

Die Multiplikation wird wie folgt berechnet:

Multiplikation bei Gleitkomma

1. Berechnung der Produktexponenten durch Addition der Exponenten

2. Multiplikation der Mantissen

3. Normalisierung

4. Runden

5. Vorzeichen des Produktes aus den Vorzeichen der Faktoren ermitteln

Die Division kann durch wiederholtes Subtrahieren des Divisors vom Dividenden und Zählen der Anzahl, wie oft dies möglich ist, bis der Dividend kleiner als der Divisor ist, durchgeführt werden [Car03].

Division

Beispiel: 12:4
Zwischenergebnisse: 8,4,0
= 3 (Anzahl der Subtraktionen)

Für eine Realisierung einer Gleitkommaeinheit in Hardware sei auf Literatur [Hwa79] hingewiesen.

Frage: Vergleichungen Sie den Aufwand für die Addition und Multiplikation von Fest- und Gleitkommazahlen. Welche Darstellung ist aufwendiger?

A.1.4 Emulation von Gleitkommazahlen

Gleitkommazahlen können auf Prozessoren ohne spezielle Gleitkommaarithmetik emuliert werden. Dazu werden die Zahlen von der Gleitkomma- in die Festkommadarstellung transformiert. In dieser Darstellung werden die Zahlen arithmetisch verarbeitet und anschließend in Gleitkommadarstellung zurückgewandelt.

Beispielsweise nutzt die Festkomma-DSP-Familie C5x von Texas Instruments diese Methode, um Gleitkommaoperationen auszuführen ([TI93], S. 7 - 31).

A.2 Auswahlhilfen

Im folgenden werden einige Hilfen zur Auswahl von Rechenmaschinen vorgestellt.

A.2.1 Maßzahlen

quantitativ

spezielle Aspekte

Die Bewertung der Applikation erfolgt durch definierte Maßzahlen. Hierdurch wird der quantitative Vergleich von Rechenmaschinen bezüglich ihrer Leistungsfähigkeit ohne großen Aufwand möglich. Maßzahlen bewerten nur spezielle Aspekte. Hierbei wird zwischen Mikroprozessoren und FPGAs unterschieden. Aus diesem Grund ist eine kritische Betrachtung notwendig. Die Bewertung erfolgt stets für die spezifische Applikation[6] beziehungsweise spezifische Hardware-Umgebung.

Allgemeine Maßzahlen

Die Maßzahlen für die Operationsgeschwindigkeit können zur Abschätzung von Algorithmen im Allgemeinen bei Mikroprozessoren und bei FPGAs verwendet werden [BH01, Car03, Stu04].

MOPS
Die Operationsrate Million Operations Per Second[7] ist wie folgt definiert:
Operationen: OP; Ausführungszeit: t
$MOPS_{SA} = (OP_{SA})/(t_{SA} \cdot 10^6)$

MFLOPS
Die Fließkomma-Operationsrate Million Floating Point Operations Per Second[8] ist wie folgt definiert:
Fließkomma-Operationen: OP; Ausführungszeit: t
$MFLOPS_{SA} = (OP_{SA})/(t_{SA} \cdot 10^6)$

Leistungsfähigkeit
Sie ist eine Maßzahl zur Bewertung des Gesamtsystems: Kern, Speicher, Busse usw. Die Leistungsfähigkeit ist wie folgt definiert:
Ausführungszeit: t

---

[6]SA = Spezifische Applikation
[7]MOPS = Million Operations Per Second
[8]MFLOPS = Million Floating Point Operations Per Second

Leistungsfähigkeit$_{SA}$ = $(1/t_{SA})$

Leistungsverbrauch
Bewertung des elektrischen Leistungsverbrauchs P in Watt [W].

Applikationsspezifischer Leistungsbedarf
Diese Maßzahl beschreibt den mittleren Bedarf einer Rechenmaschine an elektrischer Leistung für eine bestimmte Funktionalität:
Applikationsspezifischer Leistungsbedarf$_{SA}$ =
(mittlerer elektrischer Leistungsverbrauch$_{SA}$)/(Leistungsfähigkeit$_{SA}$)

Beschleunigung
Der Begriff Beschleunigung beschreibt die Leistungsverbesserung:
Beschleunigung=Ausführungszeit$_{alt}$/Ausführungszeit$_{neu}$

Amdahls Gesetz
Eine wichtige Regel beim Entwurf von leistungsfähigen Rechenmaschinen heißt: „Mach den häufigsten Fall schnell". Mit anderen Worten, der Einfluss einer bestimmten Leistungsverbesserung auf die Gesamtleistung hängt nicht nur von der Verbesserung allein, sondern auch von deren Häufigkeit ab.
Anteil$_{unbenutzt}$: Zeitanteil, in dem die Verbesserung nicht benutzt wurde.
Ausführungszeit$_{neu}$ =
Ausführungszeit$_{alt}$·[Anteil$_{unbenutzt}$+(Anteil$_{benutzt}$/Beschleunigung$_{benutzt}$)]

Geometrische und arithmetrische Mittelwerte
Viele Benchmarks verwenden zur Berechnung des Durchschnitts nicht den arithmetischen, sondern den geometrischen Mittelwert. Beim geometrischen Mittelwert beeinflusst ein extremer Wert das Ergebnis weniger.

Arithmetischer Mittelwert: $\overline{m} = \sum x/n$
Geometrischer Mittelwert: $\overline{m} = \sqrt{\prod x}$

Maßzahlen für Mikroprozessoren

Der folgende Abschnitt stellt wichtige Größen zur Beurteilung einer Mikroprozessor-Applikation vor.

Befehlszählung
Beim Zählen der Befehle[9] wird die Anzahl der Befehlsworte des Programmes gezählt.

Taktzyklen
Die Maßzahl Taktzyklen[10] beschreibt die für eine Applikation benötige Anzahl an Taktzyklen.

---

[9]IC = Instruction Count *(engl.)* = Befehlszählung
[10]CC = Clock Cycles *(engl.)* = Taktzyklen

CPI

Die Clock Cycles per Instruction[11] sind definiert:

Ausführungszeit: t

$$CPI_{SA} = (CC_{SA} \cdot t_{SA})/(IC_{SA})$$

CPU-Zeit

Die benötige CPU-Zeit t_{CPU} zur Verarbeitung einer Aufgabe ist definiert als:

Taktfrequenz: f

$$t_{CPU} = CC/f = IC \cdot CPI/f$$

MIPS

Bei der Instruktionsrate Million of Instructions Per Second[12] wird das arithmetische Mittel gebildet:

Ausführungszeit: t

$$MIPS_{SA} = IC_{SA}/(t_{SA} \cdot 10^6)$$

Instruktionsdichte

Die Instruktionsdichte ist definiert: Instruktionsdichte $= 1/(\text{Größe Instruktionsspeicher}_{SA})$

Kontextwechselzeit

In Applikation werden häufig mehrere Aufgaben[13] abgearbeitet. Die Kontextwechselzeit$_{SA}$ beschreibt die Zeit zum Sichern des Kontextes SA und Laden des Kontextes SA.

Interrupt-Antwortzeit

Die Interrupt-Antwort ist die Zeitspanne zwischen Auftreten eines Interrupts und dem Bearbeiten der ersten Instruktion der entsprechenden ISR[14]. Unter Interrupt-Overhead versteht man die Zeit, über welche eine Interrupt-Anforderung die CPU belegt, bis die erste Instruktion der entsprechenden ISR bearbeitet werden kann.

Beispiel: Rechenmaschine C erreicht für ein Benchmark-Paket 42 Punkte (mehr Punkte sind besser), Rechenmaschine D dagegen nur 35. Bei der Ausführung Ihres Programms stellen Sie fest, dass Rechenmaschine C 20 Prozent länger braucht als Rechenmaschine D. Wie ist dies möglich?

Beispiel: Bei der Ausführung auf einem bestimmten System braucht ein Programm 1.000.000 Taktzyklen. Wie viele Anweisungen wurden ausgeführt, wenn das System eine CPI von 40 erreicht?

---

[11]CPI = Clock Cycles Per Instruction
[12]MIPS = Million Instructions Per Second
[13]engl. Task
[14]ISR = Interrupt Service Routine

> *Beispiel:* Bei der Ausführung eines bestimmten Programms erreicht Rechenmaschine A 100 MIPS und Rechenmaschine B 75 MIPS. A braucht jedoch 60 s für die Ausführung, Rechenmaschine B dagegen nur 45 s. Wie ist dies möglich? [Car03]

Maßzahlen für FPGA

FPGAs sind wie Mikroprozessoren eng mit der IC-Technologie verknüpft. Deshalb sind folgende hardwarenahe Größen für die Bausteinauswahl entscheidend:

- Taktfrequenz

- Fläche: Systemgatter und Ausnutzungsgrad

- Gehäuse und Anschlüsse[15]

> *Beispiel:* Beim FPGA-Hersteller Xilinx sind die Systemgatter CLBs[a] und die IC-Anschlüsse den IOBs[b] zugeordnet. Die Auswahl der Geschwindigkeit erfolgt über Speedgrades.
>
> [a]CLB = Complex Logic Block
> [b]IOB = IO-Block

Diskussion

Maßzahlen bewerten lediglich die mittlere Rate der ausgeführten Operationen, nicht jedoch die Komplexität. Gängige Kenngrößen sind: **mittlere Rate**

- MIPS

- MFLOPS

- CPI

Die Maßzahl MIPS ist problematisch beim Vergleich von RISC- und CISC-Architekturen, da sie vom Programm abhängig ist.
Das Anwendungsfeld von MFLOPS sind technische und wissenschaftliche Applikationen. Problematisch ist die unterschiedliche Dauer von Gleitkommaoperationen.
Die Maßzahl CPI ist unabhängig von Taktfrequenz (Architekturbewertung).

---

[15]engl. Pins

A.2.2 Benchmarks

Benchmarks bewerten die Leistungsfähigkeit eines Systems durch Messungen. Der Prüfalgorithmus liegt als Quellcode vor. Zur Laufzeitmessung ist eine Übersetzung notwendig. In die Bewertung fließt ebenfalls die Compilergüte und gegebenenfalls das Betriebssystem ein. Programme zur Bewertung ermitteln die Programmlaufzeiten. Hierbei haben die Compiler einen großen Einfluss und es erfolgt keine Abbildung des Zielproblems. Zudem ist für die Durchführung von Benchmarks ein Testsystem notwendig. Nachfolgende stehen zur Verfügung:

- Basisfunktionen: grundlegende Algorithmen wie FIR, Quicksort usw.

- Applikationsroutinen: spezifische Herstellerroutinen

- Standardbenchmarks

Standardisierte Benchmarks

Das Ziel der standardisierten Benchmarks ist die Vergleichbarkeit von Rechnern (mit Betriebssystem und Compiler). Die Anforderungen sind hierbei: gute Portierbarkeit, repräsentativer Algorithmus für eine typische Nutzung.

Prozessor

SPEC

Eines der bekanntesten Benchmarks zum Leistungsvergleich von Mikroprozessoren mit Compiler ist von Standard Performance Evaluation Cooperation[16]. Die aktuelle Version liegt als SPEC CPU2000 Benchmarks vor. Die Benchmarks setzen sich aus 12 nicht numerischen Programmen in C/C++ und 14 numerischen Programmen in Fortran/C zusammen. Das Ergebnis des Benchmarks (Geschwindigkeit) ergibt sich dann aus: $SPEC_{ratio}$=Referenzzeit/(Laufzeit auf Testsystem).

FPGA

PREP

Aufgrund der vielen auf dem Markt verfügbaren FPGAs und der komplexen Auswahl für den Entwickler hat der Journalist Stan Baker 1992 die Orgranisation PREP[17] gegründet. An diesem Zusammenschluss sind alle namhaften Hersteller beteiligt. Um die Integrationsfähigkeiten eines programmierbaren Logikbausteines zu untersuchen, werden Teststrukturen wiederholt hintereinander gereiht, bis der Baustein voll ist. Der Vergleich mit den anderen Herstellern geschieht anhand der Komponentenanzahl und

Durchführung

der erreichten Geschwindigkeit. Zur Durchführung werden Werkzeuge zur Beurteilung der Funktionalität und des Zeitbedarf benötigt:

- Software

  Instruktionssimulator

  Zyklenakkurater Simulator

- Hardware

  Emulator: hardwarenahe Nachbildung eines Mikroprozessors

  Testhardware (Evaluation Boards)

Beispiel: Die Reportdateien bei den programmierbaren Logikschaltkreisen und die Link-/Map-Datei bei Mikroprozessoren geben Auskunft über verbrauchte Ressourcen.

---

[16]SPEC = Standard Performance Evaluation Cooperation
[17]PREP = PRogrammable Electronics Performance Cooperation

Literaturverzeichnis

[AEM06]   AEM: *Abteilung Allgemeine Elektrotechnik und Mikroelektronik, Univer-sität Ulm.* `http://mikro.e-technik.uni-ulm.de/vhdl.com`, 2006

[Alt06a]   Altera, Corporation: *Homepage.* `http://www.altera.com`, 2006

[Alt06b]   Altera, Corporation: *Nios II C-to-Hardware Acceleration Com-piler.* `http://www.altera.com/products/ip/processors/nios2/tools/c2h/ni2-c2h.html`, 2006

[Amb05]   Ambler, Scott W.: *The Elements of UML 2.0 Style.* Cambridge University Press, 2005

[ARM06]   ARM: *Homepage.* `http://www.arm.com`, 2006

[Atm05]   Atmel: *www.atmel.com.* Atmel, 2005

[Ayn05]   Aynsley, John: Standards für die Transaction-Level-Modellierung in Sys-temC. In: *Elektronik Sonderheft SOC 2/2005*, 2005

[Bae05]   Baeyer, Hans C.: *Das informative Universum.* C. H. Beck, 2005

[BB99]   Brian, Adrian; Breiner, Moshe: *Matlab 5 für Ingenieure.* Addision-Wesley, 1999

[BBD+05]   Belliardi, Rudy; Brosgol, Ben; Dibble, Peter; Holmes, David; Wellings, Andy: *Real-Time Specification for Java (RTSJ) 1.0.1.* `http://www.rtsj.org/`, 2005

[BCR+06]   Berthouzoz, Cathy; Corthay, Francois; Rieder, Medard; Steiner, Rico; Sterren, Thomas: Compiled and Synthesized UML. In: *Applications of Specification and Design Languages for SoCs.* Springer Netherlands, 2006, S. 231–246

[Bec00]   Beck, Kent: *Extreme Programming: Das Manifest.* Addision-Wesley Verlag, 2000

[Bec05]   Beckwith, Bill: *Middleware for DSPs and FPGAs.* OMG Realtime and Embedded Workshop 2005 `http://www.omg.org/news/meetings/workshops/RT_2005/06-2_Beckwith.pdf`, 2005

[BEM04]   Bäsig, Jürgen; Ebenbeck, Sebastian; Mültner, Bernhard: Implementie-rung von Protokollen und Algorithmen mit SystemC. In: *Elektronik 21/2004*, 2004

[Beu03]   Beuth, Klaus: *Digitaltechnik, Elektronik 4.* Vogel-Verlag, 2003

[BH83]   Bode, Arndt; Händler, Wolfgang: *Rechnerarchitektur; Band II: Struktu-ren.* Springer-Verlag, 1983

[BH01]   Beierlein, Thomas; Hagenbruch, Olaf: *Taschenbuch Mikroprozessortech-nik.* Fachbuchverlag Leipzig, 2001

[Bin99]   Binder, Robert: *Testing Object Oriented Systems. Models, Patterns and Tools.* Addison-Wesley Professional, 1999

[Ble02]   Blecken, Klaus: *Mikroprozessortechnik.* Skript, HS Heilbronn, 2002

[Blo01]   Bloch, Joshua: *Effective Java: Programming Language Guide.* Addison-Wesley, 2001

[BN04]   Brüning, Ulrich; Nüssle, Mondrian: *Rechenarchitektur 2.* `http://www.ra.informatik.uni-mannheim.de/lsra/lectures/#ra2`, 2004

[Boe81]   Boehm, Barry: *Software Engineering Economics.* Prentice Hall, 1981

[Bog04]   Bogomolow, Sergej: *FPGA Synthese aus Matlab.* Seminarvortrag, 2004

[BPEA⁺01]   Benenson, Yaakov; Paz-Elizur, Tamar; Adar, Rivka; Keinan, Ehud; Liv-neh, Zvi; Shapiro, Ehud: Programmable and autonomous computing machine made of biomolecules. In: *Nature* 414 (2001), Nov, Nr. 6862, S. 430–434

[BS90]   Beuth, Klaus; Schmusch, Wolfgang: *Grundschaltungen.* Vogel-Fachbuch: Elektronik 3, 1990

[Car03]   Carter, Nicholas P.: *Computerarchitektur.* mitp-Verlag Bonn, 2003

[CBW04]   Cummings, Clifford E.; Bergeron, Janick; Willems, Markus: SystemVerilog-eine Option auch für VHDL-Benutzer. In: *Elektro-nik 14/2004*, 2004

[Chi06a]   Child, Jeff: *DD(X) Program Leads Navys Voyage toward Cost-Efficient Computing.* `http://www.cotsjournalonline.com/home/article.php?id=100516`, 2006

[Chi06b]   Child, Jeff: *Five Technologies Challenging the Military.* `http://www.cotsjournalonline.com/home/article.php?id=100446`, 2006

[Chi06c]   Child, Jeff: *Java Becomes Entrenched as Language of Choice.* `http://www.cotsjournalonline.com/home/article.php?id=100451`, 2006

[Dem01]   Dembowski, Klaus: *Computerschnittstellen und Bussysteme.* Hüthig-Verlag, 2001

[Deu02]   Deutsch, David: *Die Physik der Welterkenntnis.* München : Deutscher Taschenbuch Verlag GmbH & Co. KG, 2002

[Die06]   Diepold, Klaus: *Grundlagen der Informatik, Zahlendarstellung und Arith-metik.* `www.ldv.ei.tum.de/media/files/lehre/gi/2005/vorlesung/` `GDI_02_Arithmetik.pdf`, 2006

[Dra99]   Drachenfels, Heiko von: In Reserve: Objektorientierte Speicherverwaltung in ANSI C. In: *iX* (1999), 6, S. 146–149

[Eat07]   Eaton, John W.: *Homepage.* `http://www.octave.org`, 2007

[Eck00]   Eckel, Bruce: *Thinking in C++, Volume 1: Introduction to Standard C++.* Prentice Hall, 2000

[Eck03]   Eckel, Bruce: *Thinking in C++, Volume 2: Practical Programming.* Prentice Hall, 2003

[Eng93]   Engesser, Hermann (Hrsg.): *Duden Informatik.* Dudenverlag, 1993

[Fey82]   Feynman, Richard P.: Simulating Physics with Computers. In: *International Journal of Theoretical Physics* 21 (1982), Nr. 6/7, S. 467–488

[Fis06]   Fischer, Robert: Energie-Rationierer. In: *Elektronik 24/2006*, 2006

[Fly72]   Flynn, Michael J.: Some Computer Organizations and Their Effectiveness. In: *IEEE Transactions On Computers C-21* 9 (1972), S. 948–960

[FMS06]   Fluhr, Markus; Mahr, Thomas; Schlegel, Christian: Developing Realtime Java Code on a Standard Virtual Machine. In: *Embedded World Proceedings*, Design+Elektronik, 2006

[Frö06]   Fröstl, Michael: Model-based Design evolution by specific support for application areas and the development process. In: *Embedded World 2006, Vol. 2*, 2006

[Fur02]   Furber, Steve: *ARM-Architekturen für System-on-Chip-Design.* MITP-Verlag, 2002. – ISBN 3–8266–0854–2

[GB00]   Gosling, James; Bollella, Greg: *The Real-Time Specification for Java.* Boston, MA, USA : Addison-Wesley Longman Publishing Co., Inc., 2000. – ISBN 0201703238

[GDWL92]   Gajski, Daniel D.; Dutt, Nikil D.; Wu, Allen C-H; Lin, Steve Y-L: *High-Level Synthesis: Introduction to Chip and System Design.* Klüwer Academic Publishers, 1992

[GE05]   Grote, Caspar; Ester, Renate: *Programmierbare Logik + Tools.* Design + Elektronik, 2005

[Ges00]   Gessler, Ralf: *Ein portables System zur subkutanen Messung und Regelung der Glukose bei Diabetes mellitus Typ-I.* Shaker Verlag, 2000. – ISBN 3–8265–7814–7

[Ges04]   Gessler, Ralf: Comparison of system design tools using signal processing algorithms. In: *Embedded World 2004 Nürnberg*, 2004

[GG93]   Gilb, Tom; Graham, Dorothy: *Software Inspection.* Addison-Wesley, 1993

[GHJV96]   Gamma, Erich; Helm, Richard; Johnson, Ralph; Vlissides, John: *Entwurfsmuster: Elemente wiederverwendbarer objektorientierter Software.* Addision-Wesley Verlag, 1996

[Gil76]   Gilb, Tom: *Software Metrics.* Little, Brown, and Co., 1976

[GK06]   Golze, Ulrich; Klingauf, Wolfgang: *Hardware-Software-Codesign mit SystemC.* Praktikum, 2006

[GKM92]   Grüner, Uwe; Kaiser, Rajk; Müller, Anreas: *Praktikumsanleitung zur VHDL-Schaltungs- und Systemsimulation.* Technische Universität Chemnitz-Zwickau, Fachbereich Elektrotechnik, Lehrstuhl für Schaltungs- und Systementwurf, 1992

[GMW04]   Gessler, Ralf; Mahr, Thomas; Wörz, Markus: Modern Hardware-Software Co-design for Radar Signal Processing. In: *ISSSE 2004, Linz*, 2004

[GS98]   Geppert, L.; Sweet, R.: Technology 1998, Analysis and Forecast. In: *IEEE Spectrum, January 1998*, 1998

[Gün06]   Günther, Thomas: FPGA-Coprozessoren in AMD64-Systemen. In: *Elektronik 24/2006*, 2006

[Har05]   Harold, Elliotte R.: *XML in a Nutshell. Deutsche Ausgabe.* 3. Auflage. O'Reilly, 2005

[Has05]   Hascher, Wolfgang: Mitwachsen an der Technologie. In: *Elektronik 13/2005*, 2005

[Hau02]   Hauser, Franz: *Entwicklung komplexer DSP Schaltungen mit Xilinx FPGAs.* PLC2-Seminar, 2002

[Hei04]   Heighton, John: Für jeden Geschmack das Richtige. In: *Elektronik 16/2004*, 2004

[HHR⁺05]   Haeffner, H.; Haensel, W.; Roos, C. F.; Benhelm, J.; Chekalkar, D.; Chwalla, M.; Koerber, T.; Rapol, U. D.; Riebe, M.; Schmidt, P. O.; Becher, C.; Guhne, O.; Dur, W.; Blatt, R.: Scalable multi-particle entanglement of trapped ions. In: *Nature* 438 (2005), 643. http://www.citebase.org/abstract?id=oai:arXiv.org:quant-ph/0603217

[Hof90]   Hoffmann, Kurt: *VLSI Entwurf.* R. Oldenbourg Verlag, 1990. – ISBN 3–486–21206–0

[Hof92]   Hofstadter, Douglas R.: *Gödel, Escher, Bach: ein endlos geflochtenes Band.* 2. Auflage. Deutscher Taschenbuch Verlag, 1992

[Hof99]   Hoffmann, Josef: *Matlab und Simulink*. Addision-Wesley, 1999. – ISBN 3–8273–1454–2

[Hol95]   Holland, John H.: *Hidden order: how adaption builds complexity*. Addison-Wesley Publishing Company, 1995

[HR02]   Hruschka, Peter; Rupp, Chris: *Agile Softwareentwicklung für Embedded Real-Time Systems mit der UML*. Carl Hanser Verlag, 2002. – ISBN 3–446–21997–8

[HRS94]   Heusinger, Peter; Ronge, Karlheinz; Stock, Gerhard: *PLDs und FPGAs*. Franzis-Verlag, 1994

[Hus03]   Huss, Sorin A.: *Rekonfigurierbare Architekturen*. Vorlesungsskript, 2003

[Hut05]   Hutton, Peter: Kompaktklasse ohne Kompromisse. In: *Elektronik Sonderheft SOC 2/2005*, 2005

[Hwa79]   Hwang, Kai: *Computer Arithmetic*. John Wiley & Sons, 1979

[IAB06a]   IABG: *V-Modell 97*. http://www.v-modell.iabg.de, 2006

[IAB06b]   IABG: *V-Modell XT*. http://www.v-modell.iabg.de, 2006

[IAl06]   IAIK: *Schwebende Punkte*. http://www.iaik.tugraz.at/, 2006

[Jac05]   Jacomet, Marcel: *VLSI System Design, FH Bern*. http://http://www.ti.bfh.ch, 2005

[Jan01]   Jansen, Dirk: *Handbuch der Electronic Design Automation*. Carl Hanser Verlag, 2001. – ISBN 3–446–21288–4

[JR05]   Janssen, Sven; Rit, Hans-Martin: Model-Based Design Conference. In: *MBDC05*,, 2005

[Kar02]   Karl, Wolfgang: *Mikroprozessoren für eingebettete Systeme*. Vorlesung WS0203, 2002

[KHU07]   Kupka, Judith; Heer, Fabian; Utz, Andreas: *Automatsiche C-Code-Generierung aus Matlab/Simulink für DSPs*. Hochschule Heilbronn, Künzelsau, 2007

[Kle05]   Klein, Matt: The Virtex-4 Power Play. In: *Xcell Journal 1/2005*, 2005

[KSW98]   Kories, Ralf; Schmidt-Walter, Heinz: *Taschenbuch der Elektrotechnik*. 3. Auflage. Verlag Harri, 1998. – ISBN 3–8171–1563–6

[KYH06]   Knapp, Tilo; Yelisseyev, Alexander; Hess, Tobias: *Projekt Labor: Designflow für Matlab Simulink TI DSP (TMS320F2808)*. Hochschule Heilbronn, Künzelsau, 2006

[Lan02]   Lang, Bernhard: *Rechnerarchitektur: Moderne Prozessorarchitekturen.* FH Osnabrück, Vorlesung 02, 2002

[LB03]   Larman, Craig; Basili, Victor R.: Iterative and Incremental Development: A Brief History. In: *IEEE Computer Society* (2003)

[Lei06]   Leitenberger, Bernd: *Homepage.* `http://www2.informatik.hu-berlin.de/~awolf/technische/CISC_RISC1.html`, 2006

[Mat05]   Mathworks: *Embedded Target for TI TMS320 C2000 DSP Platform 1.1.* Mathworks, 2005

[Mat06]   Mathworks: *Homepage.* `http://www.mathworks.de`, 2006

[Men84]   Menge, Hermann: *Langenscheidts Taschenwörterbuch: Lateinisch.* 36. Langenscheidt, 1984

[Mey98a]   Meyers, Scott: *Effektiv C++ programmieren.* 3. Auflage. Addison Wesley Longman Verlag GmbH, 1998

[Mey98b]   Meyers, Scott: *Mehr effektiv C++ programmieren: 35 neue Wege zur Verbesserung Ihrer Programme und Entwrfe.* 1. Auflage. Addison Wesley Longman Verlag GmbH, 1998

[MM03]   Miller, Joaquin; Mukerji, Jishnu: *MDA Guide Version 1.0.1.* Object Management Group, `http://www.omg.org/mda`, 2003

[Mül05]   Müller, Kai: *Elektronik und Prozessmesstechnik.* `http://www1.hs-bremerhaven.de/kmueller/Skript/epm.pdf`, 2005

[Nay06]   Nayar, Jayasree: Der SRAM-Report 2006. In: *Elektronik 23/2006*, 2006

[Neu05]   Neuber, Matthias: *Untersuchung eines System-Level-Designflows für programmierbare Logik.* Diplomarbeit HS Heilbronn, Standort Künzelsau, 2005

[Oes98]   Oestereich, Bernd: *Objektorientierte Softwareentwicklung.* Oldenbourg Verlag, 1998

[Oes05]   Oestereich, Bernd: Beweglich bleiben: Möglichkeiten und Grenzen iterativen Vorgehens. In: *Objektspektrum* (2005), Nr. 1

[OV06]   Oberschelp, Walter; Vossen, Gottfried: *Rechneraufbau und Rechnerstrukturen.* Oldenbourg Wissenschaftsverlag, 2006

[PAC07]   PACT, Corporation: *Homepage.* `http://www.pactcorp.com`, 2007

[PC86]   Parnas, David; Clements, Paul: A Rational Design Process: How and Why to Fake It. In: *IEEE Trans. Software Eng.* (1986), February, S. 251–257

[Pen91]   Penrose, Roger: *Computerdenken: die Debatte um künstliche Intelligenz, Bewußtsein und die Gesetze der Physik.* Spektrum der Wissenschaften Verlagsgesellschaft, 1991

[Pen95]   Penrose, Roger: *Schatten des Geistes: Wege zu einer neuen Physik des Bewußtseins.* Spektrum der Wissenschaften Verlagsgesellschaft, 1995

[Per02]   Perry, Douglas L.: *VHDL:programming by example.* McGraw-Hill, 4th ed., 2002. – ISBN 0–07–140070–2

[Pet06]   Peterson, Jon: Dem Finger auf der Spur. In: *Elektronik 20/2006*, 2006

[Pl05]   Plätzner, Marco; Ihmor, Stefan: *VHDL-Einführung.* Universität Paderborn, 2005

[Piz99]   Pizka, Markus: *Integriertes Management erweiterbarer verteilter Systeme.* 1999

[PJS98]   Peitgen, Heinz-Otto; Jürgens, Hartmut; Saupe, Dietmar: *Bausteine des Chaos: Fraktale.* Rowohlt Taschenbuch Verlag, 1998

[PP05]   Pilone, Dan; Pitman, Neil: *UML 2.0 in a Nutshell.* O'Reilley Media Inc., 2005

[PT04]   Pellerin, D.; Thibault, S.: *Practial FPGA Programming in C.* Prentice Hall, 2004

[Ric06]   Richling, Jan: Die ARM-Architektur. In: *Humbold Uni Berlin, Vorlesung WS 0506*, 2006

[RLT96]   Razi Lotfi-Tabrizi, J.W. Goethe Universität am M.: *Systemspezifikation mit Verilog HDL.* http://www.uni-frankfurt.de/, 1996

[Rom01]   Rommel, Thomas: *Programmierbare Logikbausteine.* Vorlesungsskript, TUI, 2001

[Roy70]   Royce, Winston: Managing the Development of Large Software Systems. In: *Proc. Westcon*, IEEE CS Press, 1970, S. 328–339

[RSB⁺06]   Rieder, Medard; Steiner, Rico; Berthouzoz, Cathy; Corthay, Francois; Sterren, Thomas: Synthesized UML, a Practical Approach to Map UML to VHDL. In: *Lecture Notes in Computer Science* Bd. 3943. Springer Berlin, 2006, S. 203–217

[Ruf03]   Ruf, Jürgen: Systembeschreibungssprachen. In: *WS0203*, 2003

[Rup04]   Rupp, Chris: *Requirements-Engineering und -Management.* Hanser Fachbuchverlag, 2004

[Sai05]   Saini, Milan: Embedded-Prozessoren testen FPGAs. In: *Elektronik Sonderheft SOC 2/2005*, 2005

[Sch02a]   Schröder, H.: *AG Schaltungen der Informationsverarbeitung.* http://
             www-nt.e-technik.uni-dortmund.de, 2002

[Sch02b]   Schütz, Markus: *VHDL Seminar.* 2002

[Sch04]   Schoeberl, Martin: *Java Technology in an FPGA.* http://www.
             jopdesign.com/doc/fpl2004.pdf. Version: August 2004

[Sch05a]   Schubert, Harry: Mit zweitem konfigurierbaren Prozessor. In: *Elektronik
             4/2005,* 2005

[Sch05b]   Schwender, Hans-Jürgen: Hardware/Software Co-Design für FPGAs II.
             In: *Workshop Embedded Systems Engineering, Cluster Mikrosystemtech-
             nik,* 2005

[Sch06]   Schoeberl, Martin: *A Time Predictable Java Processor.* http://www.
             jopdesign.com/doc/jop_wcet.pdf. Version: March 2006

[Sch07]   Schütte, Steffen: *Development of a communication concept for hybrid
             CPU/FPGA radar processors,* Universität Lüneburg und EADS Deutsch-
             land GmbH in Ulm, Diplomarbeit, 2007

[Sei90]   Seifert, Manfred: *Digitale Schaltungen.* 4. Auflage. Verlag Technik, 1990

[Sei94]   Seifert, Manfred: *Analoge Schaltungen.* 4. Auflage. Verlag Technik,
             1994

[Sel00]   Selke, Gisbert W.: *Kryptographie: Verfahren, Ziele, Einsatzmöglichkei-
             ten.* O'Reilly, 2000

[SG01]   Standish-Group: *Extreme Chaos.* http://www.quarrygroup.com/
             wp-content/uploads/art-standishgroup-CHAOSreport.pdf, 2001

[She39]   Shewart, Walter A.: Statistical Method from the Viewpoint of Quality
             Control. In: *Dover* (1986 (Nachdruck von 1939))

[Sie04]   Siemers, Christian: *Prozessor-Technologie.* PC-Welt, TEC-Channel-
             Compact, 2004

[Sie05a]   Siemers, Christian: *Die Welt der rekonfigurierbaren Prozessoren.* Teil1:
             Elektronik 21/2005, 2005

[Sie05b]   Siemers, Christian: *Die Welt der rekonfigurierbaren Prozessoren.* Teil2:
             Elektronik 22/2005, 2005

[Sie06]   Siemers, Christian: *Rechnen in Zeit und Raum.* C't 5/2006, 2006

[Sik04a]   Sikora, Axel: Der DSP-Report 2004. In: *Elektronik 7/2004,* 2004

[Sik04b]   Sikora, Axel: Der Mikrocontroller-Report 2004. In: *Elektronik 3/2004,*
             2004

[Sik04c]   Sikora, Axel: Der PLD-Report 2004. In: *Elektronik 2/2004*, 2004

[Ska96]   Skahill, Kevin: *VHDL for Programmable Logic*. Addision-Wesley, 1996.
             – ISBN 0–201–89573–0

[SKM05]   Schiefer, Artur; Kebschull, Udo; Meynen, Markus: Flotter Systemstart
             ohne Stand-by. In: *Elektronik 12/2005*, 2005

[SL05]   Spillner, Andreas; Linz, Tilo: *Basiswissen Softwaretest*. 3. Auflage.
             Dpunkt Verlag, 2005

[Spr06]   Sprectrum, Digital: *Homepage.* `http://www.spectrumdigital.com`,
             2006

[SS03]   Siemers, Christian; Sikora, Axel: *Taschenbuch Digitaltechnik*. Fachbuch-
             verlag Leipzig, 2003

[Ste04a]   Stelzer, Gerhard: Der 8-Bit Mikrocontroller Report. In: *Elektronik
             21/2004*, 2004

[Ste04b]   Stelzer, Gerhard: Befehlserweiterungen in programmierbarer Logik. In:
             Elektronik 10/2004, 2004

[Ste04c]   Stelzer, Gerhard: World of Embedded ARM. In: *Sonderheft, Elektronik
             2/2004*, 2004

[Ste06]   Stelzer, Gerhard: System on chip. In: *Elektronik 2/2006*, 2006

[Sti05]   Stieler, Wolfgang: *Interview mit Donald Knuth: Freude, die ein Maler
             empfindet*. Technology Review aktuell 25.11.2005, `http://www.heise.`
             `de/tr/aktuell/meldung/66661`, 2005

[Str92]   Stroustrup, Bjarne: *Die C++ Programmiersprache*. 2. Auflage. Addison
             Wesley Deutschland GmbH, 1992

[Str06]   Stretch: *Homepage.* `http://www.stretchinc.com`, 2006

[Stu04]   Stutz, Daniel: Vorlesung Rechnerstrukturen. In: *Zusammenfassung SS04,
             Prof. W. Karl*, 2004

[Stu06]   Sturm, Matthias: *Mikrocontrollertechnik*. Fachbuchverlag Leipzig, Han-
             ser, 2006. – ISBN 3–446–21800–9

[SV05]   Stahl, Thomas; Völter, Markus: *Modellgetriebene Softwareentwicklung.
             Techniken, Engineering, Management*. Dpunkt Verlag, 2005

[SW04]   Schneider, Uwe; Werner, Dieter: *Taschenbuch der Informatik*. 5. Auflage.
             Fachbuchverlag Leipzig, 2004

[Sys06]   SystemC: *Homepage.* `http://www.systemc.org`, 2006

[TAM03]   TAMS: *Technische Informatik 3.*   http://tams-www.informatik.
            uni-hamburg.de/lehre/ws2003/vorlesungen/t3/v02.pdf, 2003

[TI93]   TI: *TMS320C5x User's Guide.* Texas Instruments, 1993

[TI06a]   TI: Intelligent Power Management for battery operated DSP Applicati-
            ons. In: *Embedded World 2006, Vol. 2*, 2006

[TI06b]   TI: *MSP430.* http://www.ti.com/msp430, 2006

[TI07]   TI: *Homepage.* http://www.ti.com, 2007

[TO98]   Tischler, Margit; Oertel, Klaus: *FPGAs und CPLDs.* Hüthig-Verlag, 1998

[TSG02]   Tietze, Ulrich; Schenk, Christoph; Gamm, Eberhard: *Halbleiter-
            Schaltungstechnik.* Springer-Verlag, 2002

[TSMB97]   Terell, Peter; Schnorr, Veronika; Morris, Wendy V.; Breitsprecher, Ro-
            land: *The Collins German Dictionary – Großes Wörterbuch Deutsch-
            Englisch Englisch-Deutsch.* HarperCollins Publischers, 1997

[TU06]   Technische, Informatik; Universität, Tübingen: *Homepage.* http://
            www-ti.informatik.uni-tuebingen.de/~systemc/, 2006

[Tur37]   Turing, Alan M.: On Computable Numbers, With an Application to the
            Entscheidungsproblem. In: *Proc. Lond. Math. Soc.* Bd. 42, 1937, S.
            230–265

[Ull05a]   Ullenboom, Christian: *Java ist auch eine Insel. Programmieren mit der
            Java Standard Edition Version 5.* 5. Auflage. Galileo Press, 2005

[Ull05b]   Ullenboom, Christian: *Java ist auch eine Insel. Programmieren mit
            der Java Standard Edition Version 5.*   5. Auflage.   http://www.
            galileocomputing.de/openbook/javainsel5/, 2005

[VG00]   Vahid, Frank; Givargis, Tony: *Embedded Systems Design: A Unified
            Hardware/Software Introduction.* http://esd.cs.ucr.edu/, 2000

[VG02]   Vahid, Frank; Givargis, Tony: *Embedded System Design: A Unified
            HW/SW Introduction.* John Wiley & Sons, 2002. – ISBN 0471386782

[Vor01]   Vorländer, M.: *Elektronische Grundlagen für Informatiker.* http://www.
            s-inf.de/Skripte/EGfI.2001-WS-ITA.(ita).Skript.pdf, 2001

[VSB⁺01]   Vandersypen, Lieven M. K.; Steffen, Matthias; Breyta, Gregory; Yanno-
            ni, Costantino S.; Sherwood, Mark H.; Chuang, Isaac L.: Experimental
            realization of Shor's quantum factoring algorithm using nuclear magnetic
            resonance. In: *Nature* 414 (2001), 883. http://www.citebase.org/
            abstract?id=oai:arXiv.org:quant-ph/0112176

[Wei91]   Weiser, M.: The Computer of the 21th Century. In: *Scientific American*,
            1991

[Wei06a]   Weik, Udo: FPGAs in Theorie und Praxis. In: *Elektronik 21/2006*, 2006

[Wei06b]   Weik, Udo: FPGAs in Theorie und Praxis. In: *Elektronik 6/2006*, 2006

[Wik07a]   Wikipedia: *ARM-Architektur*.   http://de.wikipedia.org/wiki/ARM-Architektur, 2007

[Wik07b]   Wikipedia: *IP-Core*. http://de.wikipedia.org/wiki/IP-Core, 2007

[Wik07c]   Wikipedia: *Power-PC-Architektur*. http://de.wikipedia.org/wiki/Powerpc, 2007

[Wik07d]   Wikipedia: *Wikipedia-Homepage*. http://de.wikipedia.org/, 2007

[WMN07]   Wolz, Mario; Moschinsky, Thomas; Naundorf, Lutz: *Automatsiche VHDL-Code-Generierung aus Matlab/Simulink für FPGAs*. Hochschule Heilbronn, Künzelsau, 2007

[Woy92]   Woytkowiak, R.: *Kurzeinführung die Hardwarebeschreibungssprache VHDL*. Technische Universität Chemnitz-Zwickau, Fachbereich Elektrotechnik, Lehrstuhl für Schaltungs- und Systementwurf, 1992

[Xil00]   Xilinx: *Virtex-II Platform FPGA, Handbook*. Xilinx, 2000

[Xil02]   Xilinx: *Virtex 2.5V, Field Programmable Gate Arrays*. Xilinx, 2002

[Xil05a]   Xilinx: *Virtex-II Platform FPGAs, Complete Data Sheet*. Xilinx, 2005

[Xil05b]   Xilinx: *Virtex-II Pro and Virtex II Pro X Platform FPGAs: Complete Data Sheet*. Xilinx, 2005

[Xil06a]   Xilinx: *Coolrunner II - CPLD Family*. Xilinx, 2006

[Xil06b]   Xilinx: *DSP Solutions using FPGAs*.   http://www.xilinx.com/products/design_resources/dsp_central/grouping/fpga4dsp.htm, 2006

[Xil06c]   Xilinx: *Homepage*. http://www.xilinx.com, 2006

[Xil06d]   Xilinx: *Optional reltime verification tools that provide on-chip debug at or near operating system speed*. Xilinx, 2006

[Xil06e]   Xilinx: *Spartan-3 FPGA Family Introduction and Ordering Information*. Xilinx, 2006

[Xil06f]   Xilinx: *Spartan-Board*. http://www.xilinx.com/s3boards, 2006

[Xil06g]   Xilinx: *Systemgenerator*. http://www.xilinx.com/systemgenerator_dsp, 2006

[Xil06h]   Xilinx: Using Floating Point Arithmetic with Embedded Processors on FPGAs. In: *Embedded World 2006, Vol. 1*, 2006

[Xil06i]   Xilinx: *Virtex-4 Family Overview*. Xilinx, 2006

[Xil06j]   Xilinx: *Virtex-5 LX Platform Overview*. Xilinx, 2006

[ZH04]   Zimmerschitt-Halbig, Peter: Filter-flexibel und universell wie nie zuvor. In: *Elektronik 12/2004*, 2004

Stichwortverzeichnis